小学6年生

理科にぐーんと強くなる

学習指導要領対応

KUMON

目次

小学6年生

【写真，資料提供】（順不同，敬称略）PIXTA／コーベット・フォトエージェンシー

答え➡別冊解答1ページ

3～5年生の復習問題①

得点

/100点

1 **右の図は，モンシロチョウとシオカラトンボのからだのつくりを表したものです。ただし，あしはかいてありません。これについて，次の問題に答えましょう。**（１つ６点）

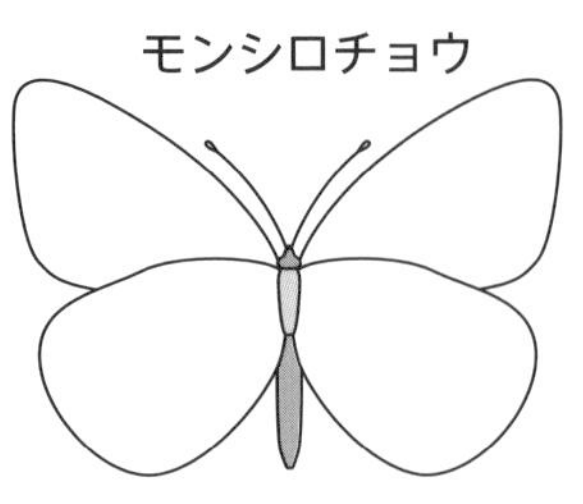

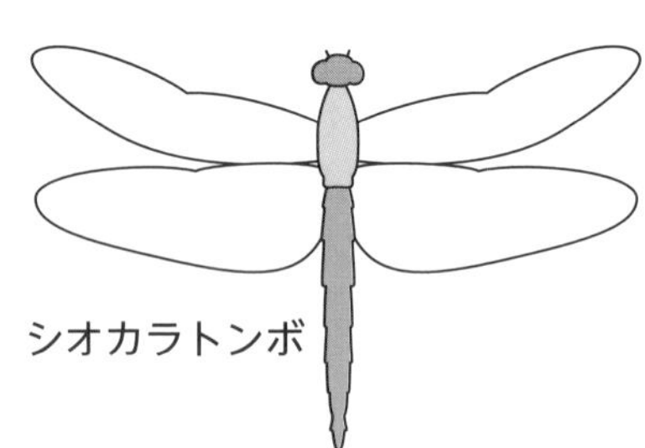

(1)　モンシロチョウやシオカラトンボのあしは何本ですか。（　　　　　）

(2)　モンシロチョウやシオカラトンボのからだのつくりについて正しいものを，次の㋐～㋒から選びましょう。（　　）

㋐　頭とむねの２つの部分からできている。

㋑　頭とはらの２つの部分からできている。

㋒　頭とむね，はらの３つの部分からできている。

(3)　モンシロチョウやシオカラトンボのようなからだのつくりをもつなかまを何といいますか。（　　　　　）

2 **磁石（じしゃく）の性質について，次の問題に答えましょう。**（１つ８点）

(1)　次の図のように磁石どうしを近づけたとき，しりぞけ合うのはどれですか。㋐～㋓からすべて選びましょう。（　　　　　）

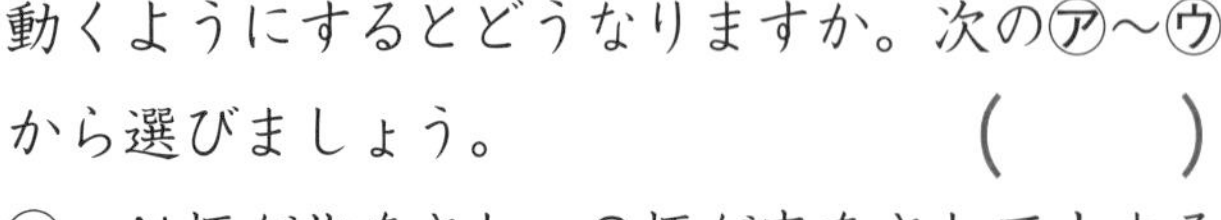

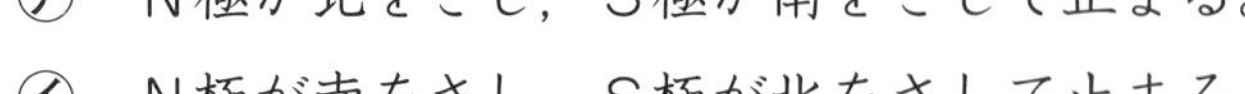

(2)　右の図のように，磁石を水にうかべて自由に動くようにするとどうなりますか。次の㋐～㋒から選びましょう。（　　）

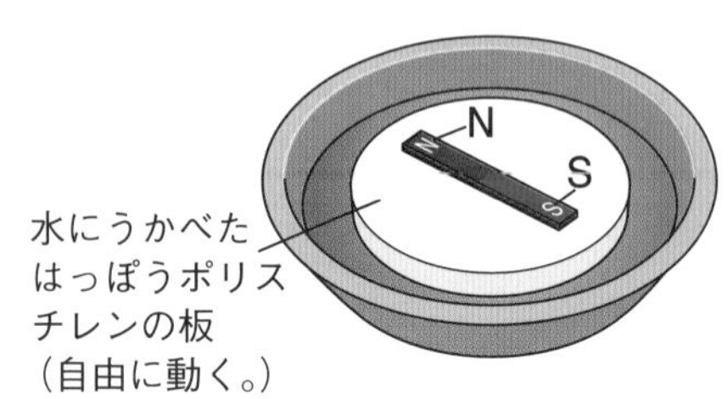

㋐　N極が北をさし，S極が南をさして止まる。

㋑　N極が南をさし，S極が北をさして止まる。

㋒　くるくると回り続ける。

(3)　磁石のもつ(2)の性質を利用した道具は何ですか。（　　　　　）

3 **たいこの上に小さく切った紙をのせてたいこをたたき，紙の動きを調べました。これについて，次の問題に答えましょう。** （1つ10点）

(1) たいこの音が大きいほど，たいこの上の紙の動きは小さくなりますか，大きくなりますか。
（　　　　　　　　）

(2) たいこのふるえ方が大きいのは，強くたたいたときと弱くたたいたときのどちらですか。
（　　　　　　　　）

(3) たいこをたたいてしばらくすると，たいこの音が聞こえなくなりました。このとき，たいこの上の紙はどうなっていますか。次の㋐～㋒から選びましょう。
㋐ 小さく動いたり大きく動いたりしている。（　　）
㋑ 動かなくなっている。
㋒ 大きく動いている。

4 **右の図は，夏の夜に見える星や星座（せいざ）を表したものです。これについて，次の問題に答えましょう。** （1つ10点）

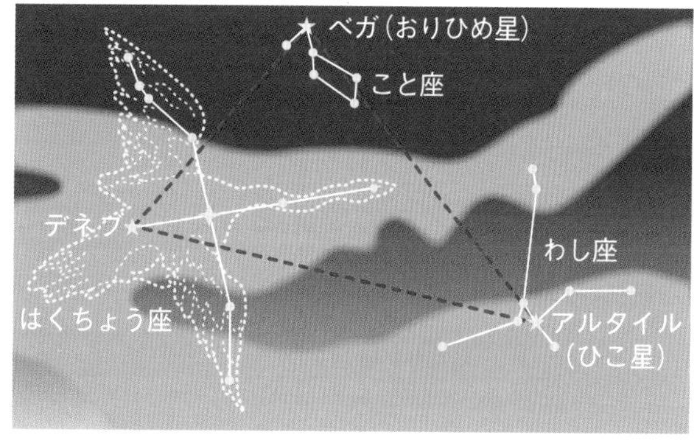

(1) はくちょう座のデネブ，こと座のベガ，わし座のアルタイルを結んでできる三角形を何といいますか。
（　　　　　　　　）

(2) 星や星座の見える位置やならび方は，時間がたつとどうなりますか。次の㋐～㋓から選びましょう。（　　）
㋐ 見える位置は変わらないが，ならび方は変わる。
㋑ 見える位置は変わるが，ならび方は変わらない。
㋒ 見える位置もならび方も変わらない。
㋓ 見える位置もならび方も変わる。

5 **右の図のような空気でっぽうでは，前玉は何におされて飛び出しますか。次の㋐～㋓から選びましょう。** （8点）

㋐ 後玉におされて飛び出す。（　　）
㋑ おしぼうにおされて飛び出す。
㋒ つつの中の空気におされて飛び出す。
㋓ 何にもおされずに飛び出す。

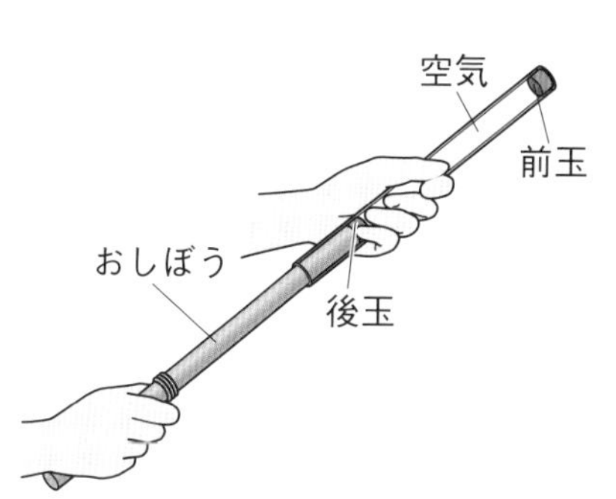

答え➡別冊解答1ページ

得点

/100点

3～5年生の復習問題②

1 **ビーカーに入れた水を加熱すると，しばらくして，激（はげ）しくわきたちました。これについて，次の問題に答えましょう。** （1つ8点）

(1) 水が熱せられて，さかんにあわを出しながらわきたつことを何といいますか。

（　　　　　　）

(2) 水がわきたったときにできるあわは何ですか。次の㋐～㋒から選びましょう。

（　　）

㋐ ガラスを通して入ってきたアルコールが気体になったもの。

㋑ 水がすがたを変えて気体になったもの。

㋒ 水にとけていた空気が集まってふくらんだもの。

(3) 水がわきたっているとき，白いゆげが出ていました。ゆげは，気体，液体，固体のうちのどれですか。

（　　　　　　）

2 **下の図は，アサガオを使って花粉のはたらきを調べる実験をしたものです。これについて，次の問題に答えましょう。** （1つ8点）

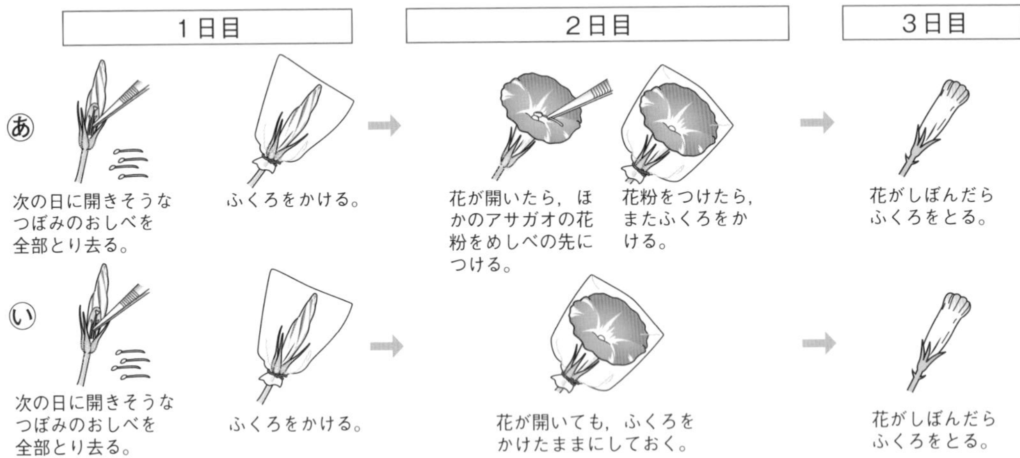

(1) この実験で，つぼみのうちにおしべをとり去るのはどうしてですか。次の㋐～㋒から選びましょう。

（　　）

㋐ めしべがよく育つようにするため。　㋑ 花粉がよくできるようにするため。

㋒ めしべに花粉がつかないようにするため。

(2) この実験で，花がしぼんだ後，実ができるのはあ，いのどちらですか。（　　）

(3) この実験から，実ができるためにはどうなることが必要だとわかりますか。

（　　　　　　　　　　　　）

3 気温のはかり方や，１日の気温の変化のようすについて，次の問題に答えましょう。

（１つ７点）

(1) 次の文は，気温のはかり方について書いたものです。①～③で正しいものには○を，まちがっているものには，正しいことばや数字を書きましょう。

〔 日光が①直接当たる，②風通しのよい場所で，温度計を地面から③1.6～2.0mの高さにしてはかる。〕

①（　　　　）　②（　　　　）　③（　　　　）

(2) 次の図は，いろいろな天気の日の１日の気温の変化を調べ，グラフに表したものです。図の㋐～㋒のうち，１日中晴れていた日の気温の変化を表しているのはどれですか。

（　　）

㋐
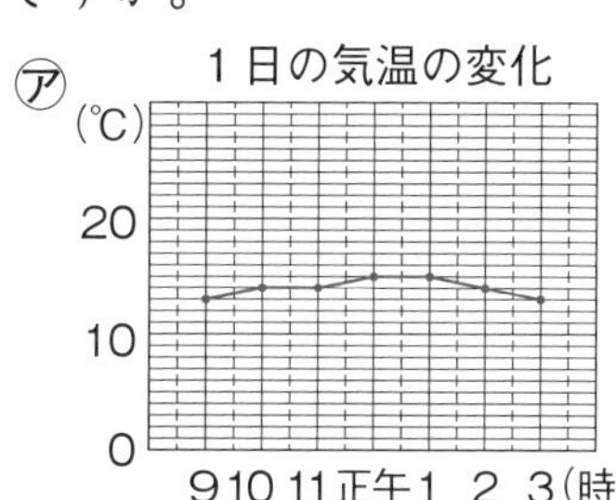

㋑
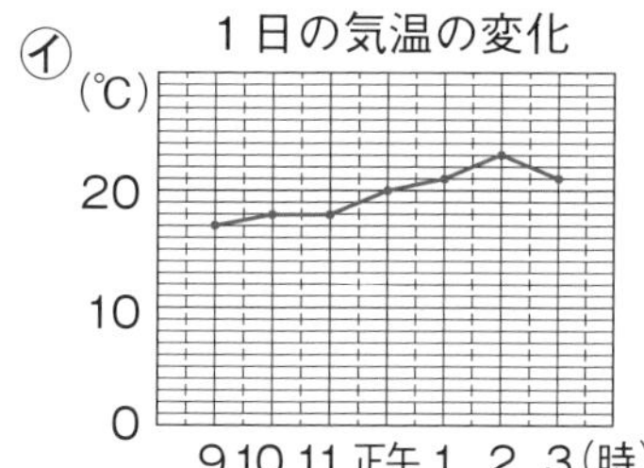

㋒
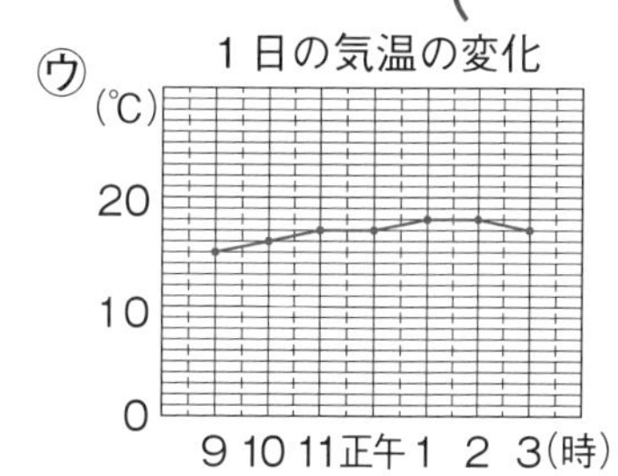

4 導線に電流を流したときのはたらきについて，次の問題に答えましょう。（１つ６点）

(1) 右の図のように，導線（エナメル線）を同じ向きにまいたものを何といいますか。

（　　　　）

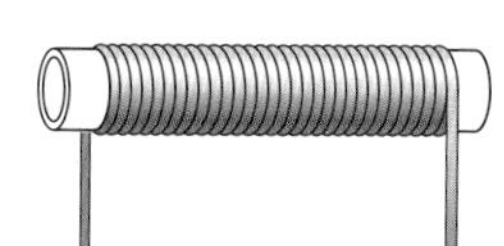

(2) 右の図のように，(1)の中にA（エー）を入れて電流を流すと，ゼムクリップを多く引きつけました。Aは，何でできたものですか。次の㋐～㋒から選びましょう。

（　　）

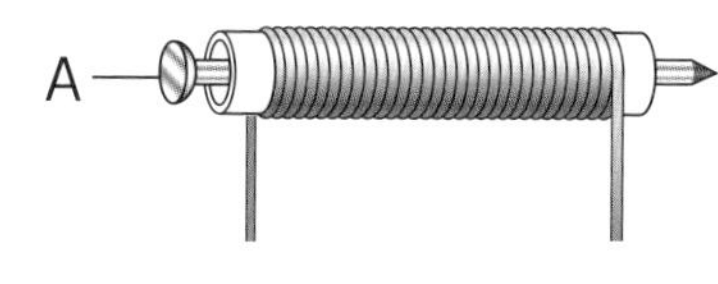

㋐ プラスチック　　㋑ 鉄　　㋒ アルミニウム

(3) 電流を流している間，Aが(2)のようになることを何といいますか。

（　　　　）

5 水よう液について正しく説明したものを，次の㋐～㋒から選びましょう。（６点）

（　　）

㋐ すき通っていても，色のついている液は水よう液ではない。

㋑ 水よう液の中では，とけているものは均一に広がっている。

㋒ すき通っていて，色がついているものだけが水よう液である。

答え➡ 別冊解答2ページ

3 ものの燃え方と空気①

得点

/100点

覚えよう

ものが燃え続けるための条件

ものが燃え続けるためには，**たえず空気が入れかわる**必要がある。

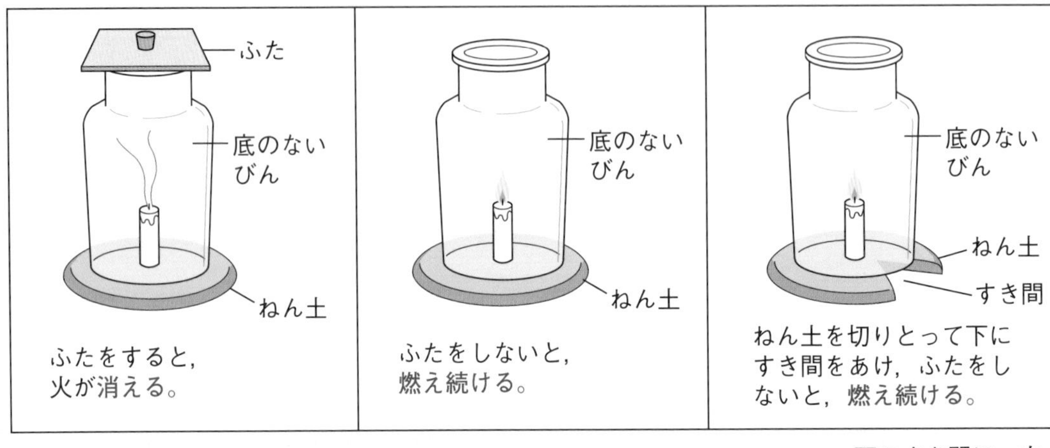

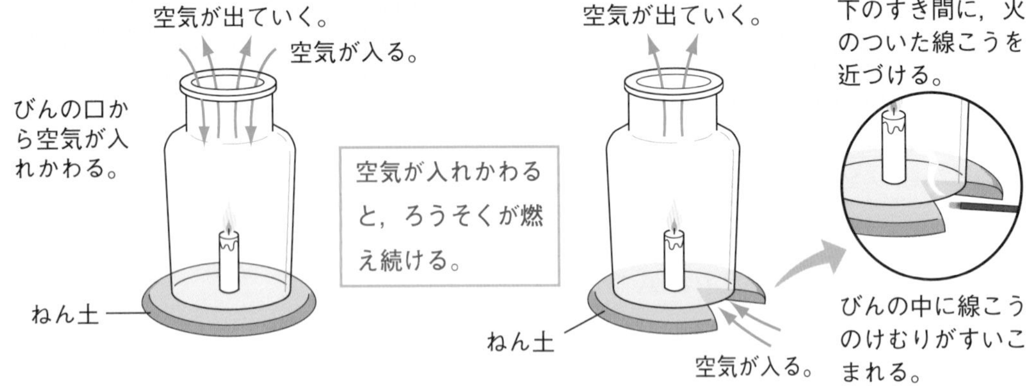

1 下の図は，火のついたろうそくに底のないびんをかぶせたようすを表したものです。(　)にあてはまることばを，　　から選んで書きましょう。　（１つ10点）

ふたをすると，
火が①(　　　　　　)。

ふたをしないと，
②(　　　　　　)。

燃え続ける
激(はげ)しく燃える
消える

2 右の図は，びんの中でろうそくを燃やしたときの燃え方と，空気の流れを表したものです。(　)にあてはまることばを，　　から選んで書きましょう。　(1つ8点)

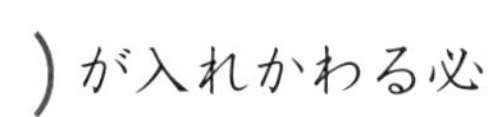

(1) ふたをかぶせたとき，びんの中の空気は入れ①(　　　　)ので，ろうそくの火は②(　　　　)。

(2) ふたをしないとき，びんの中の空気は入れ①(　　　　)ので，ろうそくは②(　　　　)。

(3) びんの中でろうそくが燃え続けるためには，たえず(　　　　)が入れかわる必要がある。

空気　　水　　かわる　　かわらない　　消える　　燃え続ける

3 下の図は，びんの中でろうそくを燃やしたときのようすを表したものです。(　)にあてはまることばを，　　から選んで書きましょう。　(1つ8点)

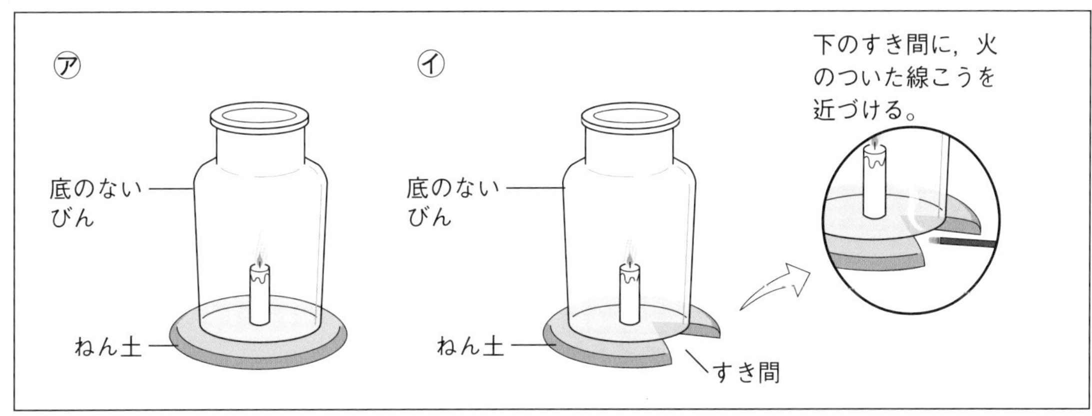

(1) アでろうそくが燃え続けているとき，びんの口から(　　　　)が入れかわっている。

(2) イで下のすき間に火のついた線こうを近づけると，線こうのけむりが①(　　　　)からびんの中にすいこまれ，②(　　　　)から出ていく。けむりの動きから，ろうそくが燃え続けているときは，びんの下のすき間から空気が③(　　　　)，びんの口から空気が④(　　　　)ことがわかる。

空気　　出ていく　　入り　　すき間　　びんの口

答え➡別冊解答2ページ

得点　/100点

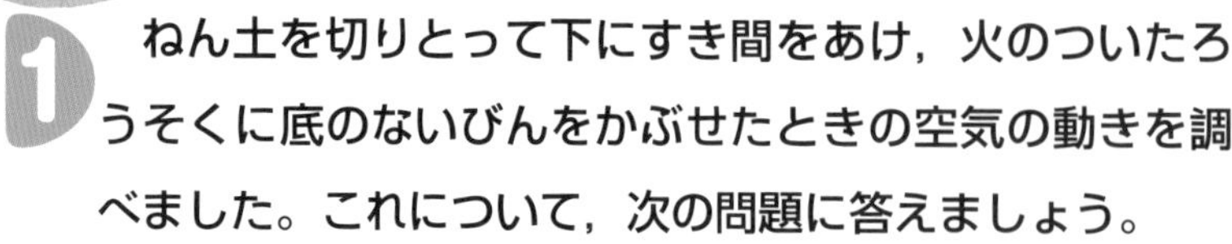

4 ものの燃え方と空気②

1

ねん土を切りとって下にすき間をあけ，火のついたろうそくに底のないびんをかぶせたときの空気の動きを調べました。これについて，次の問題に答えましょう。

（１つ10点）

⑴　下のすき間に火のついた線こうを近づけたときの，けむりの動きを矢印で表すとどうなりますか。次の㋐〜㋒から選びましょう。（　　）

㋐
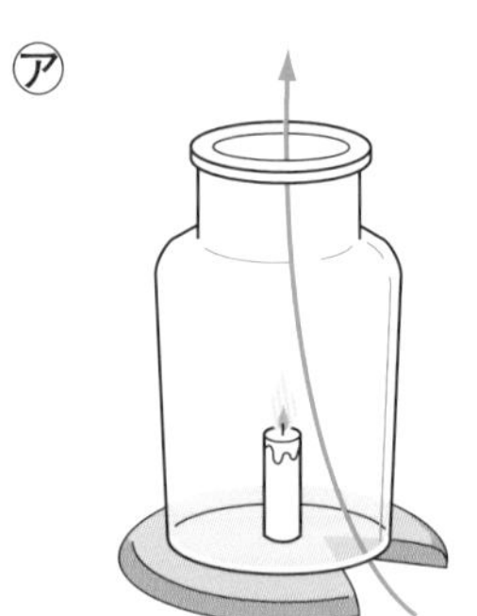

㋑

㋒

⑵　線こうのけむりの動きは，何の動きを表しますか。（　　　　）

⑶　ものが燃え続けるためには，何が入れかわることが必要ですか。

（　　　　）

2

右の図のように，びんの中でろうそくを燃やし，ふたを半分かぶせました。これについて，次の問題に答えましょう。

（１つ10点）

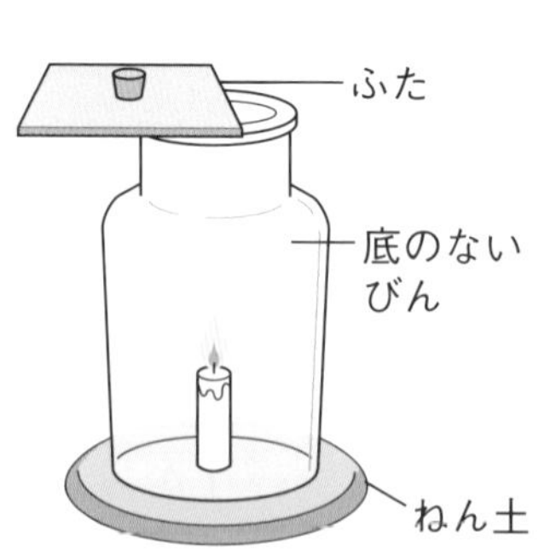

⑴　ろうそくを燃やし続けるには，ふたをどうしたらよいですか。次の㋐，㋑から選びましょう。（　　）

㋐　ふたを完全にかぶせる。

㋑　ふたをとる。

⑵　ろうそくの火を消すには，ふたをどうしたらよいですか。次の㋐，㋑から選びましょう。（　　）

㋐　ふたを完全にかぶせる。

㋑　ふたをとる。

3 下の図のように，火のついたろうそくに底のないびんをかぶせました。これについて，次の問題に答えましょう。

（1つ5点）

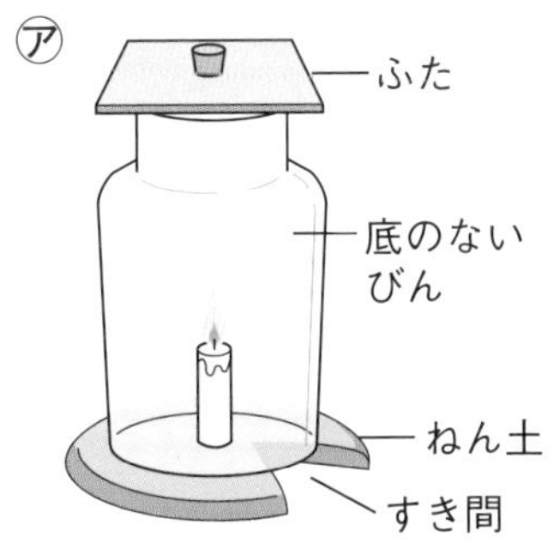

(1)　㋑のろうそくは，燃え続けますか，消えますか。　（　　　　　）

(2)　(1)のようになるのは，空気が入れかわるからですか，入れかわらないからですか。

（　　　　　）

(3)　㋐のろうそくは，しばらくすると火が消えました。このことから考えて，㋐は空気が入れかわりますか，入れかわりませんか。　（　　　　　）

(4)　下のすき間に線こうを近づけたとき，けむりがびんの中にすいこまれるのは㋐，㋑のどちらですか。　（　　）

4 次の問題に答えましょう。

（1つ10点）

(1)　キャンプファイヤーなどで，木がよく燃えるようにするには，どのように木を組むとよいですか。右の図の㋐，㋑から選びましょう。（　　）

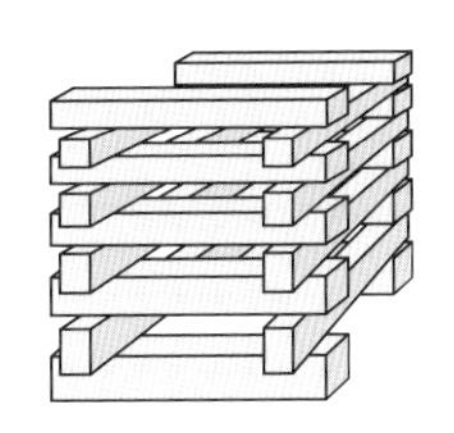

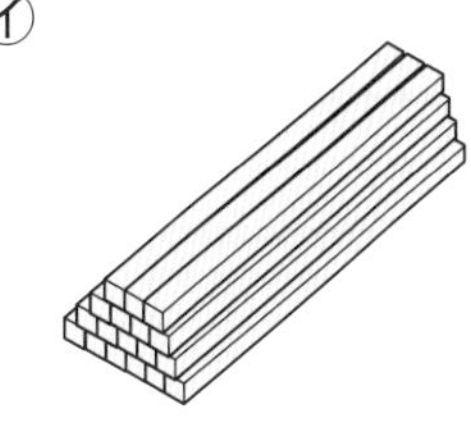

(2)　(1)で選んだものがよく燃えるのは，どうしてですか。次の㋐，㋑から選びましょう。

（　　）

㋐　木がきちんとかたまってならんでいるので，まとまって火がつくから。

㋑　木と木の間にすき間があり，新しい空気が中まで入っていけるから。

(3)　アルコールランプは，火を消すとき，ふたをします。ふたをすると火が消えるのは，どうしてですか。

（　　　　　　　　　　　　）

答え➡別冊解答2ページ

5 ものの燃え方と酸素①

覚えよう

酸素中でのものの燃え方　酸素中では，空気中よりも，**激しく（かがやいて）燃える。**

酸素中

酸素には，ものを燃やすはたらきがある。

ちっ素・二酸化炭素中

ちっ素や二酸化炭素には，ものを燃やすはたらきがない。

空気中

空気は，ちっ素や酸素などが混じっている気体なので，ものがおだやかに燃える。

酸素のつくり方

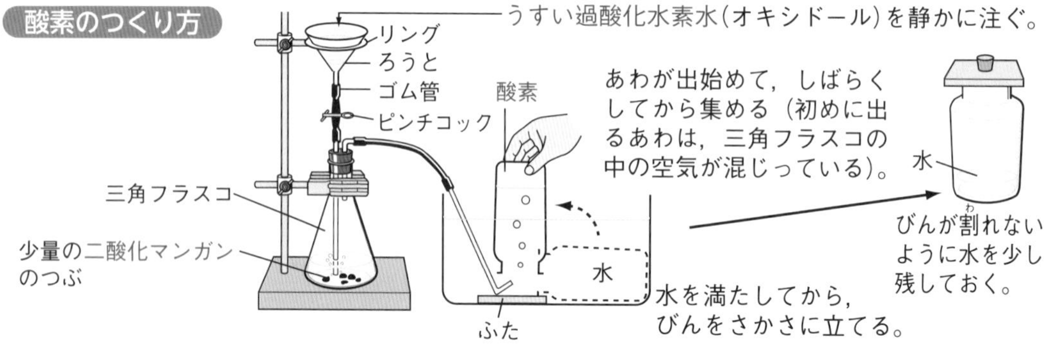

1　下の図は，酸素，ちっ素が入ったびんの中に火のついたろうそくを入れたようすを表したものです。（　）にあてはまることばを，［　］から選んで書きましょう。（1つ10点）

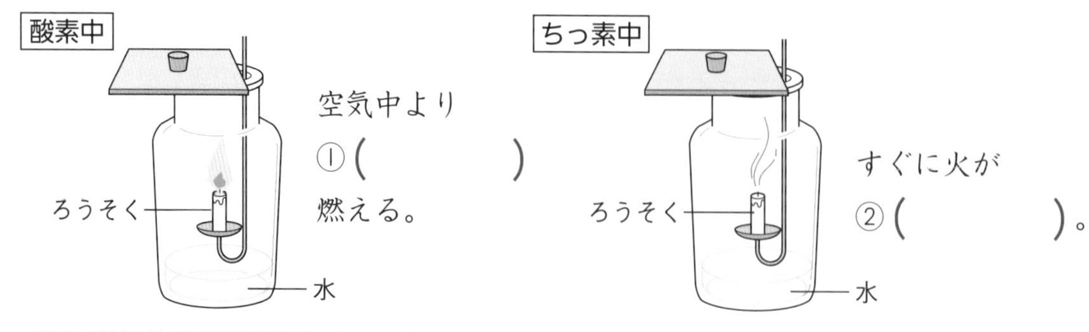

激しく　　おだやかに　　燃える　　消える

2

下の図は，酸素中，ちっ素中，空気中でのものの燃え方を表したものです。(　)にあてはまることばを，[ ]から選んで書きましょう。（１つ10点）

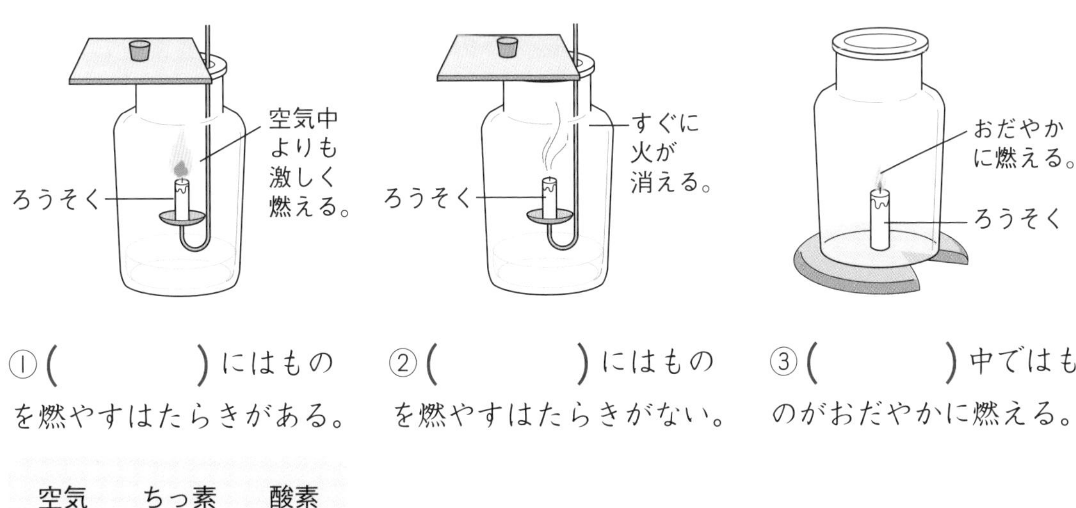

①(　　　　)にはものを燃やすはたらきがある。　②(　　　　)にはものを燃やすはたらきがない。　③(　　　　)中ではものがおだやかに燃える。

空気　ちっ素　酸素

3

下の図は，酸素をつくって集める装置です。これについて，次の問題に答えましょう。同じことばを，くり返し使ってもかまいません。（１つ10点）

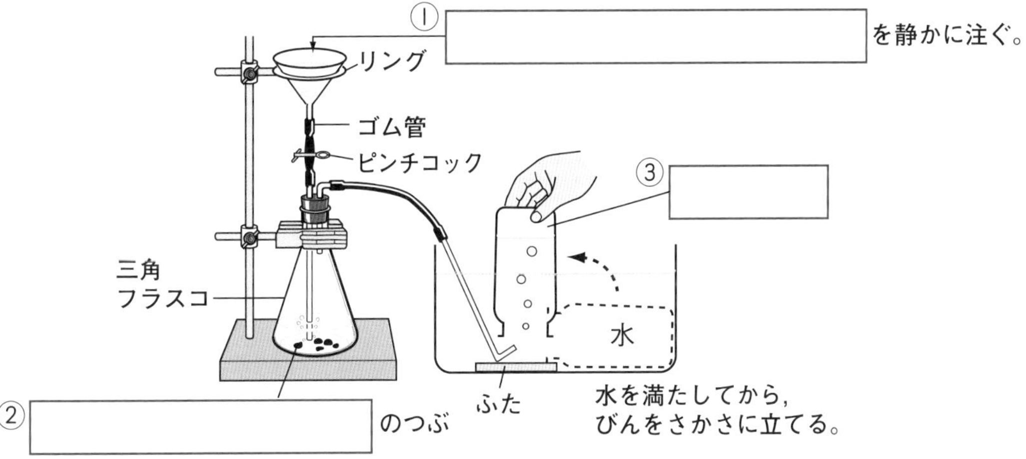

(1) 図の[　]にあてはまる薬品や気体の名前を，[ ]から選んで書きましょう。

(2) 次の文の(　)にあてはまることばを，[ ]から選んで書きましょう。

酸素を集めるときには，初めにびんに①(　　　　)を満たしてから，さかさに立てる。びんに②(　　　　)を集めたら，水を少し残したままふたをしてとり出す。

空気　水　酸素　石灰水　二酸化マンガン
うすい過酸化水素水　二酸化炭素

答え➡別冊解答2ページ

6 ものの燃え方と酸素②

得点

/100点

1 酸素中でのものの燃え方を調べるために，下の図のような装置(そうち)で，酸素をつくって集めます。これについて，次の問題に答えましょう。（1つ10点）

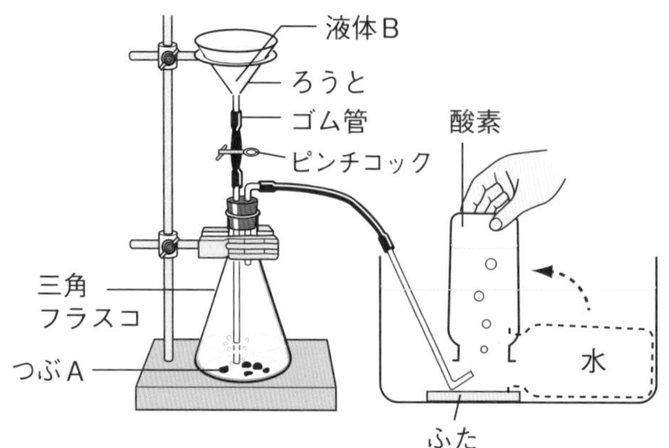

(1) 酸素を集めるびんは，さかさにする前に，びんの中に何を満たしておきますか。
（　　　　　　　　　　）

(2) 三角フラスコに入れておく，少量のつぶA(エー)は何ですか。薬品の名前を書きましょう。
（　　　　　　　　　　）

(3) ろうとから注ぐ液体B(ビー)は何ですか。薬品の名前を書きましょう。
（　　　　　　　　　　）

(4) 酸素は，いつびんに集め始めますか。次の㋐～㋒から選びましょう。（　　）

㋐　あわが出始めて，しばらくしてからびんに集める。

㋑　あわが出始めたら，すぐにびんに集める。

㋒　びんに，いつ集めてもよい。

(5) (4)のように酸素を集めるのは，どうしてですか。次の㋐～㋒から選びましょう。

㋐　初めに出てきたあわは，酸素だから。（　　）

㋑　空気に酸素がふくまれているので，いつ集めても同じだから。

㋒　初めに出てきたあわは，三角フラスコの中の空気が混じっているから。

(6) 右の図は，びんに酸素を集めて，水の中からとり出したようすを表したものです。正しいものを，㋐～㋒から選びましょう。

（　　）

2 **酸素，二酸化炭素を集めたびんの中に，火のついたろうそくを入れました。これについて，次の問題に答えましょう。** （1つ5点）

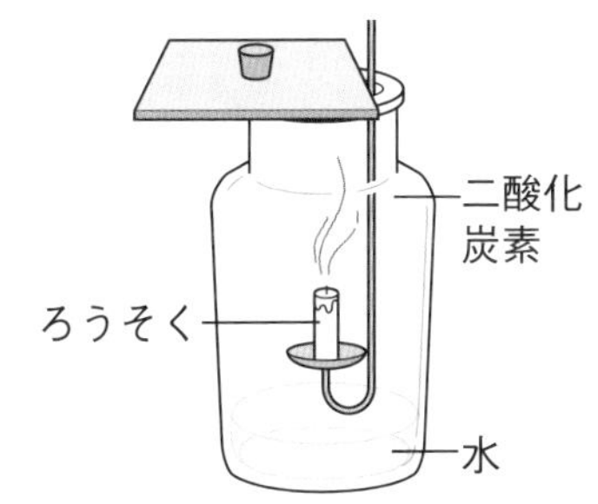

(1) びんの中に水を少し残しておくのは，どうしてですか。次の㋐～㋒から選びましょう。 （　　）

㋐ 激(はげ)しく燃えるのを防ぐため。

㋑ びんをたおれにくくするため。

㋒ びんが割(わ)れないようにするため。

(2) 酸素を入れたびんの中では，ろうそくの燃え方は空気中に比べて，どうなりますか。 （　　　　　　　　）

(3) 二酸化炭素を入れたびんの中に，火のついたろうそくを入れるとどうなりますか。 （　　　　　　　　）

(4) 酸素には，どんなはたらきがあるといえますか。 （　　　　　　　　　　）

3 **右の図のように，3つのびんの中に，酸素，ちっ素，空気を入れ，火のついた木を入れてふたをしました。これについて，次の問題に答えましょう。** （1つ5点）

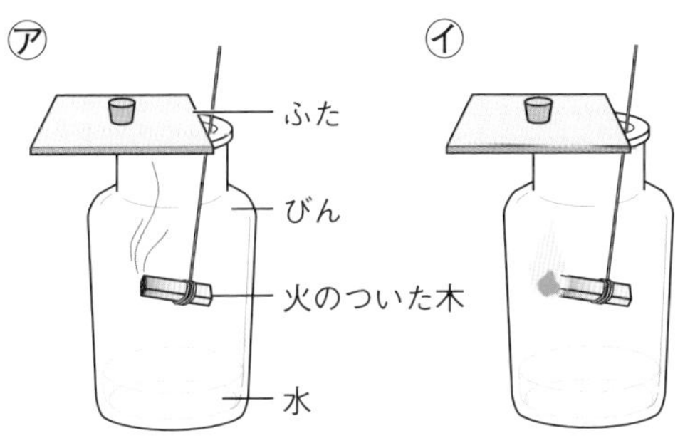

(1) ㋐は，すぐに火が消えてしまいました。㋐のびんには，酸素，ちっ素，空気のうち，どれが入っていましたか。 （　　　　）

(2) ㋑は，激しく燃えました。㋑のびんには，酸素，ちっ素，空気のうち，どれが入っていましたか。 （　　　　）

(3) ㋐で火が消えたのは，何がなかったからですか。 （　　　　）

(4) ㋒の火が消えそうになったとき，びんの中にちっ素を入れると火はどうなりますか。 （　　　　）

答え➡別冊解答2ページ

7 ものが燃えた後の空気①

得点

/100点

覚えよう

ものが燃えた後の空気の変化　ものが燃えると空気中の酸素が使われて減り，**二酸化炭素**ができる。

二酸化炭素の性質　・**石灰水を白くにごらせる。**
・二酸化炭素には，ものを燃やすはたらきがない。

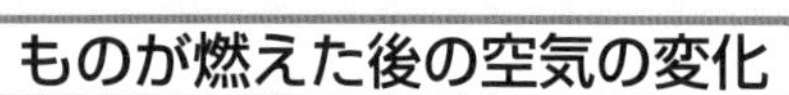

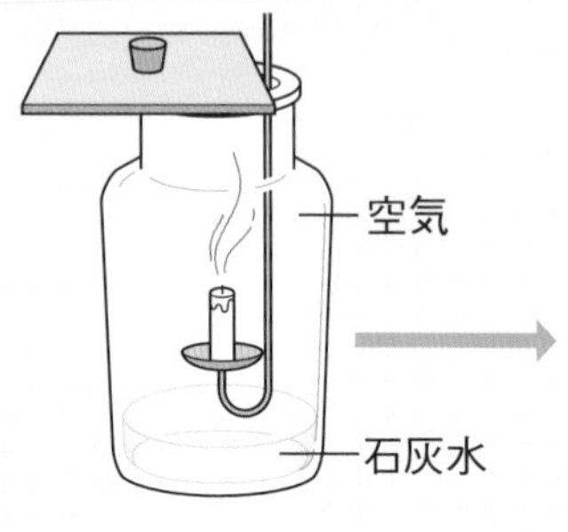

石灰水を入れたびんに，火のついたろうそくを入れてふたをし，火が消えたらろうそくをとり出す。

ふたをしてよくふる。
※保護めがねをかける

石灰水が白くにごる。
ろうそくが燃えた後の空気には，二酸化炭素ができる。

石灰水の性質

二酸化炭素が混じると，白くにごる。

↓

石灰水の変化で，二酸化炭素ができたかどうかがわかる。

ものが燃える前の空気と石灰水をびんに入れてよくふっても，ほとんど変化しない。

1　下の図は，ものが燃えた後の空気の変化について調べたものです。(　　)にあてはまることばを，　　　から選んで書きましょう。（１つ８点）

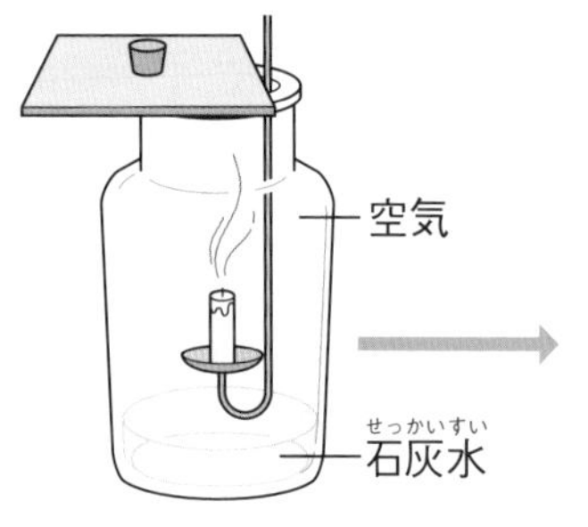

石灰水を入れたびんに，火のついたろうそくを入れてふたをし，火が消えたらろうそくをとり出す。

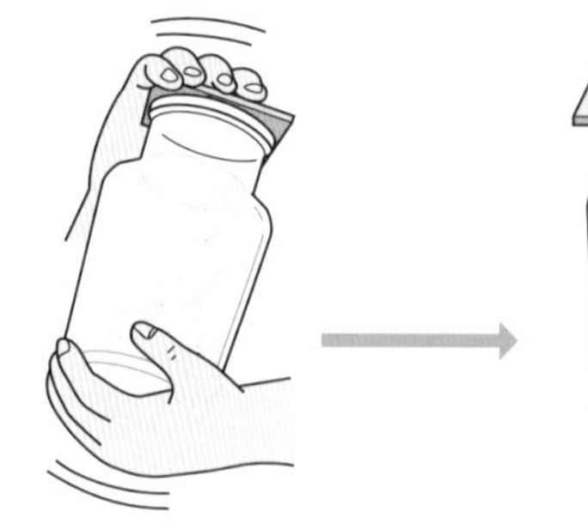

ふたをしてよくふる。

石灰水が①（　　　　　　　　）。
ろうそくが燃えた後の空気には ②（　　　　　　　　）ができる。

変化しない
白くにごる
石灰水
二酸化炭素

2

下の図は，ろうそくが燃える前と燃えた後の，びんの中の空気の変化を調べたものです。(　)にあてはまることばを，　　から選んで書きましょう。同じことばを，くり返し使ってもかまいません。（１つ10点）

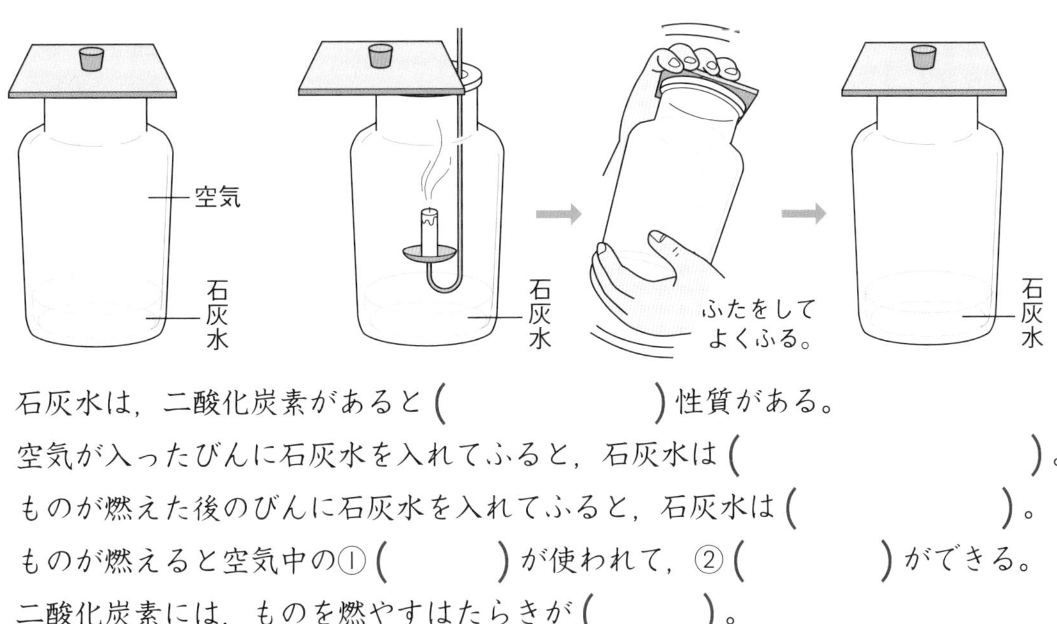

(1) 石灰水は，二酸化炭素があると(　　　　　　　)性質がある。

(2) 空気が入ったびんに石灰水を入れてふると，石灰水は(　　　　　　　)。

(3) ものが燃えた後のびんに石灰水を入れてふると，石灰水は(　　　　　　　)。

(4) ものが燃えると空気中の①(　　　　)が使われて，②(　　　　)ができる。

(5) 二酸化炭素には，ものを燃やすはたらきが(　　　　)。

二酸化炭素　酸素　白くにごる　ほとんど変化しない　ある　ない

3

下の図は，木や紙が燃えた後の空気の変化について調べたものです。(　)にあてはまることばを，　　から選んで書きましょう。同じことばを，くり返し使ってもかまいません。（１つ８点）

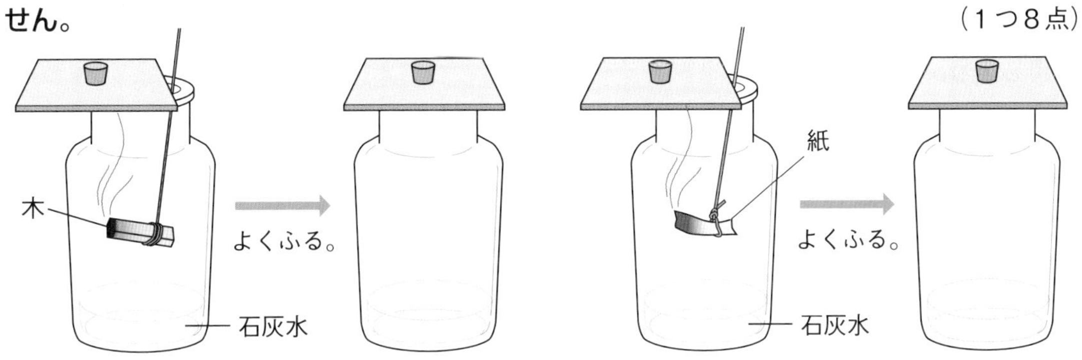

(1) 木を燃やして火が消えた後，木をとり出し，ふたをしてびんをよくふると，石灰水が(　　　　　　　)。

(2) 紙を燃やして火が消えた後，紙をとり出し，ふたをしてびんをよくふると，石灰水が(　　　　　　　)。

(3) 木や紙が燃えた後の空気には(　　　　　　　)ができる。

二酸化炭素
石灰水
水
白くにごる
変化しない

答え➡別冊解答2ページ

8 ものが燃えた後の空気②

得点

/100点

1 **ものが燃える前とものが燃えた後の空気の変化を調べます。これについて，次の問題に答えましょう。**（１つ８点）

⑴　ろうそくが燃える前のびんの中の空気について調べます。ふたをしたままびんをよくふると，石灰水（せっかいすい）はどうなりますか。

（　　　　　　　　　　　　　　）

⑵　ろうそくを燃やして火が消えた後，びんをよくふると，石灰水にどんな変化が見られますか。

（　　　　　　　　　　　　　　）

⑶　ろうそくが燃える前と燃えた後の石灰水の色の変化から，ろうそくが燃えると何という気体ができることがわかりますか。（　　　　　　　　）

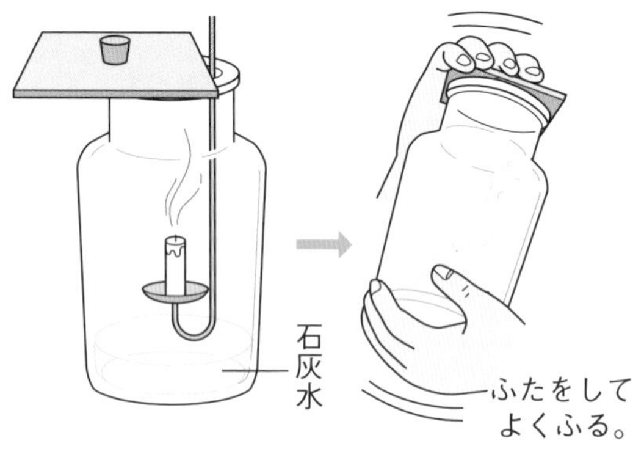

2 **石灰水を入れたびんの中で，木や紙を燃やしました。これについて，次の問題に答えましょう。**（１つ６点）

⑴　火が消えた後，木や紙をとり出して，ふたをしてびんをよくふりました。石灰水は，どうなりますか。

（　　　　　　　　）

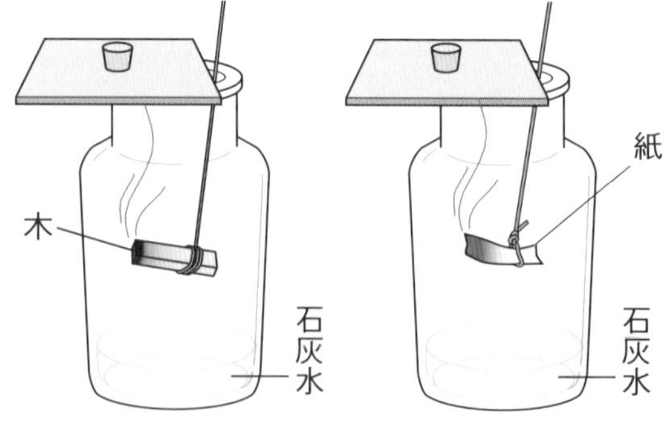

⑵　石灰水の色の変化から，木や紙が燃えると，何という気体ができることがわかりますか。（　　　　　　　　）

⑶　⑵の気体は，ろうそくが燃えた後にできた気体と同じですか，ちがいますか。（　　　　　　　　）

⑷　⑵の気体は，空気中の何が使われてできたものですか。

（　　　　　　　　）

3 ものが燃えた後にできる二酸化炭素について，次の問題に答えましょう。

（1つ8点）

(1) 次の文の(　)に，あてはまることばを書きましょう。

ものが燃えた後にできる二酸化炭素は，石灰水を①(　　　　)にごらせる気体である。二酸化炭素には，ものを燃やすはたらきが②(　　　　)。

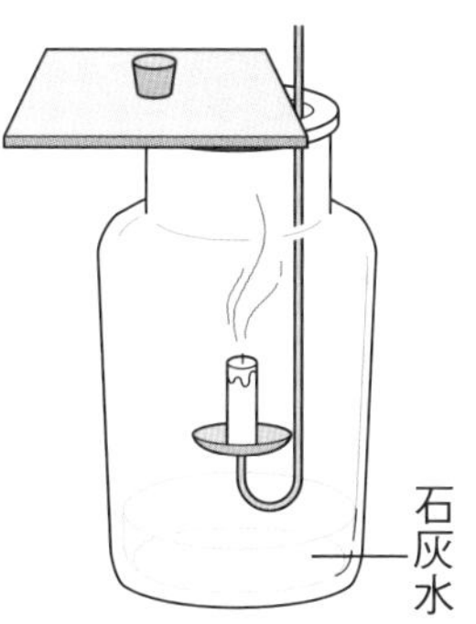

(2) びんのふたをすると，ろうそくの火が消えるのはどうしてですか。次の㋐～㋒から選びましょう。(　　　)

㋐　びんの中に，二酸化炭素が入っていかないから。

㋑　びんの中に，酸素が入っていかないから。

㋒　びんの中に，ちっ素が入っていかないから。

4 ろうそくが燃えた後の空気の変化を調べます。これについて，次の問題に答えましょう。

（1つ7点）

(1) びんの中に入れたろうそくは，いつびんからとり出しますか。次の㋐～㋒から選びましょう。(　　　)

㋐　火が消えてからとり出す。

㋑　火がついているときにとり出す。

㋒　いつとり出してもよい。

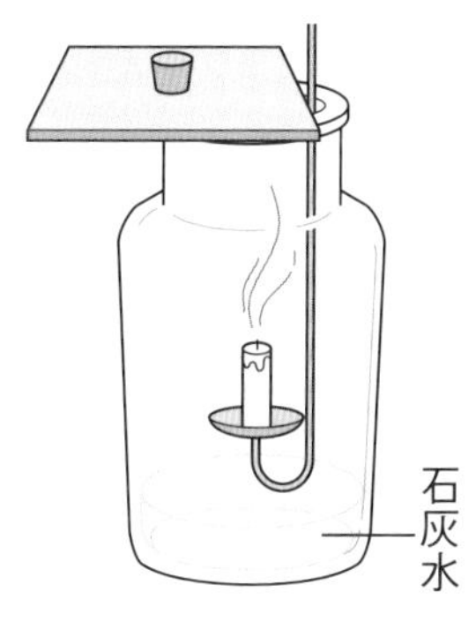

(2) この実験だけでは，燃えた後の空気が変化したのかはっきりわかりません。どのようなものと比べますか。次の㋐～㋒から選びましょう。(　　　)

㋐

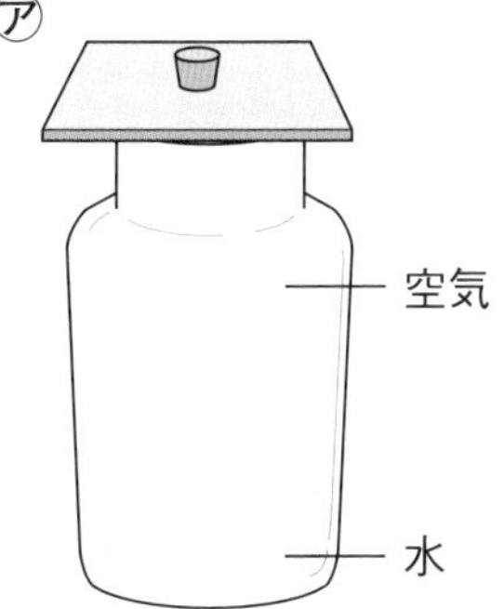

㋑

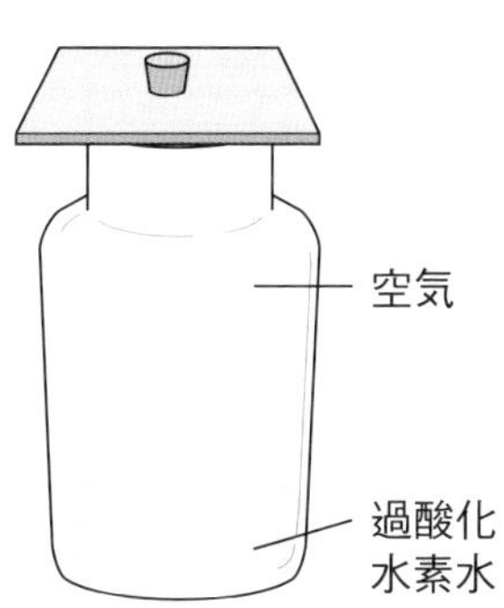

㋒

(3) びんをよくふると，びんに入れた薬品が白くにごるのは，ろうそくが燃える前の空気と燃えた後の空気のどちらですか。(　　　　　　　　)

(4) この実験の結果からわかることを書きましょう。

(　　　　　　　　　　　　　　　　　　　　　　　　　　　)

答え➡別冊解答3ページ

9 気体検知管の使い方①

得点

/100点

覚えよう

気体検知管　空気中にふくまれる酸素や二酸化炭素の**体積の割合**（わりあい）を調べられる。

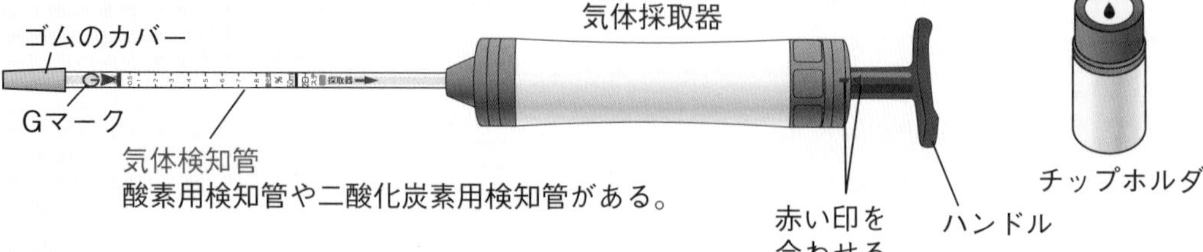

使い方

❶　気体検知管の両はしをチップホルダで折る。G（ジー）マークがあるほうの先に，折った切り口でけがをしないようにゴムのカバーをつける。

❷　気体検知管を矢印（➡）の向きに気体採取器にさしこむ。

❸　調べる気体の入ったびんに気体検知管を入れる。赤い印を合わせて気体採取器のハンドルを引き，気体検知管に気体をとりこむ。

❹　決められた時間がたったら，気体検知管の色が変わったところの目盛り（めも）を読む。

※酸素用検知管は熱くなるので，あつかいに注意する。

ろうそくが燃える前と燃えた後の気体検知管（例）

	燃える前	燃えた後
酸素の割合	14 16 17 18 19 20 21 22 23 24 約21％	14 16 17 18 19 20 21 22 23 24 約17％　減る。
二酸化炭素の割合	0.03％～1％用 0.1 0.2 0.3 0.4 0.5 0.6 約0.04％	0.5％～8％用 0.5 1 2 3 4 5 6 増える。約3％
わかること	ろうそくが燃えると，空気中の酸素の一部が使われて減り，二酸化炭素が増える。	

空気の成分

空気は，**ちっ素**と**酸素**とわずかな**二酸化炭素**などの気体が混じり合ってできている。

空気中の気体の体積の割合

ちっ素 約78％	酸素 約21％

二酸化炭素など

1　**次の文は，気体検知管について書いたものです。（　）にあてはまることばを，　　から選んで書きましょう。**　（１つ６点）

①（　　　　　　）を使うと空気にふくまれる酸素や二酸化炭素の体積の②（　　　　）を調べられる。

③（　　　　）用検知管や二酸化炭素用検知管がある。

気体検知管
割合（わりあい）　重さ
酸素
二酸化炭素

2 次の文は，気体検知管の使い方を書いたものです。(　)にあてはまることばを，　　から選んで書きましょう。

(1つ7点)

酸素用検知管　気体採取器　赤い印　ハンドル　チップホルダ

(1) 気体検知管の(　　　　　)をチップホルダで折り，切り口でけがをしないように先にゴムのカバーをつける。

(2) 気体検知管を矢印(➡)の向きに，(　　　　　　　)にさしこむ。

(3) 調べる気体の入ったびんに(　　　　　　　)を入れ，赤い印を合わせて気体採取器のハンドルを引いて気体をとりこむ。

(4) 決められた時間がたってから気体検知管をとりはずし，色が(　　　　　　)ところの目盛り(めもり)を読みとる。

(5) 右の図のように酸素用検知管の色が変わったら，①(　　　　)の体積の割合は②(　　　　)と読む。

14　16　17　18　19　20　21　22　23　24

一方のはし　両はし　気体採取器　気体検知管

約21％　約18％　変わった　二酸化炭素　酸素

3 気体検知管を使って，ろうそくが燃える前と燃えた後の酸素と二酸化炭素の体積の割合を調べました。(　)にあてはまることばを，　　から選んで書きましょう。

(1つ10点)

	燃える前	燃えた後
酸素の割合	14 16 17 18 19 20 21 22 23 24 約21％	14 16 17 18 19 20 21 22 23 24 約17％　減る。
二酸化炭素の割合	0.03％～1％用 0.1 0.2 0.3 0.4 0.5 0.6 約0.04％	0.5％～8％用 0.5 1 2 3 4 5 6 増える。約3％

(1) 酸素用検知管を使って調べると，ろうそくが燃える前の空気と比べて，燃えた後の空気は，

①(　　　　　)の体積の割合が

②(　　　　　)。

(2) 二酸化炭素用検知管を使って調べると，ろうそくが燃える前の空気と比べて，燃えた後の空気は，

①(　　　　　　)の体積の割合が②(　　　　　)。

ちっ素　二酸化炭素　酸素　減る　増える　変わらない

答え➡別冊解答3ページ

10 気体検知管の使い方②

得点

/100点

1 右の図は，空気の成分を表したものです。これについて，次の文の(　)にあてはまることばを書きましょう。（１つ４点）

空気は，約78％の①（　　　　）と，約21％の②（　　　　）と，わずかな二酸化炭素などの気体が混じり合ってできている。

① 約78％	② 約21％	二酸化炭素など約１％

2 下の図は，気体検知管を表したものです。これについて，次の問題に答えましょう。（１つ５点）

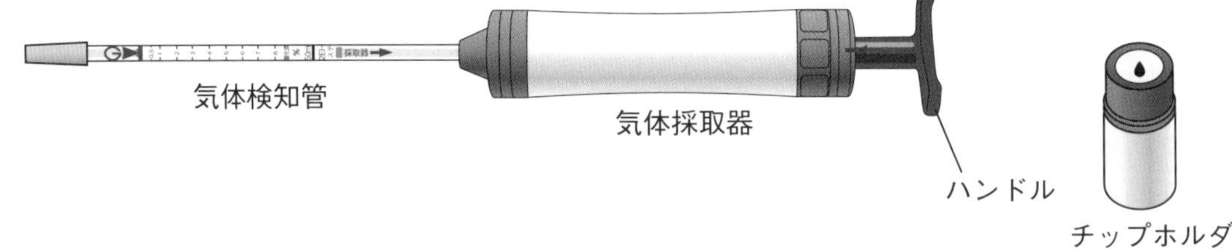

(1) 気体検知管の両はしをチップホルダで折ったら，次に気体検知管をどのようにしますか。次の㋐～㋒から選びましょう。（　　）

㋐ 折った両はしにゴムのカバーをつける。

㋑ G(ジー)マークがあるほうの先に，ゴムのカバーをつける。

㋒ Gマークがないほうの先に，ゴムのカバーをつける。

(2) (1)で答えたようにするのは，どうしてですか。次の㋐～㋒から選びましょう。（　　）

㋐ 折った切り口でけがをしないようにするため。

㋑ 気体採取器でとりこんだ気体がもれないようにするため。

㋒ 酸素用検知管と二酸化炭素用検知管を区別するため。

(3) 気体をとりこんで調べたとき，熱くなるのは酸素用検知管と二酸化炭素用検知管のどちらですか。（　　　　　　　）

(4) 気体検知管を使うと，酸素や二酸化炭素の何が調べられますか。次の㋐～㋒から選びましょう。（　　）

㋐ 気体の重さ　㋑ 気体の色　㋒ 気体の体積の割合(わりあい)

3 気体検知管を使って，ろうそくが燃える前と燃えた後のびんの中の空気の変化を調べました。これについて，次の問題に答えましょう。（1つ6点）

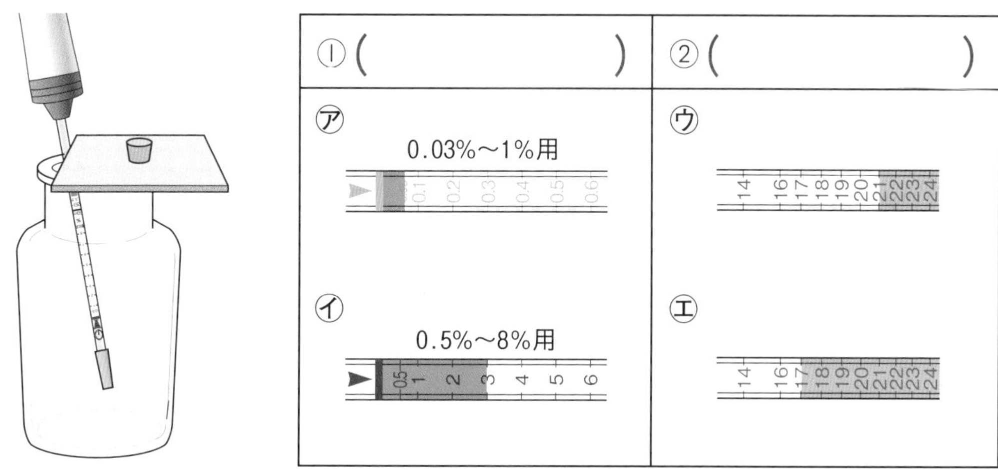

(1) ①，②は，びんの中の空気の何の割合を調べた結果ですか。気体の名前を上の図の(　)に書きましょう。

(2) ①で，ろうそくが燃える前の結果は，㋐，㋑のどちらですか。（　　）

(3) ②で，ろうそくが燃えた後の結果は，㋒，㋓のどちらですか。（　　）

(4) ろうそくの火が消えた後，びんの中の空気に酸素は残っていますか，全部なくなっていますか。実験の結果から考えましょう。（　　）

(5) ろうそくのかわりに紙を燃やすと，紙が燃えた後，酸素と二酸化炭素の体積の割合はどう変わりますか。（　　）

(6) 次の文の(　)に，あてはまることばを書きましょう。

［ものが燃えると，空気中の①（　　）の一部が使われて減り，②（　　）が増える。］

4 右の図は，ろうそくが燃える前と燃えた後の，びんの中の空気の成分の割合を表したものです。これについて，次の問題に答えましょう。（1つ8点）

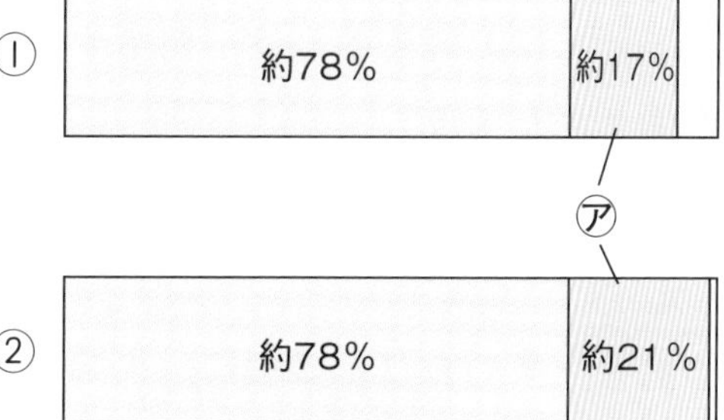

(1) ろうそくが燃える前と燃えた後で，体積の割合が変化しない気体は何ですか。（　　）

(2) ろうそくが燃えた後のびんの中の空気を表しているのは，①，②のどちらですか。（　　）

(3) ㋐の気体の名前を書きましょう。（　　）

答え➡別冊解答3ページ

11 単元のまとめ

得点

/100点

1 **ねん土に火のついたろうそくを立て，底のないびんをかぶせました。これについて，次の問題に答えましょう。**（１つ４点）

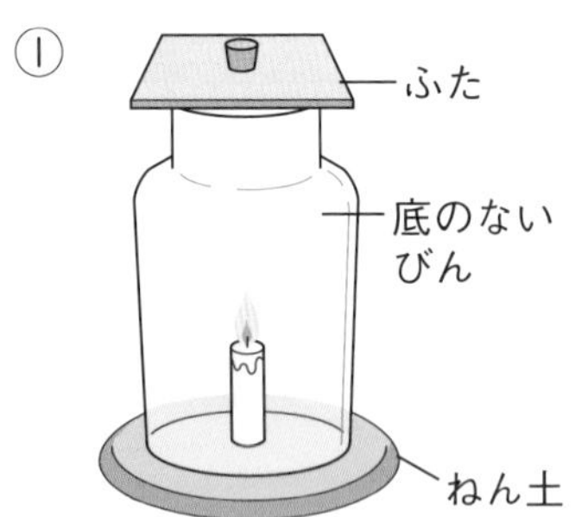

(1)　①のようにふたをすると，ろうそくの火はどうなりますか。次の㋐，㋑から選びましょう。（　　）

㋐　燃え続ける。　　㋑　しばらく燃えてから消える。

(2)　②では，ろうそくの火はどうなりますか。（　　　　　　）

(3)　③では，ろうそくの火はどうなりますか。（　　　　　　）

(4)　③の下のすき間に線こうのけむりを近づけると，けむりの動きはどうなりますか。右の㋐〜㋒から選びましょう。（　　）

(5)　ろうそくが燃え続けるためには，空気がどうなることが必要ですか。（　　　　　　）

2 **右の図のような装置（そうち）で，酸素をつくってびんに集めます。これについて，次の問題に答えましょう。**（１つ５点）

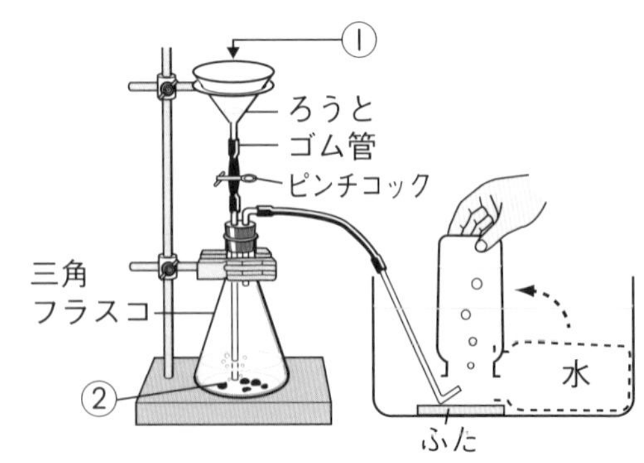

(1)　①，②に入れる薬品は，何ですか。名前を書きましょう。

①（　　　　　　）

②（　　　　　　）

(2)　酸素を集めたびんの中に，火のついたろうそくを入れると，空気中と比べて，どのように燃えますか。（　　　　　　）

(3)　酸素には，どんなはたらきがありますか。（　　　　　　）

3

下の㋐～㋒のびんの中には，空気，酸素，二酸化炭素のどれかが入っています。これについて，次の問題に答えましょう。（1つ5点）

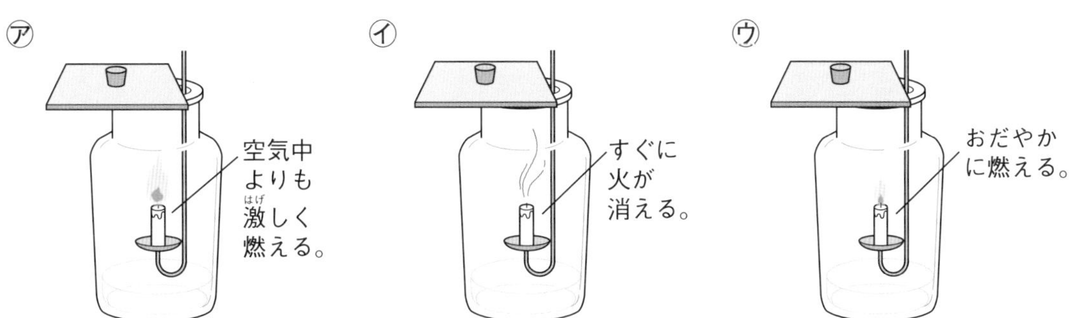

(1) ㋐～㋒のびんの中に，火のついたろうそくを入れると，上のようになりました。それぞれのびんに入っていた気体は，何ですか。

㋐（　　　　　　）　㋑（　　　　　　）　㋒（　　　　　　）

(2) ㋒のろうそくの火が消えた後，びんの中に石灰水を入れてよくふると，石灰水はどうなりますか。（　　　　　　）

(3) (2)のようになると，びんの中に，何という気体ができたことがわかりますか。

（　　　　　　）

(4) ものが燃えた後にできた気体は，ものを燃やすはたらきがありますか，ありませんか。（　　　　　　）

4

気体検知管を使って，ろうそくが燃える前と燃えた後の，びんの中の気体の体積の割合を調べました。これについて，次の問題に答えましょう。（1つ5点）

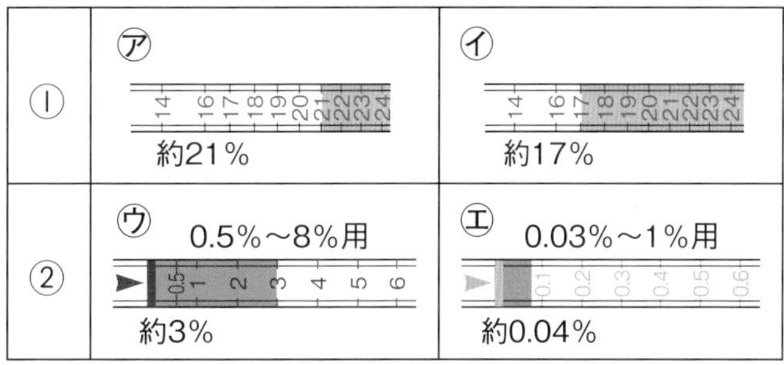

(1) ①，②は，それぞれ，びんの中の何という気体を調べた結果ですか。

①（　　　　　　）　②（　　　　　　）

(2) ①，②で，ろうそくが燃えた後の結果を示しているのは，㋐～㋓のどれですか。

①（　　）　②（　　）

(3) ろうそくが燃えるとき，一部が使われて減る気体は何ですか。

（　　　　　　）

(4) ろうそくが燃えた後にできる気体は何ですか。（　　　　　　）

ほのおのしくみ

ろうそくはどのように燃えるのでしょう。

ろうそくのほのおをよく観察すると，色や明るさで，右の図のように大きく３つに分かれているのがわかります。

ろうそくは熱せられると，固体のろうが液体になり，ろうそくのしんを伝わって上へのぼります。さらに熱せられたろうは気体になって，ほのおを出して燃えます。

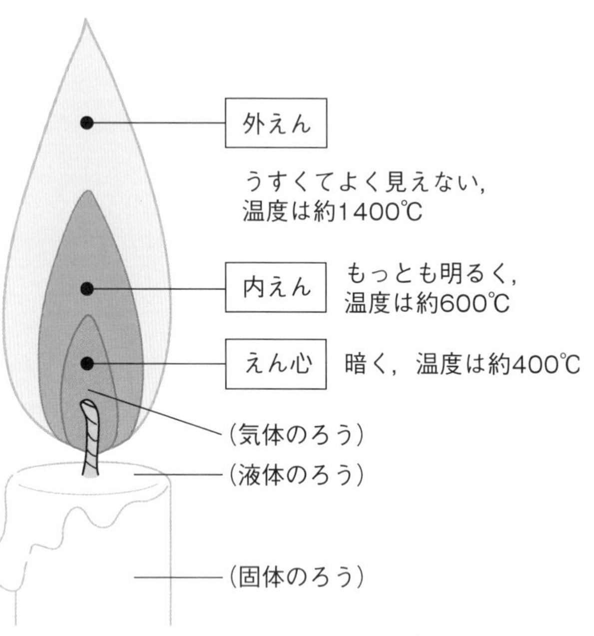

外（がい）えんとよばれる部分は，ほのおのいちばん外側で空気とよく接するので，気体となったろうがよく燃え，ろうにふくまれている炭素が酸素と結びついて，二酸化炭素ができます。

内（ない）えんは，ろうの気体が炭素と水素に分かれるところで，酸素が少ないので二酸化炭素はできずに一酸化炭素ができています。

えん心は，液体のろうが気体になるところで，酸素はないので燃えることはありません。

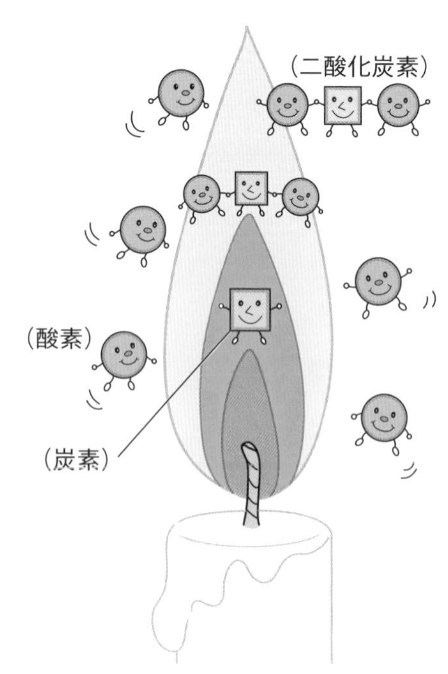

気体のろうが燃えると水もいっしょにできるんだよ。

この単元では，ものの燃え方と空気，ものの燃え方と酸素，ものが燃えた後の空気などを学習しました。ここでは，ほのおや炭を調べましょう。

空気のないところで木を熱するとどうなるでしょう。

空きかんの中にわりばしを入れ，右の図のような装置をつくり，空気が入ってこないところでわりばしを熱します。

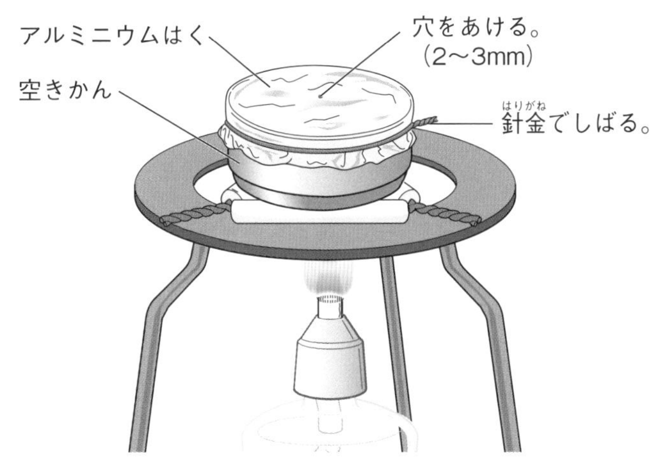

熱しはじめると，アルミニウムはくの穴から白いけむり(木ガス)が出てきます。木ガスが出なくなったら火をとめ，じゅうぶん冷えてから空きかんの中を観察すると，わりばしは炭になっています。

木ガスと炭を空気中で燃やしてみると，木ガスはほのおを上げて燃えますが，炭はほのおを出さずに赤くなって燃えます。炭はほとんど炭素という燃える固体からできていて，燃える気体はぬけてしまっているからなのです。

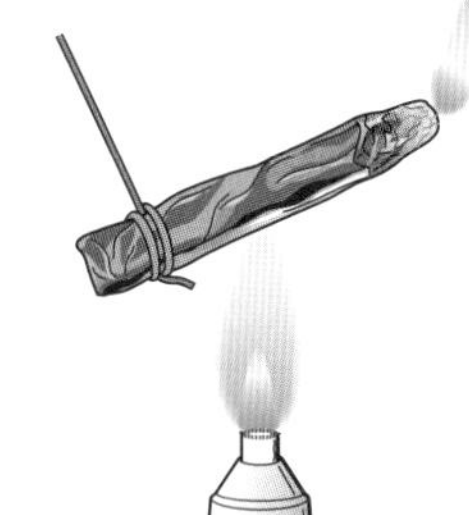

木ガスが燃えるようす▶

自由研究のヒント

アルミニウムのかんの中にアルミニウムはくをしいて炭にしたい植物を入れ，ふたをして１か所穴をあけ，かんいコンロなどの火にかけます。白いけむりが出なくなったら植物の炭のできあがりです。いろいろな植物の炭をつくってみましょう。

答え➡別冊解答4ページ

得点　/100点

12 呼吸①

覚えよう

呼吸

・人や動物は，空気を吸ったりはいたりしている。これを**呼吸**という。
・呼吸によって，空気中の**酸素**を体内にとり入れ，**二酸化炭素**を出している。
・呼吸のはたらきは，肺で行われる。

吸う空気とはいた空気のちがい

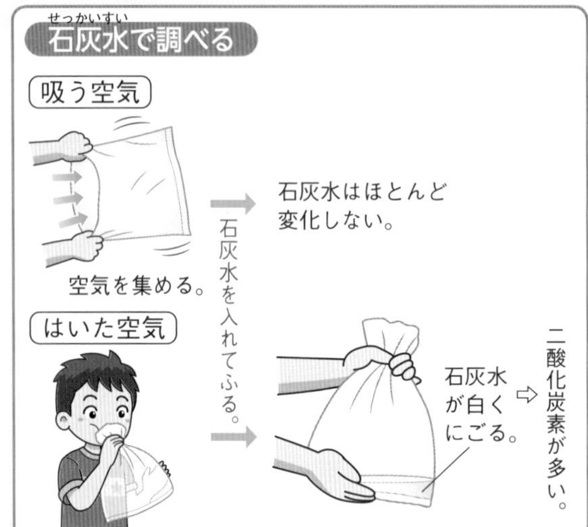

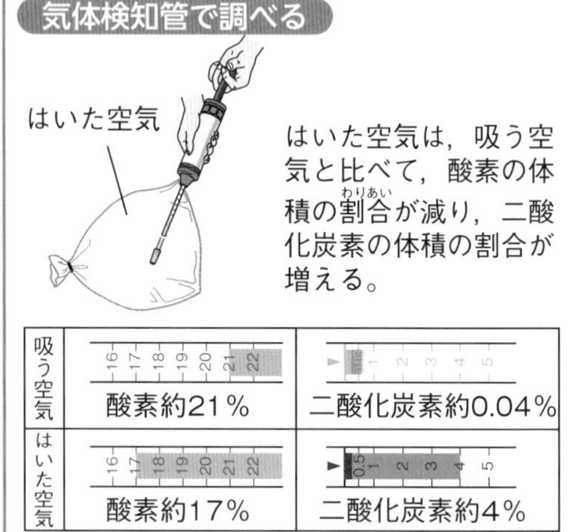

吸う空気	酸素約21％	二酸化炭素約0.04％
はいた空気	酸素約17％	二酸化炭素約4％

肺

口や鼻から入った空気は気管を通って肺に入る。肺で，吸った空気中の酸素の一部が血液中にとり入れられる。また，血液中から二酸化炭素が出され，はく空気に混じって体外に出される。

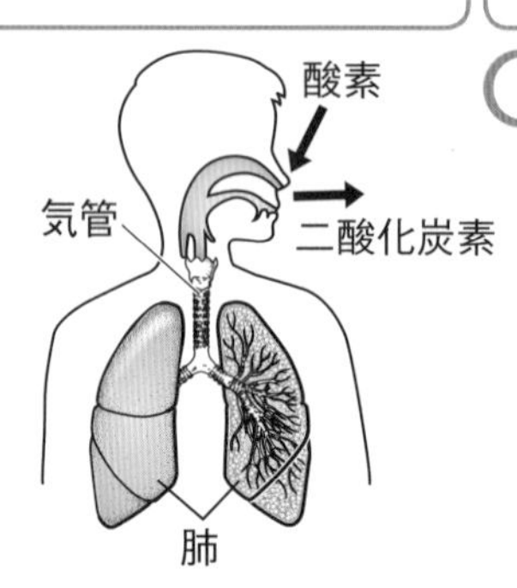

動物の呼吸

ウサギは，肺で呼吸。

酸素
二酸化炭素
肺
気管
えら

魚は，えらで呼吸。水にとけている酸素をとり入れ，二酸化炭素を出す。

1 右の図は，人の呼吸が行われるからだの部分を表したものです。□にあてはまることばを，から選んで書きましょう。

（１つ10点）

気管　心臓　肺

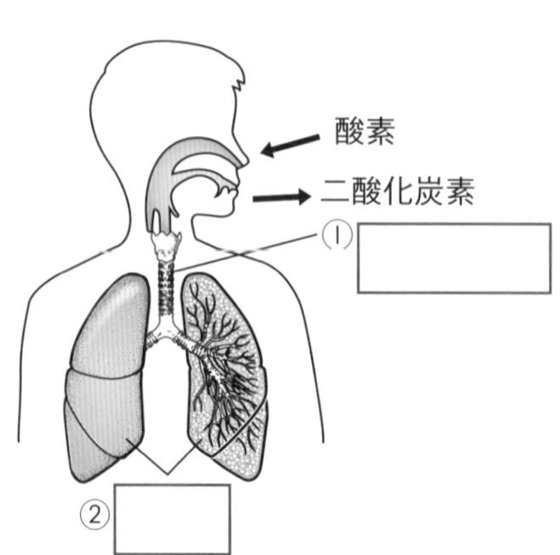

2 **次の文は，吸う空気とはいた空気のちがいについて書いたものです。(　)にあてはまることばを，［　　］から選んで書きましょう。**　(１つ５点)

(1)　人は，空気を吸ったりはいたりしている。これを(　　　　　)という。

(2)　周りの空気（吸う空気）をふくろに集め，石灰水を入れてふると，石灰水はほとんど(　　　　　　　)。

(3)　はいた空気をふくろに集め，石灰水を入れてふると，石灰水は(　　　　　　　)。

(4)　はいた空気は，吸う空気と比べて，(　　　　　　　　)が多くふくまれている。

呼吸	酸素	二酸化炭素	石灰水	白くにごる	変化しない

3 **右の図は，人や動物が呼吸を行うからだの部分を表したものです。(　)にあてはまることばを，［　　］から選んで書きましょう。**　(１つ10点)

(1)　口や鼻から入った空気は，(　　　　)を通って肺へ入る。

(2)　肺で，吸った空気中の①(　　　　)の一部が②(　　　　)中にとり入れられ，血液中から二酸化炭素が出されて，③(　　　　)に混じって体外に出される。

(3)　ウサギは人と同じように，(　　　　)で呼吸する。

(4)　魚は，(　　　　)で呼吸し，水にとけている酸素をとり入れ，二酸化炭素を出す。

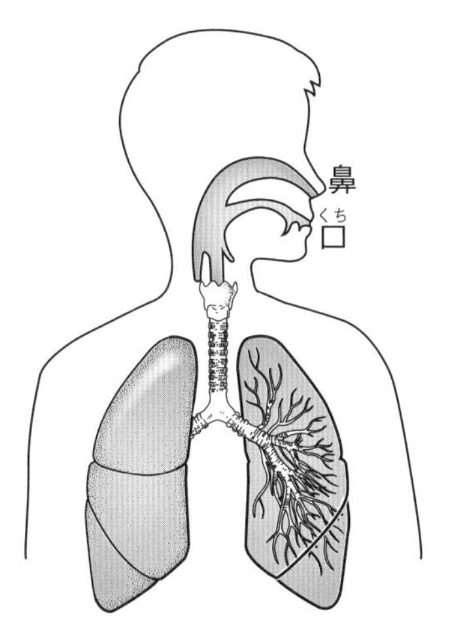

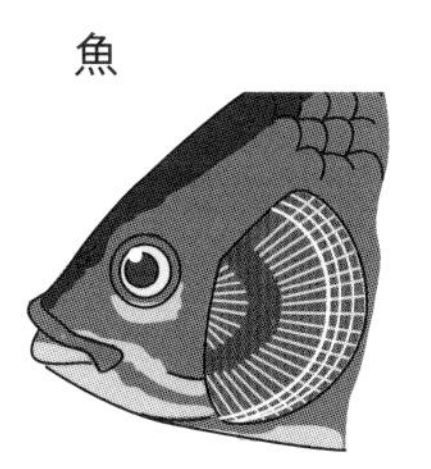

気管	肺	えら	血液	吸う空気	はく空気	酸素	二酸化炭素

答え➡別冊解答4ページ

13 呼吸②

得点 /100点

1 **吸う空気とはいた空気をふくろに集めて，2つの空気のちがいを調べるために，ある液をふくろに入れました。これについて，次の問題に答えましょう。** （1つ5点）

(1) ふくろに入れた液は，何ですか。
（　　　　　　）

(2) (1)の液を入れてふると，液が白くにごるのは，吸う空気とはいた空気のどちらですか。
（　　　　　　）

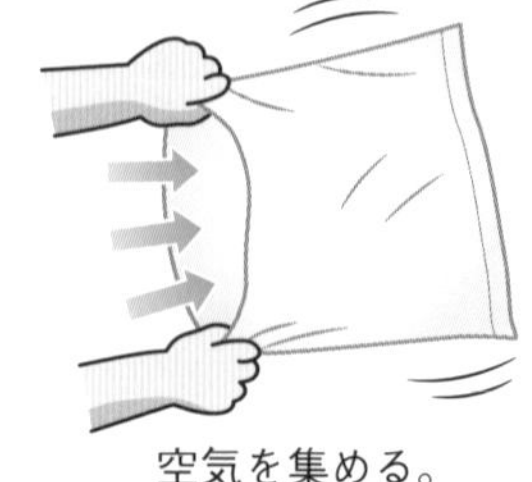

空気を集める。

(3) 実験の結果から，吸う空気と比べて，はいた空気に多くふくまれている気体は何ですか。
（　　　　　　）

2 **吸う空気とはいた空気のちがいを，気体検知管を使って調べました。これについて，次の問題に答えましょう。** （1つ5点）

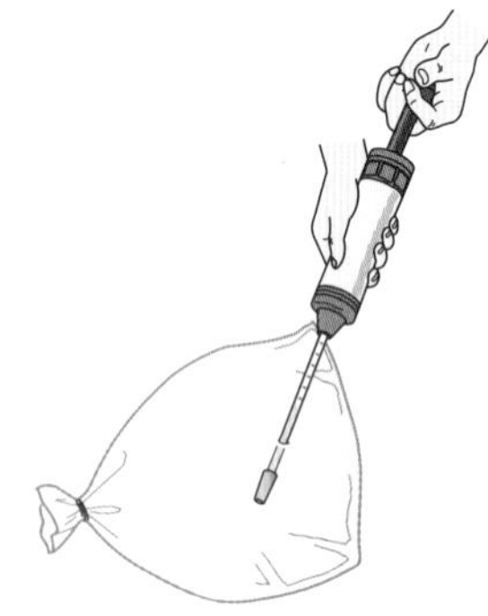

	酸素	二酸化炭素
吸う空気	約21%	約0.04%
はいた空気	約17%	約4%

(1) 吸う空気と比べて，はいた空気で体積の割合が減っている気体は何ですか。
（　　　　　　）

(2) はいた空気は，吸う空気と比べて，二酸化炭素の体積の割合はどうなりますか。
（　　　　　　）

(3) はいた空気に，酸素はふくまれていますか，ふくまれていませんか。
（　　　　　　）

(4) 気体検知管を使わないで，はいた空気に二酸化炭素が多くふくまれているかどうかを調べます。何という液を使うと調べられますか。
（　　　　　　）

3 右の図は，人が呼吸（こきゅう）を行うからだの部分を表したものです。これについて，次の問題に答えましょう。（1つ5点）

(1) ㋐，㋑の部分の名前を書きましょう。

㋐（　　　　）　㋑（　　　　）

(2) 人の呼吸は，何というところで行われますか。

(3) 人が呼吸によって，体内にとり入れる気体と，体外に出す気体は何ですか。

とり入れる気体（　　　　　　）

出す気体（　　　　　　）

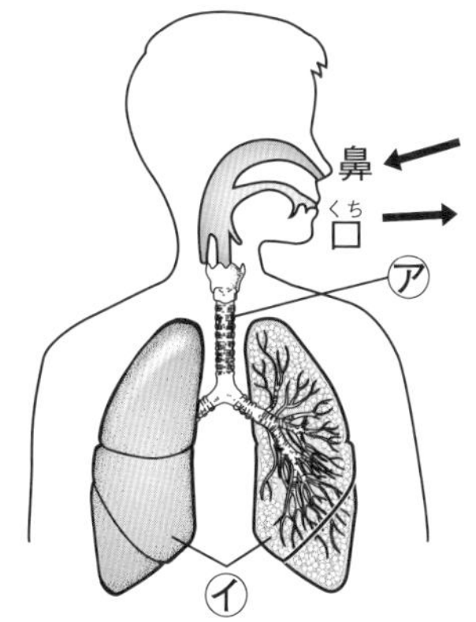

4 ウサギと魚の呼吸について，次の問題に答えましょう。（1つ6点）

(1) ウサギの㋐の部分は，何ですか。

(2) 魚の㋑の部分を何といいますか。

（　　　　）

(3) 動物が呼吸によって，とり入れる気体と出す気体は何ですか。

とり入れる気体（　　　　　　）　出す気体（　　　　　　）

(4) 人と同じような呼吸のしかたをしているのはどちらですか。（　　　）

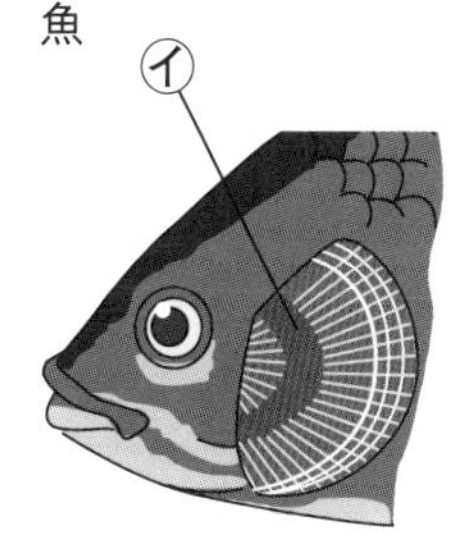

5 下の図は，気体検知管を使って，吸う空気とはいた空気のちがいを調べた結果です。これについて，次の問題に答えましょう。（1つ5点）

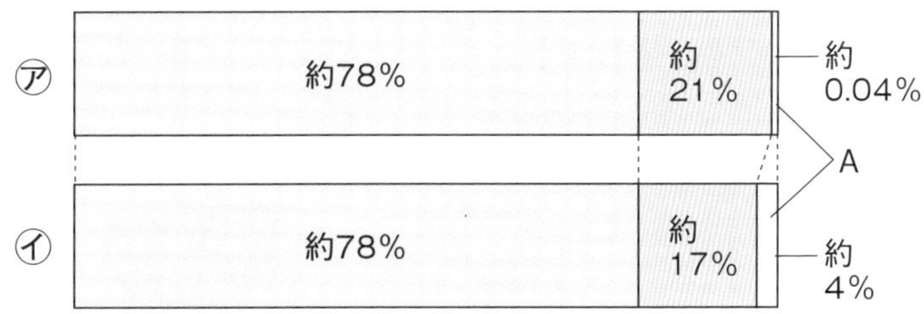

(1) はいた空気を調べた結果は㋐，㋑のどちらですか。（　　）

(2) 気体A（エー）は，何ですか。（　　　　　　）

答え➡別冊解答4ページ

14 消化と吸収①

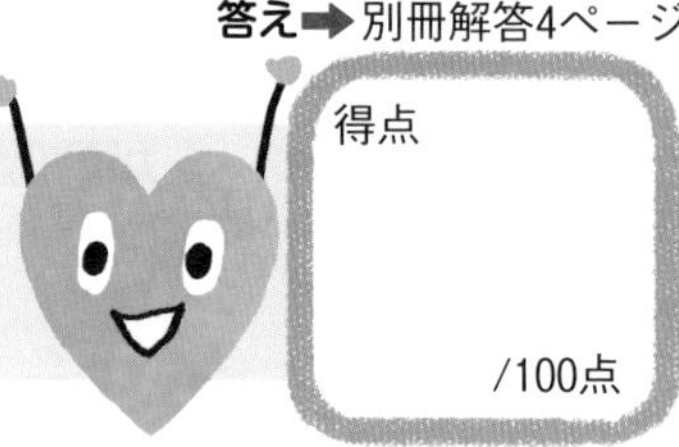

覚えよう

消化 口から入った食べ物が，**消化管**を通るうちに吸収されやすい養分に変えられることを**消化**という。

だ液のはたらきを調べる実験

㋐ でんぷんが入った液だけを入れる。

㋑ でんぷんが入った液と，だ液を入れる。

⬇しばらくおく。

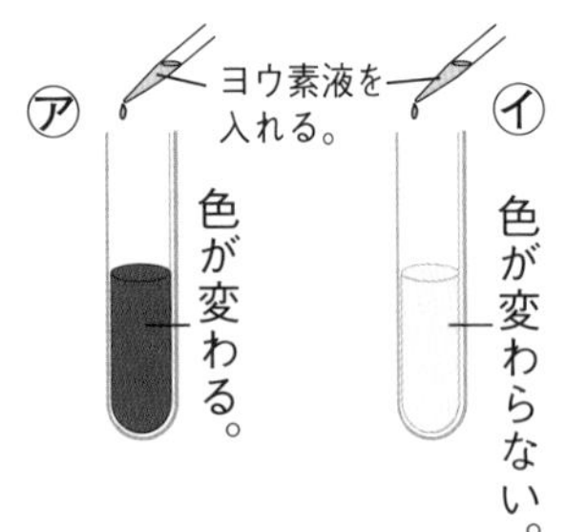

だ液を入れた液はヨウ素液を入れても色が変わらないことから，だ液がでんぷんをほかのものに変えたことがわかる。

消化管のつくり

口→食道→胃→小腸→大腸→こう門までの食べ物の通り道を消化管という。消化管で出され，食べ物を消化するはたらきをする液を**消化液**といい，**だ液**，**胃液**などがある。

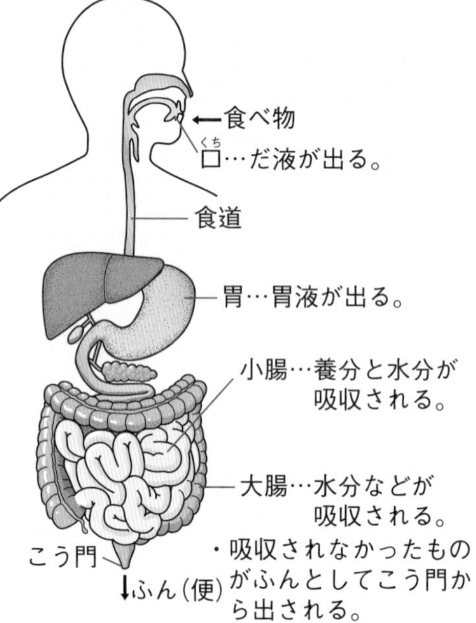

吸収 消化された食べ物の養分は，水分とともに**小腸**で吸収され，血液中にとり入れられ，全身に運ばれる。

1 右の図は，人の体内のようすを表したものです。□にあてはまることばを，　　から選んで書きましょう。

（1つ5点）

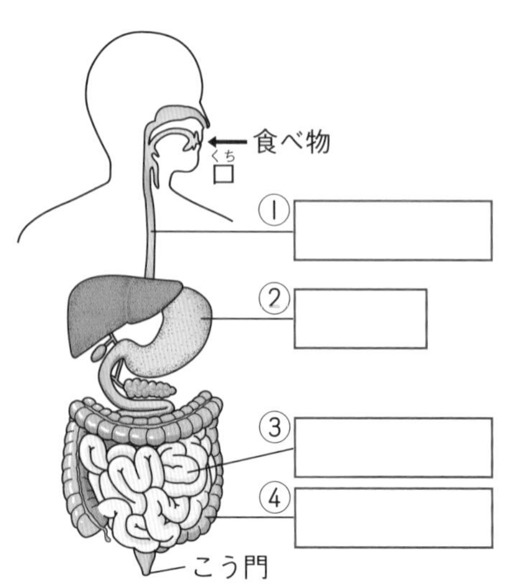

食道　大腸　小腸　胃

2 右の図は，口からこう門までの食べ物の通り道について表したものです。(　)にあてはまることばを，[　]から選んで書きましょう。　(1つ5点)

(1) 口から入った食べ物は，口→①(　　　)→②(　　　)→③(　　　)→④(　　　)を通って吸収(きゅうしゅう)され，残ったものはふんとなってこう門から出される。

(2) 口から①(　　　)までの食べ物の通り道を②(　　　)という。

(3) 食べ物は，消化管を通るうちに，体内に吸収されやすい養分に変えられる。吸収されやすいものに変えられることを(　　　)という。

(4) 食べ物を吸収されやすいものに変えるだ液や胃液などを(　　　)という。

(5) 小腸では①(　　　)が水分とともに吸収され，大腸ではさらに②(　　　)が吸収される。

食べ物
口
食道
胃
小腸
大腸
こう門
ふん(便)

大腸　小腸　こう門　胃　食道　吸収　消化
消化管　だ液　胃液　消化液　水分　養分

3 右の図は，だ液のはたらきを調べる実験を表したものです。(　)にあてはまることばを，[　]から選んで書きましょう。　(1つ10点)

(1) ご飯つぶを湯にもみ出した液(ア)に，ヨウ素液を入れると，色が(　　　)。

(2) ご飯つぶを湯にもみ出した液に，だ液を加えたもの(イ)に，ヨウ素液を入れると，色が(　　　)。

(3) イで(2)のようになるのは，(　　　)がでんぷんを変化させたからである。

ヨウ素液　でんぷん　だ液
変わらない　変わる

ア ご飯つぶを湯にもみ出した液だけを入れる。
イ ご飯つぶを湯にもみ出した液に，だ液を加えたものを入れる。

しばらくおく。

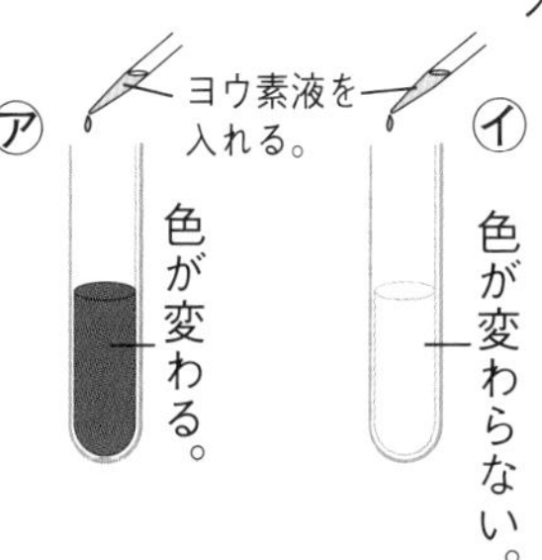

答え➡別冊解答5ページ

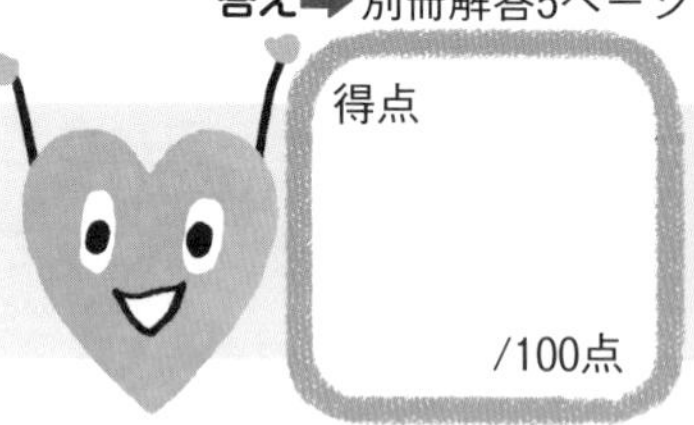

15 消化と吸収（きゅうしゅう）②

1 **右の図は，人の消化管について表したものです。これについて，次の問題に答えましょう。**　（１つ４点）

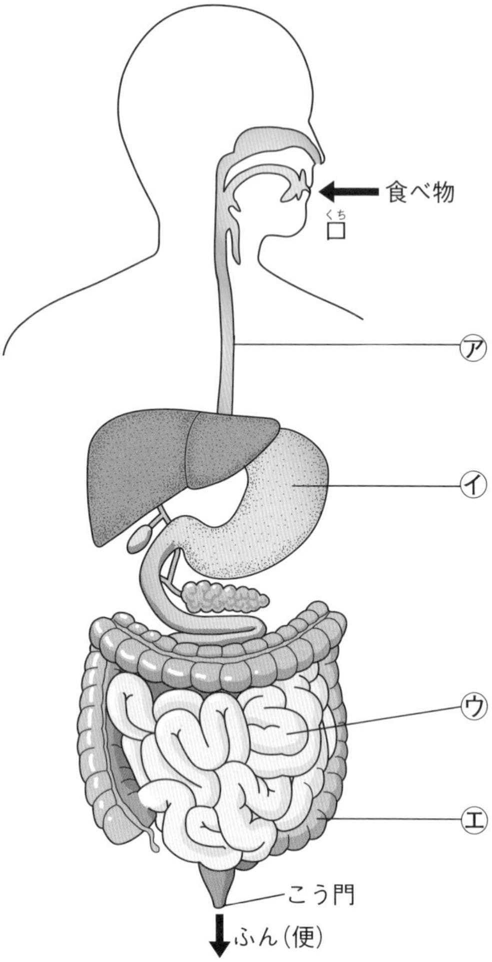

食べ物
口（くち）
ア
イ
ウ
エ
こう門
ふん（便）

(1) ㋐～㋓の名前を書きましょう。

㋐（　　　　　　）
㋑（　　　　　　）
㋒（　　　　　　）
㋓（　　　　　　）

(2) 口から入った食べ物が，ふんとしてこう門から出されるまでの通り道の順をことばで書きましょう。

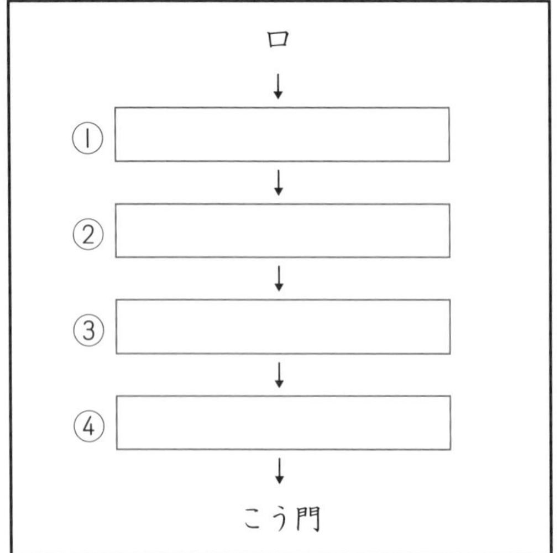

(3) ㋑で出される消化液は，何ですか。（　　　　）

(4) 口で出される消化液は，何ですか。（　　　　）

(5) 次の文の（　）に，あてはまることばを書きましょう。

口から入った食べ物は，①（　　　　　　）を通るうちに，だ液や胃（い）液（えき）などの②（　　　　　　）のはたらきで，からだに吸収（きゅうしゅう）されやすい養分に変えられる。このことを③（　　　　　　）という。

(6) 上の図の㋒の部分で吸収されるものは，何ですか。２つ書きましょう。

（　　　　）（　　　　）

(7) 上の図の㋓の部分で吸収されるものは，何ですか。（　　　　）

2 だ液のはたらきについて調べます。次の問題に答えましょう。

（1つ4点）

(1) でんぷんがあるかどうかを調べるのに入れるAの液は，何ですか。

（　　　　　）

(2) ㋐，㋑の試験管の液の色は，Aの液を入れると，どうなりますか。

㋐（　　　　　）

㋑（　　　　　）

(3) だ液は，食べ物の中にふくまれる何を変化させますか。　（　　　　　）

3 食べ物の消化と吸収について，次の問題に答えましょう。

（1つ4点）

(1) 消化液は，どのようなはたらきをしていますか。次の㋐～㋒から選びましょう。

（　　）

㋐ 食べ物を細かくくだいて小さくする。

㋑ 食べ物の中の養分をやわらかくして，からだに吸収されやすくする。

㋒ 食べ物をからだに吸収されやすい養分に変える。

(2) 消化された食べ物の養分について，次の文の（　）にあてはまることばを書きましょう。

［ 養分は，おもに①（　　　　　）で吸収されて，②（　　　　　）の中にとり入れられ，全身に運ばれる。］

(3) 水分は，どことどこで吸収されますか。

（　　　　　）と（　　　　　）

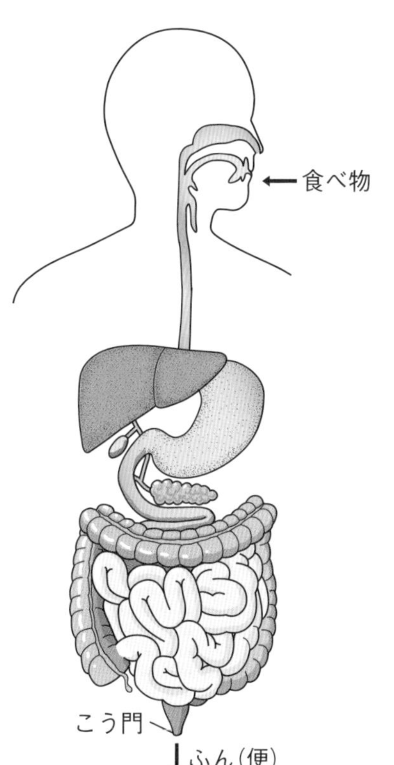

答え➡別冊解答5ページ

16 血液のじゅんかん①

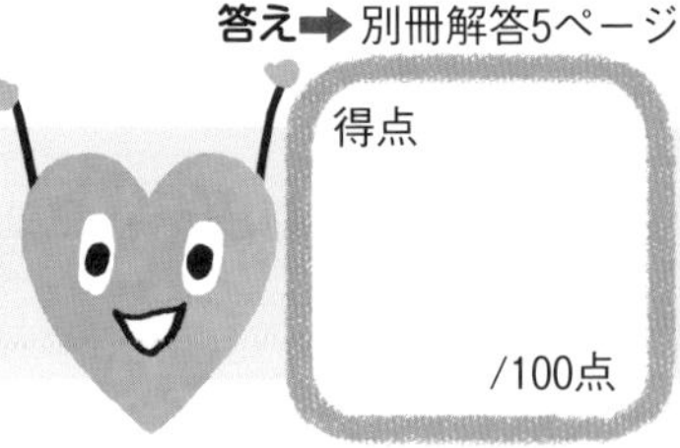

覚えよう

血液のじゅんかん

血液は，**心臓**から送り出されて**血管**を通って全身に運ばれ，やがて再び心臓にもどってくる。これを**血液のじゅんかん**という。

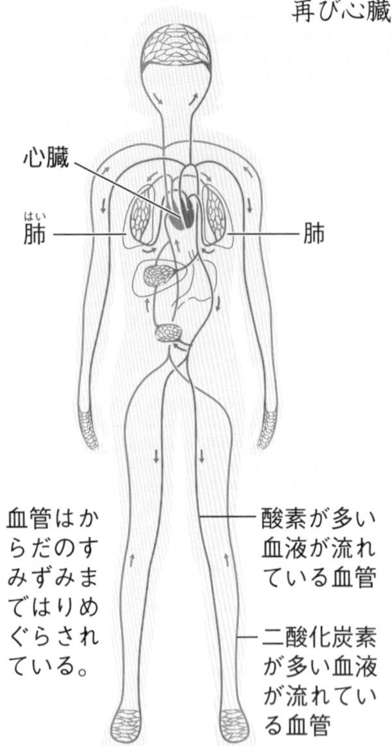

血液は，**肺**でとり入れた**酸素**や，**小腸**で吸収した**養分**や**水分**などを全身に運び，**二酸化炭素**などを受けとって，心臓にもどる。さらに肺へ送られて，二酸化炭素を出し，酸素を受けとる。

血液の流れ

心臓は，縮んだり，ゆるんだりして，血液を全身に送り出すポンプのような役割をしている。

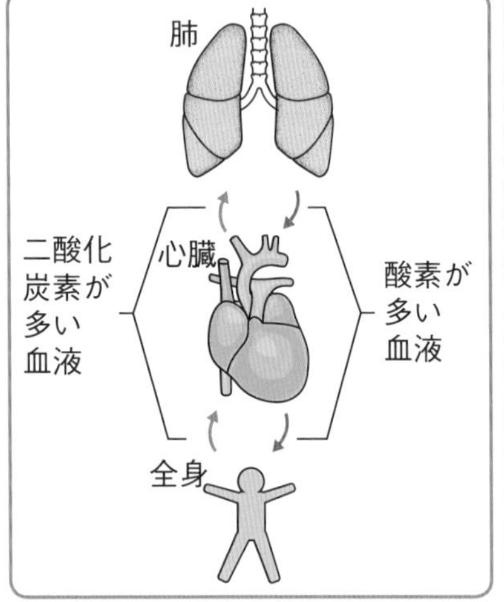

はく動と脈はく

１分間のはく動数と脈はく数は同じ。

胸にちょうしん器を当てると，心臓のはく動の音が聞こえる。

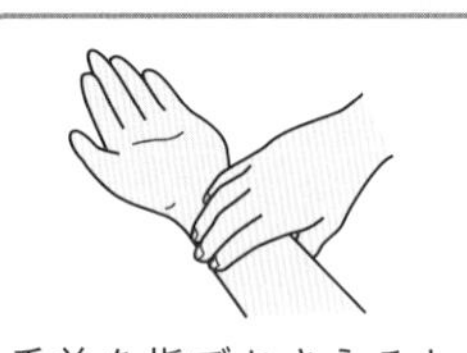

手首を指でおさえると，脈はくを調べられる。

メダカの血液の流れ（けんび鏡で観察）

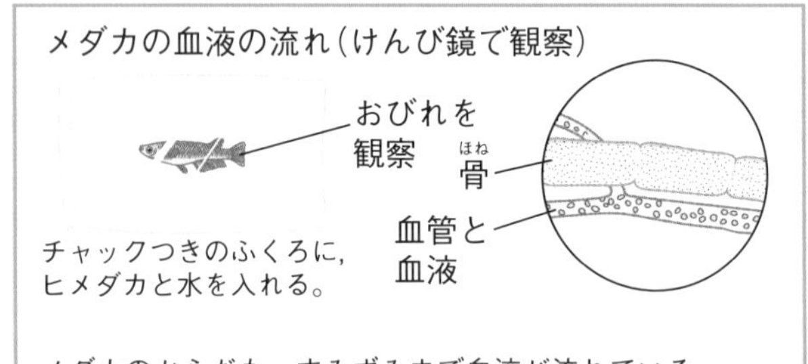

チャックつきのふくろに，ヒメダカと水を入れる。

メダカのからだも，すみずみまで血液が流れている。

1 **次の文は，心臓のはたらきについて書いたものです。（　）にあてはまることばを，から選んで書きましょう。**（１つ８点）

心臓は，①（　　　　　），ゆるんだりして，②（　　　　　）を全身に送り出す③（　　　　　）のような役割をしている。

のびたり　縮んだり　ポンプ　血液

2 右の図は，全身の血液の流れを表したものです。(　)にあてはまることばを，　から選んで書きましょう。同じことばを，くり返し使ってもかまいません。（1つ8点）

(1) 血管は，からだのすみずみまではりめぐらされていて，(　　　　)はこの血管の中を流れて全身に運ばれる。

(2) 血液は，①(　　　　)から送り出され，②(　　　　)を通って全身に運ばれて，やがて再び心臓にもどってくる。このことを血液のじゅんかんという。

(3) 血液は，肺でとり入れた①(　　　　)や，小腸で吸収した②(　　　　)や水分などを全身に運び，③(　　　　　　　　)などを受けとって再び心臓にもどる。

(4) 血管には，(　　　　)の多い血液が流れている血管と，二酸化炭素の多い血液が流れている血管がある。

血液　肺　心臓　小腸（しょうちょう）　血管
酸素　二酸化炭素　養分

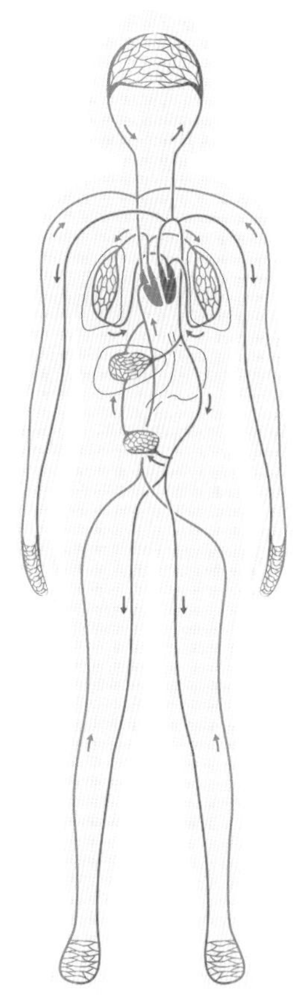

3 下の図は，心臓のはく動と脈はくを調べるようすを表したものです。(　)にあてはまることばを，　から選んで書きましょう。（1つ5点）

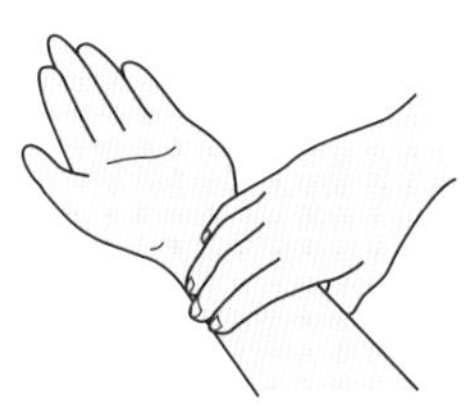

ちょうしん器
脈はく
はく動
手首　同じ
ちがう

(1) 胸（むね）に①(　　　　　　　　)を当てると，心臓の②(　　　　)の音が聞こえる。

(2) 手首の血管を指でおさえると，(　　　　)を調べられる。

(3) 1分間のはく動数と脈はく数は(　　　　)。

答え➡別冊解答5ページ

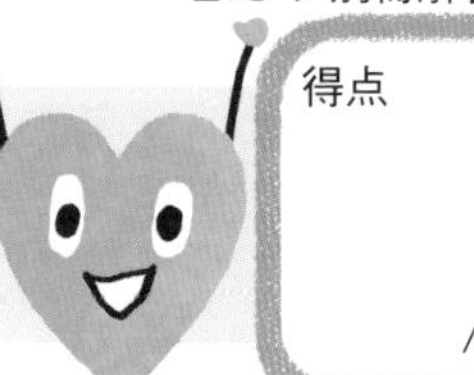

17 血液のじゅんかん②

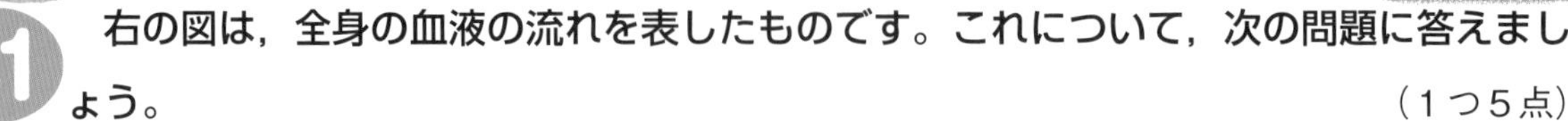

1 右の図は，全身の血液の流れを表したものです。これについて，次の問題に答えましょう。（1つ5点）

(1) 全身に血液を送り出している㋐の部分は，何ですか。（　　　）

(2) ㋑の部分は何ですか。名前を書きましょう。（　　　）

(3) ㋒の血管には，心臓（しんぞう）から全身に送り出される血液が流れています。何という気体が多くふくまれていますか。（　　　）

(4) ㋓の血管には，全身から心臓へもどる血液が流れています。何という気体が多くふくまれていますか。（　　　）

(5) 血液が運んでいるものを，水分のほかに3つ書きましょう。

（　　　）
（　　　）
（　　　）

(6) 全身から心臓にもどってきた血液は，次にどこに運ばれますか。

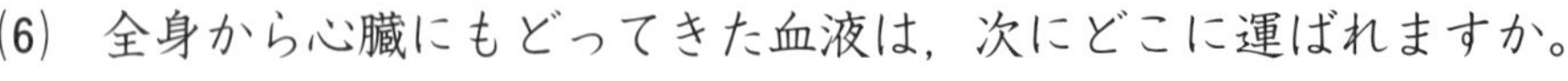

（　　　）

(7) (6)に運ばれた血液は，何を出して，何をとり入れますか。

（　　　）

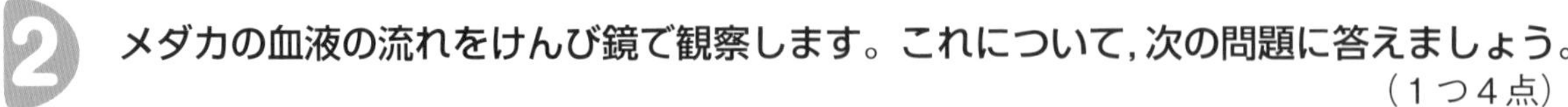

2 メダカの血液の流れをけんび鏡で観察します。これについて，次の問題に答えましょう。（1つ4点）

(1) メダカのどの部分を観察すると，よいですか。（　　　）

(2) 血液の流れは，㋐，㋑のどちらですか。（　　　）

(3) メダカも血液がからだのすみずみまで流れていますか，観察した部分だけで流れていますか。

（　　　）

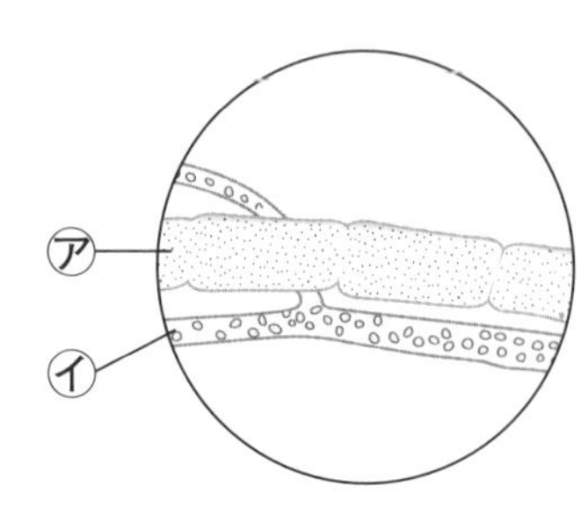

3 はく動や脈はくについて，次の問題に答えましょう。

（1つ5点）

(1) 脈はく数のはかり方はどれですか。次の㋐～㋒から選びましょう。

㋐

㋑
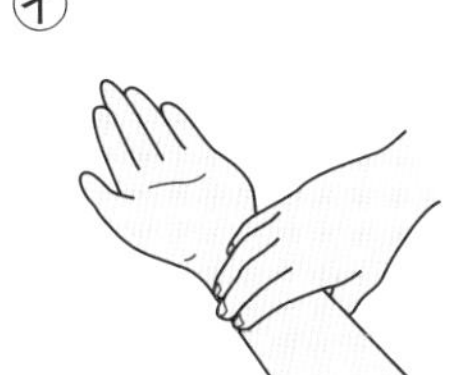

㋒

(2) 胸(むね)にちょうしん器を当てると，心臓の何の音を聞くことができますか。（　　　）

(3) １分間の心臓のはく動数と脈はく数が同じ数になるのはどうしてですか。次の㋐～㋒から選びましょう。（　　）

㋐ はく動も脈はくも，いつも決まった数だから。

㋑ 心臓のはく動によって血液が送り出されるから。

㋒ 血液の動きによって，心臓がはく動しているから。

4 右の図は，血液の流れについて表したものです。これについて，次の問題に答えましょう。（1つ7点）

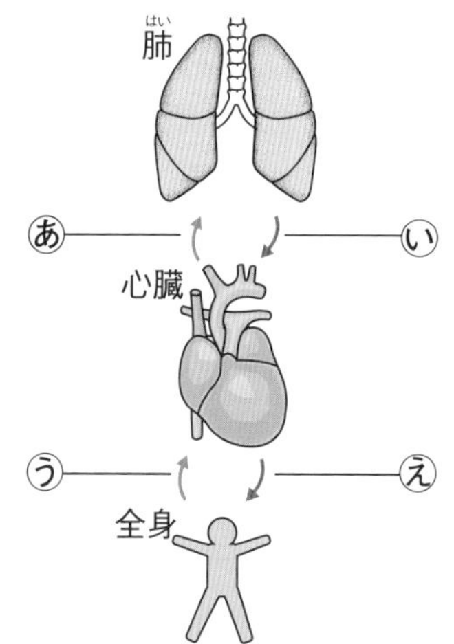

(1) 心臓はどんな役割(やくわり)をしていますか。次の㋐～㋒から選びましょう。（　　）

㋐ 血液をつくり出す役割をしている。

㋑ 血液から二酸化炭素を受けとる役割をしている。

㋒ 血液を全身に送り出すポンプのような役割をしている。

(2) 図の(あ)～(え)は血液の流れを表しています。酸素が多い血液の流れを表しているのはどれですか。(あ)～(え)からすべて選びましょう。（　　　　）

(3) 二酸化炭素が多い血液の流れを表しているのはどれですか。(あ)～(え)からすべて選びましょう。（　　　　）

(4) 二酸化炭素は，からだの中のどこで血液から出されますか。（　　　）

答え➡別冊解答5ページ

18 人のからだのおもな臓器①

得点

/100点

覚えよう

おもな臓器　人には，心臓，肺，胃，小腸，大腸，かん臓，じん臓などの臓器がある。

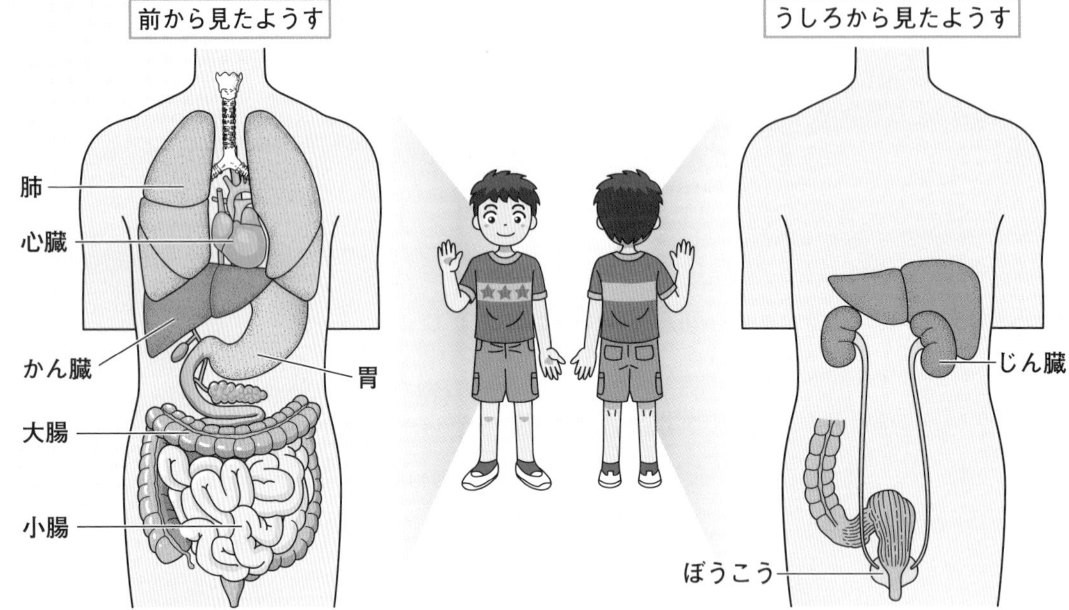

かん臓のはたらき

かん臓は，消化に関係したり，養分を一時的にたくわえたり，必要なときに全身に送り出したりする。

じん臓のはたらき

血液から不要なものをこしとって，にょうをつくり，ぼうこうに送る。

1　右の図は，人の体内を前から見たようすを表したものです。図の□にあてはまる臓器名を，□から選んで書きましょう。　（1つ10点）

かん臓	じん臓
大腸	小腸
肺	心臓
胃	

①
②
③
④
⑤
⑥

2 右の図は，人の体内をうしろから見たようすを表したものです。図の□にあてはまる臓器名を，　　から選んで書きましょう。（１つ10点）

ぼうこう
かん臓
じん臓
心臓

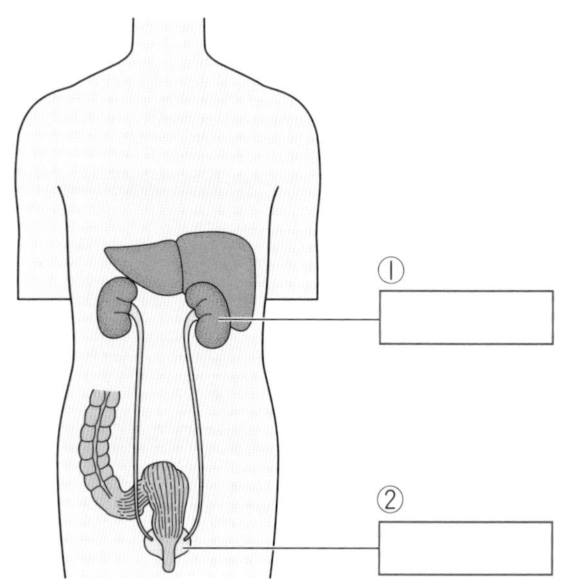

3 次の文は，かん臓のはたらきについて書いたものです。（　）にあてはまることばを，　　から選んで書きましょう。（１つ５点）

かん臓は，消化に関係したり，①（　　　　）を一時的にたくわえたり，必要なときに全身に②（　　　　　　　）する。

養分　　水　　たくわえたり　　送り出したり

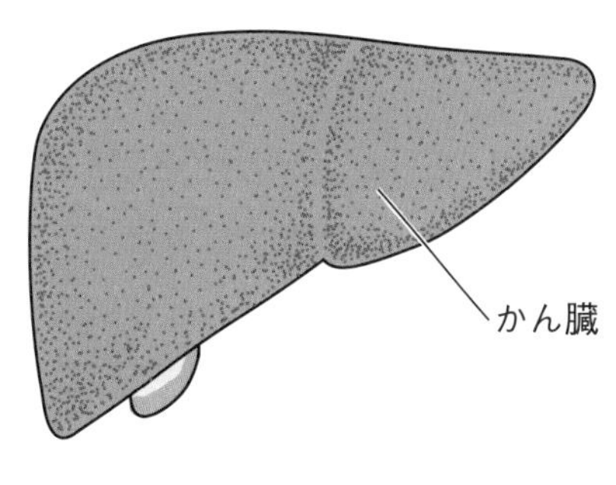

4 次の文は，じん臓のはたらきについて書いたものです。（　）にあてはまることばを，　　から選んで書きましょう。（１つ５点）

①（　　　　）から不要なものをこしとって②（　　　　）をつくり，ぼうこうに送る。

養分　　血液　　便　　にょう

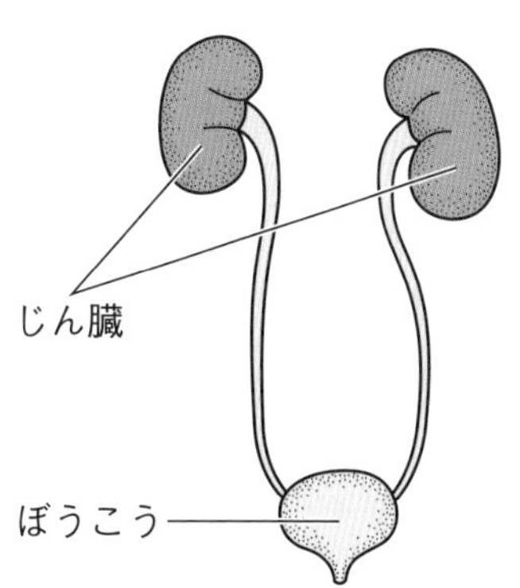

答え➡別冊解答6ページ

19 人のからだのおもな臓器②

得点

/100点

1

右の図は，人のからだのある臓器です。これについて，次の問題に答えましょう。（1つ8点）

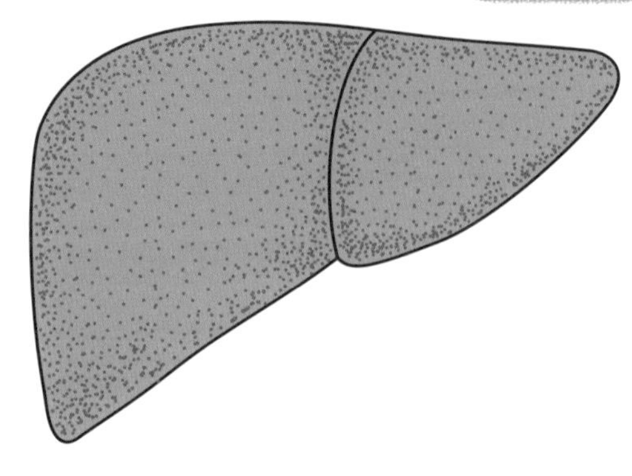

(1)　この臓器は，何という臓器ですか。

（　　　　）

(2)　この臓器にはどのようなはたらきがありますか。次の㋐～㋒から選びましょう。

（　　　）

㋐　血液によって運ばれてきた不要なものを，血液からこしとる。

㋑　にょうをつくり，ぼうこうに送る。

㋒　消化によって吸収した養分の一部をたくわえ，必要に応じて全身に送り出す。

2

右の図は，人のからだのある臓器です。これについて，次の問題に答えましょう。（1つ10点）

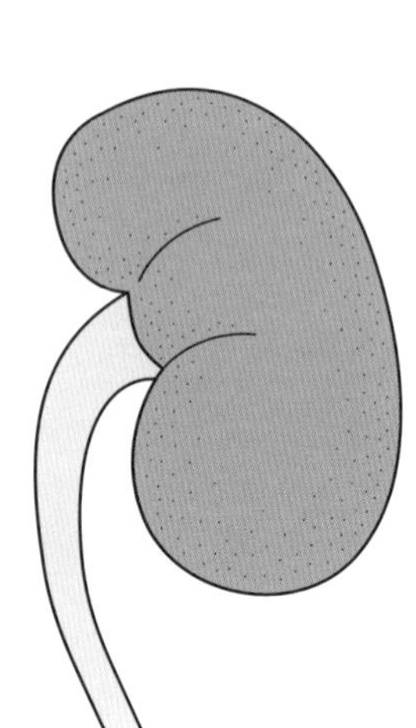

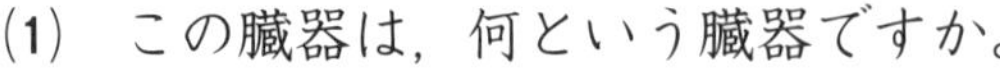

(1)　この臓器は，何という臓器ですか。

（　　　　）

(2)　人のからだには，この臓器はいくつありますか。

（　　　　）

(3)　この臓器にはどのようなはたらきがありますか。次の㋐～㋓からすべて選びましょう。

（　　　　）

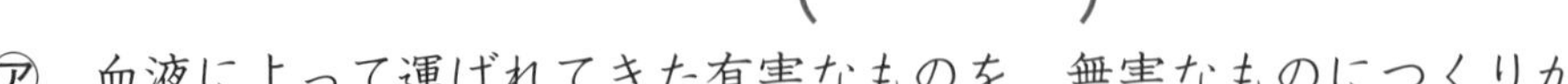

㋐　血液によって運ばれてきた有害なものを，無害なものにつくりかえる。

㋑　血液によって運ばれてきた不要なものを，血液からこしとる。

㋒　にょうをつくり，ぼうこうに送る。

㋓　消化によって吸収した養分の一部をたくわえ，必要に応じて全身に送り出す。

3 下の図は，人の体内のようすを前から見たものと，うしろから見たものです。これについて，次の問題に答えましょう。（１つ６点）

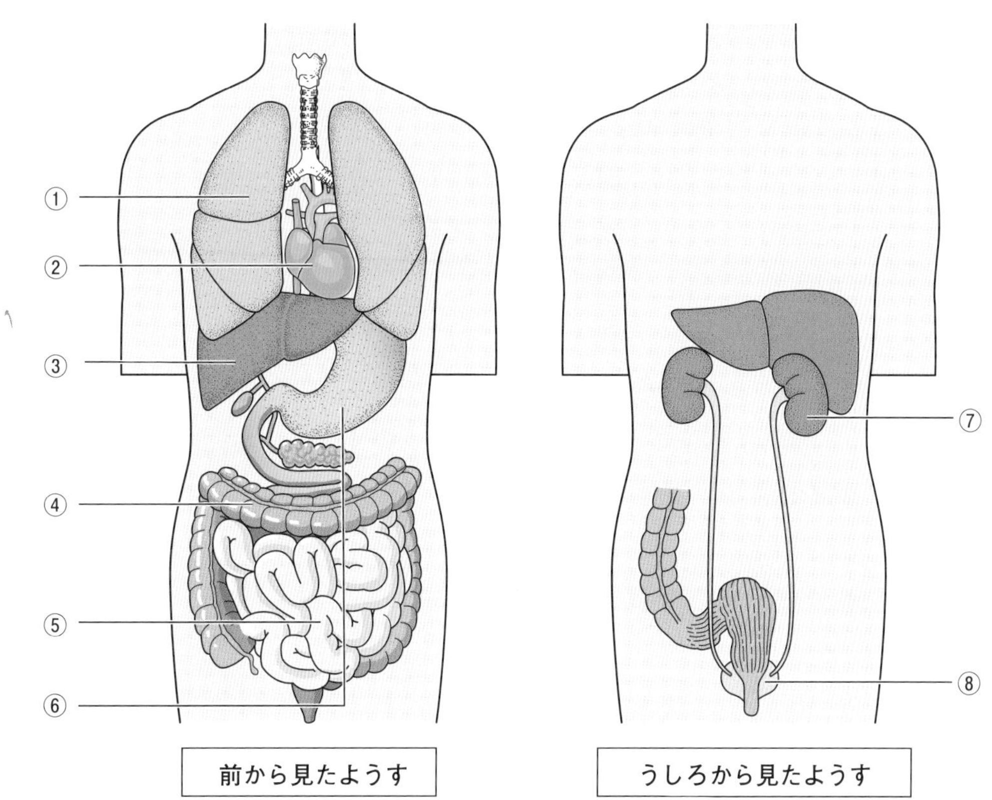

(1) 図の①～⑧の臓器名をそれぞれ書きましょう。

(2) 人の臓器について正しいものを，次の㋐～㋓から選びましょう。（　　）

㋐ 人の臓器のうち，生きていくために必要なものはほんの一部である。

㋑ 人の臓器には，生きていくために必要なものと，あまり必要はないものとがある。

㋒ 人の臓器は生きていくためにはどれも必要だが，それぞれの臓器はたがいにあまり関係せずにはたらいている。

㋓ 人の臓器は生きていくためにはどれも必要で，それぞれの臓器はたがいに関係しあってはたらいている。

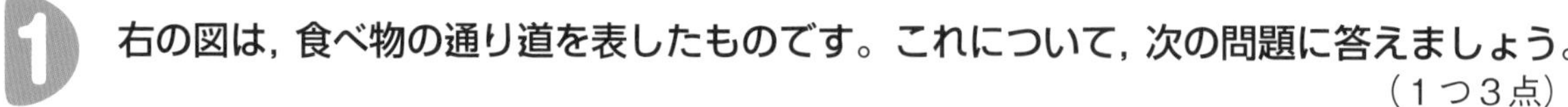

20 単元のまとめ

1 右の図は，食べ物の通り道を表したものです。これについて，次の問題に答えましょう。

（1つ3点）

(1)　㋐〜㋓の部分の名前を書きましょう。

㋐（　　　　　）
㋑（　　　　　）
㋒（　　　　　）
㋓（　　　　　）

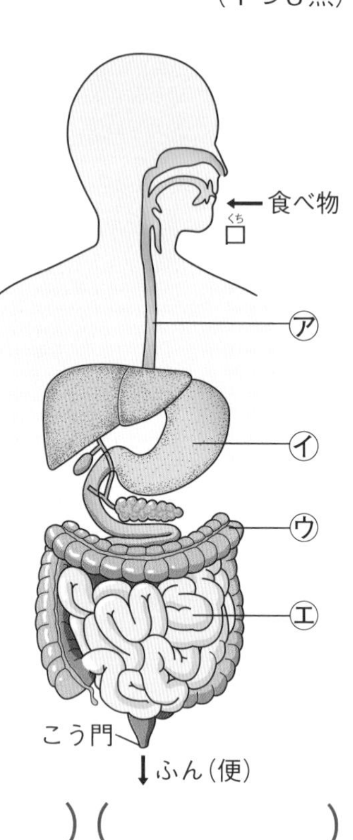

(2)　口からこう門までの食べ物の通り道を，何といいますか。（　　　　　）

(3)　口で出される消化液で，消化される養分は，何ですか。（　　　　　）

(4)　消化された養分は，どこの臓器で吸収されますか。名前を書きましょう。（　　　　　）

(5)　養分は，何の中にとり入れられて，全身に運ばれますか。（　　　　　）

(6)　水分は，どことどこの臓器で吸収されますか。２つ名前を書きましょう。（　　　　　）（　　　　　）

2 動物の呼吸のしかたを調べました。これについて，次の問題に答えましょう。

（1つ3点）

(1)　ウサギの㋐は，何ですか。（　　　　　）

(2)　魚は，何という部分で呼吸しますか。（　　　　　）

(3)　人と呼吸のしかたが同じなのは，ウサギと魚のどちらですか。（　　　　　）

(4)　動物が呼吸によって，からだの中にとり入れる気体と，からだの外に出す気体は何ですか。

とり入れる気体（　　　　　）　出す気体（　　　　　）

3

吸う空気とはいた空気のちがいを調べるために，２つの空気をふくろに集めました。これについて，次の問題に答えましょう。（１つ５点）

(1) ２つの空気のちがいを調べるために，ふくろに入れる液は何ですか。（　　　　　）

空気を集める。

(2) (1)の液をふくろに入れてふると，液が白くにごるのは，吸う空気とはいた空気のどちらですか。（　　　　　）

(3) 結果からわかることは何ですか。次の㋐～㋒から選びましょう。（　　）

㋐ 吸う空気には，はいた空気よりも二酸化炭素が多くふくまれている。

㋑ はいた空気には，吸う空気よりも二酸化炭素が多くふくまれている。

㋒ はいた空気には，水蒸気が多くふくまれている。

(4) 人が，呼吸によって，からだの中にとり入れる気体とからだの外に出す気体は，何ですか。

とり入れる気体（　　　　　　　　）　出す気体（　　　　　　　　）

4

血液が全身をめぐるようすを調べました。これについて，次の問題に答えましょう。（１つ５点）

(1) 血液を全身に送り出している部分は，A～Cのどこですか。また，その部分の名前も書きましょう。

記号（　　）

名前（　　　　）

(2) 酸素を血液中にとり入れ，血液中の二酸化炭素を出しているのは，A～Cのどこですか。また，その部分の名前も書きましょう。

記号（　　）

名前（　　　　）

(3) 酸素の多い血液が流れているのは，㋐，㋑のどちらですか。（　　）

(4) 二酸化炭素の多い血液が流れているのは，㋐，㋑のどちらですか。（　　）

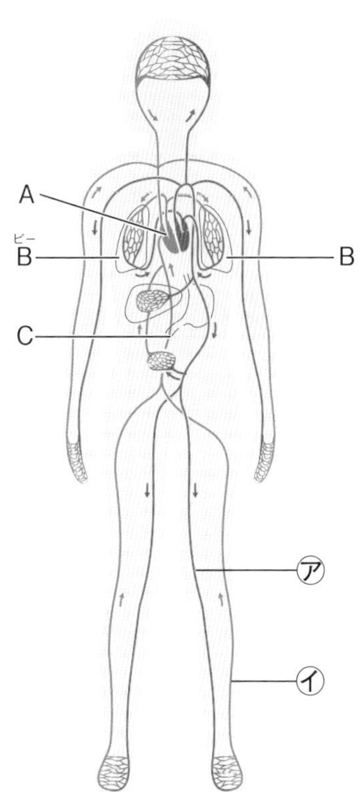

数字で見るからだのひみつ

皮ふの広さ・肺の広さ

全身の皮ふを全部広げて，その面積をはかると約1.6㎡にもなります。たたみ1枚分もの大きさになります。

肺の中には，数億個もの肺ほうとよばれるものがあります。肺ほうは，直径0.1mm～0.3mmの小さなふくろですが，これを全部広げて，その面積をはかると約100㎡にもなります。これはテニスコート半面分の大きさになります。

肺に吸いこめる空気の量

息を吸いこみ，思いきりはき出したときの空気の量を肺活量といいます。肺活量は大人の男性で3.5～4.0L，女性では2.3～3.0Lです。

息をはき出した後の肺にも，まだ空気が1Lほど残っています。

毛細血管の長さ・腸の長さ

毛細血管は，からだじゅうにあみの目のようにはりめぐらされています。これを全部つなぎあわせると，大人で約10万kmにもなり，地球を２回り半もする長さになります。

腸の長さは，身長の５倍ほどもあります。小腸が約７m，大腸が約1.5mで，腸全体では約8.5mにもなります。

この単元では，呼吸，消化と吸収，血液のじゅんかんなどについて学習しました。ここではからだのいろいろな部分を数字で表してみることにします。

血液の流れと速さ

心臓から血液が出ていくときの速さは，1秒間に約40cmで，心臓にもどってくるときの速さは，1秒間に約10cmです。心臓から出た血液は，約30～60秒で心臓にもどってきます。

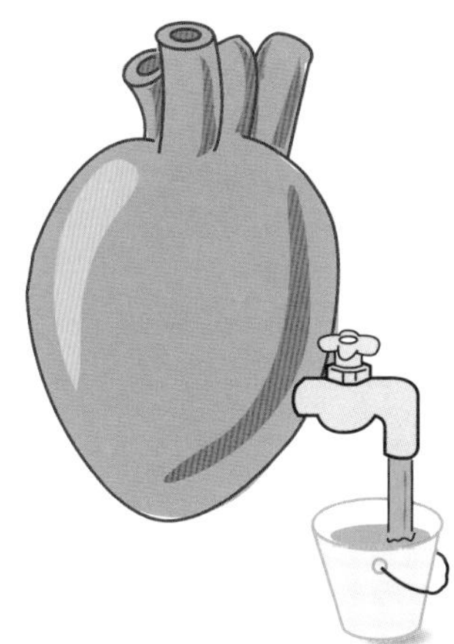

心臓が送り出している血液の量

心臓は1日中，ポンプのような役割をして血液を送り出しています。1日では約7200Lもの血液を送り出しており，これはふつうのドラムかんの約36本分にもなります。

自由研究のヒント

心臓のつくりは，動物の種類によってちがっています。ヒトやイヌの心臓は同じつくりですが，魚やカエルはまったくちがったつくりをしています。どこがどのようにちがっているのかを調べてみましょう。

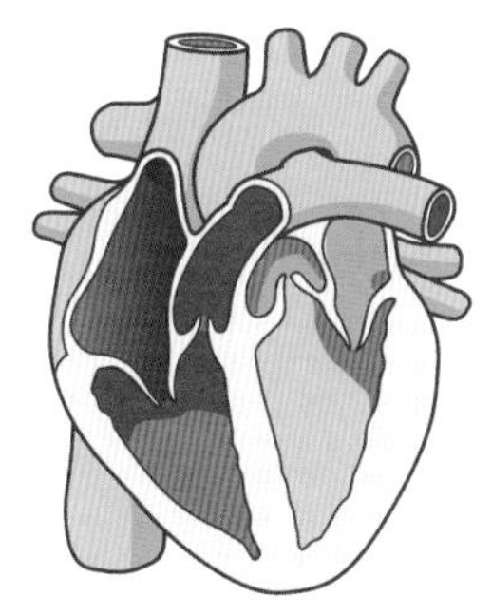

答え➡別冊解答6ページ

21 葉のでんぷんを調べる①

覚えよう

葉のでんぷんの調べ方 葉にでんぷんがあるかどうかは，葉を**ヨウ素液**につけて，色の変化で調べる。葉にでんぷんがあれば色が変わる。

葉の緑色をぬいて調べる

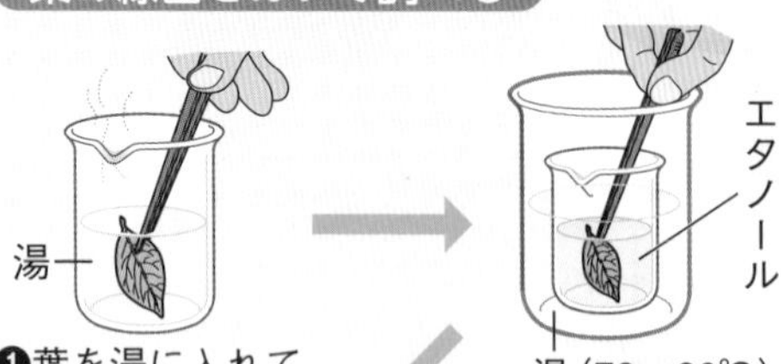

❶葉を湯に入れてやわらかくする。

❷あたためたエタノールに葉を入れ，緑色をぬく。

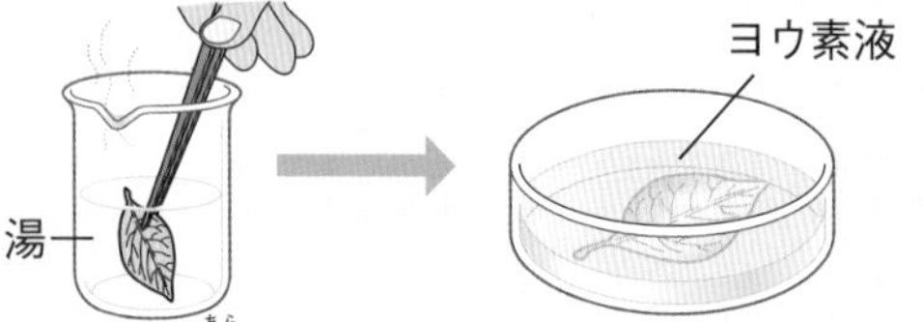

❸葉を湯で洗う。

❹うすいヨウ素液につける。

でんぷんのある葉　でんぷんのない葉

ろ紙を使ってたたき出して調べる

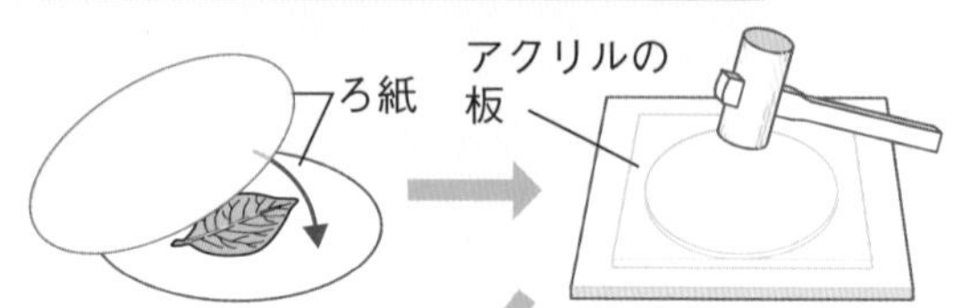

❶葉をろ紙にはさむ。

❷アクリルの板にはさんで，たたく。

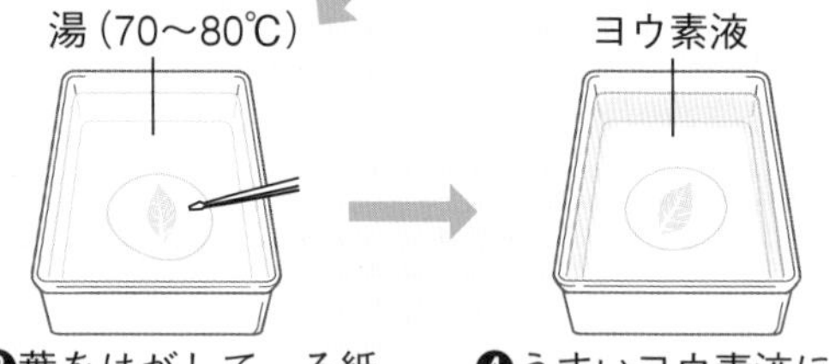

❸葉をはがして，ろ紙を湯に入れ，葉の緑色を洗い流す。

❹うすいヨウ素液につける。

でんぷんのある葉

❺ろ紙を水の中で静かに洗う。

1 右の図は，葉のでんぷんの調べ方を表したものです。（　）にあてはまることばを，　　から選んで書きましょう。

（１つ10点）

エタノール
ヨウ素液
湯　　水

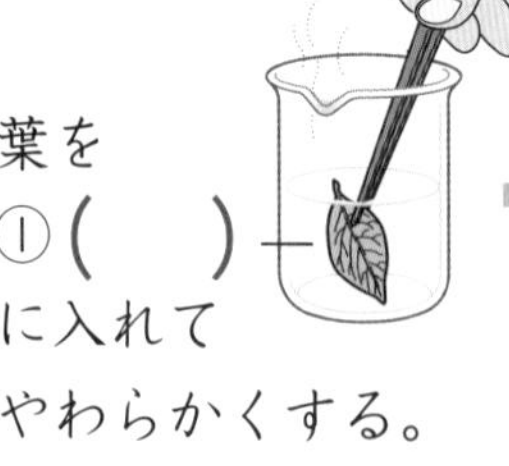

葉を①（　　）に入れてやわらかくする。

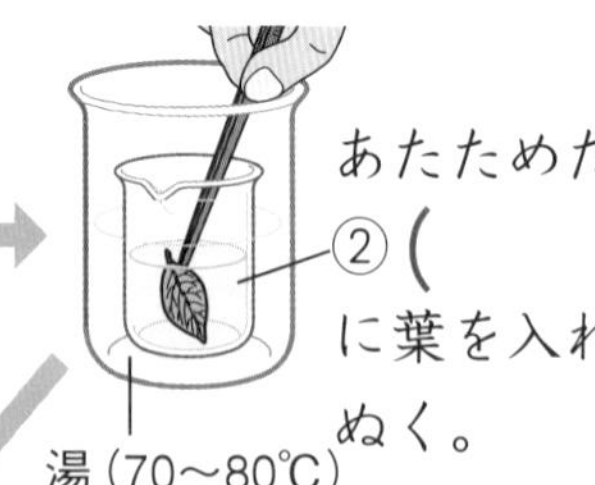

あたためた②（　　　　）に葉を入れ，緑色をぬく。

湯

葉を湯で洗う。

うすい③（　　　　）につける。

2 次の文は，葉にでんぷんがあるかどうかの調べ方について書いたものです。(　)にあてはまることばを，　　から選んで書きましょう。　（1つ10点）

葉にでんぷんがあるかどうかは，葉を①うすい（　　　　　　）につけて，色の変化で調べる。葉に②（　　　　　　）があれば色が③（　　　　　　）。

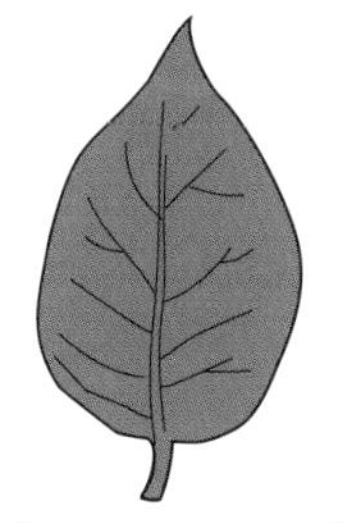
でんぷんのある葉

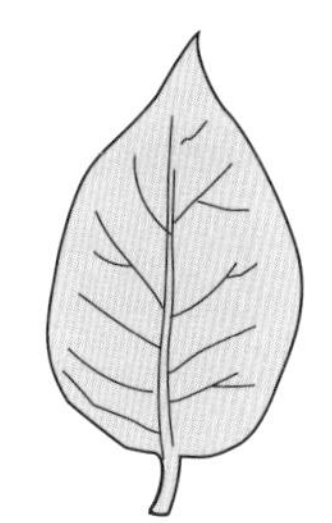
でんぷんのない葉

ヨウ素液　　でんぷん　　変わる　　変わらない

3 下の図は，葉にでんぷんがあるかどうかを，ろ紙を使ってたたき出す調べ方を表したものです。次の問題に答えましょう。　（1つ10点）

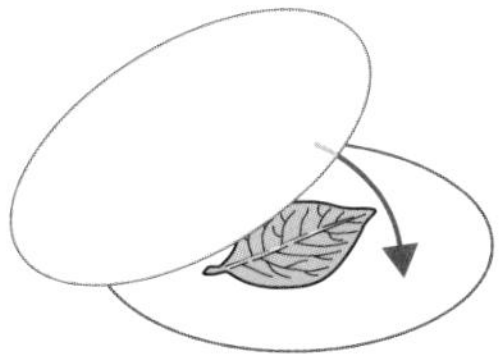

葉を①（　　　　　）にはさむ。

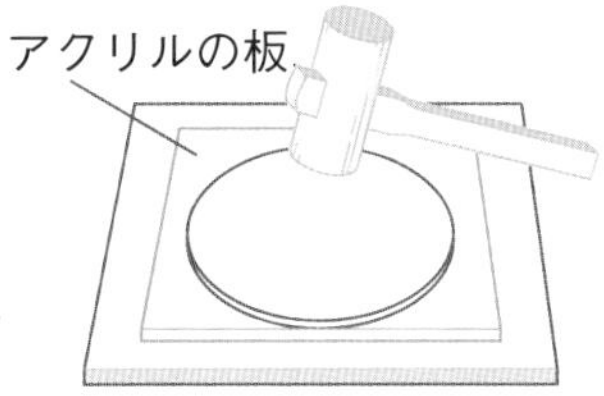

アクリルの板

アクリルの板にはさんで，たたく。

湯（70〜80℃）

葉をはがして，ろ紙を湯に入れ，葉の②（　　　　　）を洗い流す。

うすい③（　　　　　）につける。

水

ろ紙を水の中で静かに洗う。

㋐ 葉の色のまま。

㋑ 色が変わる。

(1) 図の説明の(　)にあてはまることばを，　　から選んで書きましょう。

(2) 調べた結果で，でんぷんのある葉は，㋐，㋑のどちらですか。　（　　）

アクリルの板
ろ紙　　緑色
ヨウ素液
石灰水（せっかいすい）　　湯

答え➡別冊解答6ページ

22 葉のでんぷんを調べる②

得点　　/100点

1 下の図は，葉のでんぷんを調べる方法を表したものです。これについて，次の問題に答えましょう。　（１つ10点）

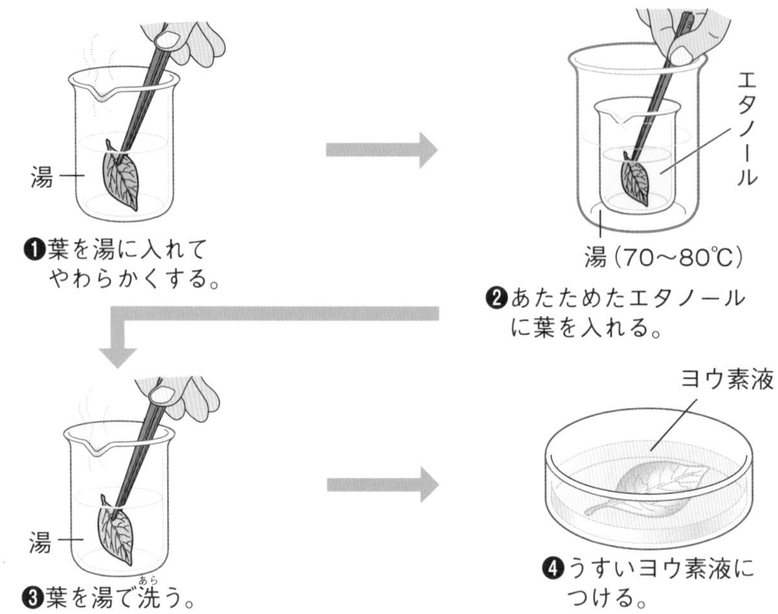

⑴　あたためたエタノールに葉を入れるのは，どうしてですか。㋐～㋒から選びましょう。　（　　）

㋐　葉の緑色をぬくため。　　㋑　葉をかたくするため。

㋒　葉をやわらかくするため。

⑵　葉をヨウ素液につけて調べるのは，どうしてですか。次の㋐～㋒から選びましょう。　（　　）

㋐　でんぷんがあると色が変わらないから。

㋑　でんぷんがないと色が変わるから。

㋒　でんぷんがあると色が変わるから。

⑶　上の図の方法で，２枚の葉を調べると，右の①，②の図のような結果になりました。でんぷんのある葉，でんぷんのない葉のどちらですか。図の中の(　)に書きましょう。

①

（　　　　　　）

②

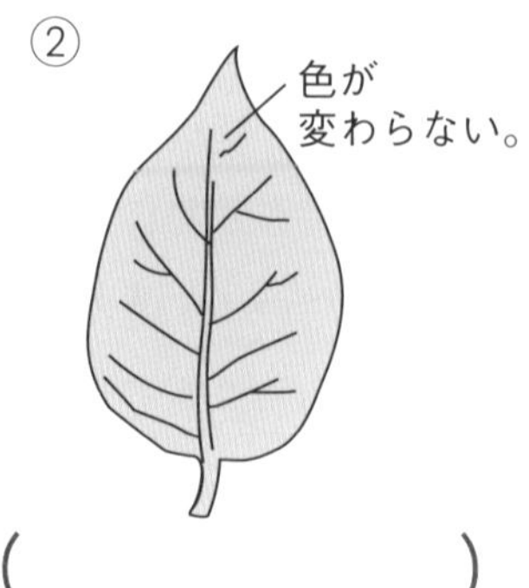

（　　　　　　）

2 ろ紙を使ってたたき出す方法で，葉にでんぷんがあるかどうかを調べます。これについて，次の問題に答えましょう。

（1つ6点）

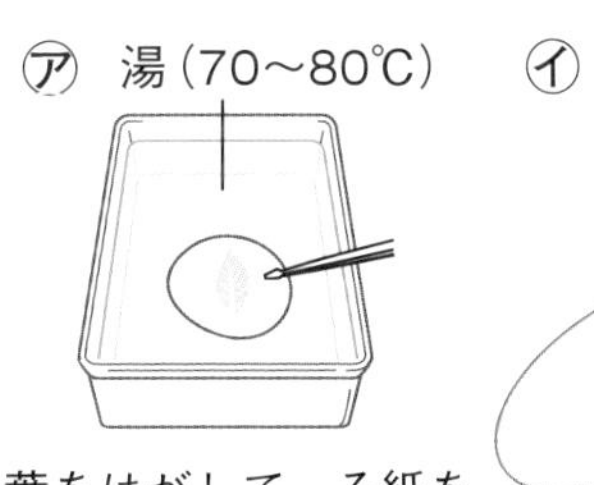

葉をはがして，ろ紙を湯に入れ，葉の緑色を洗い流す。

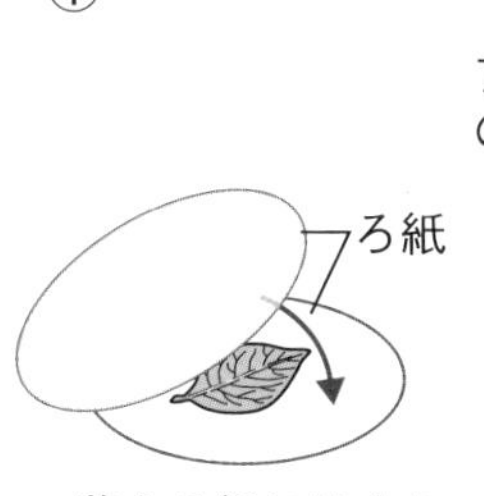

葉をろ紙にはさむ。

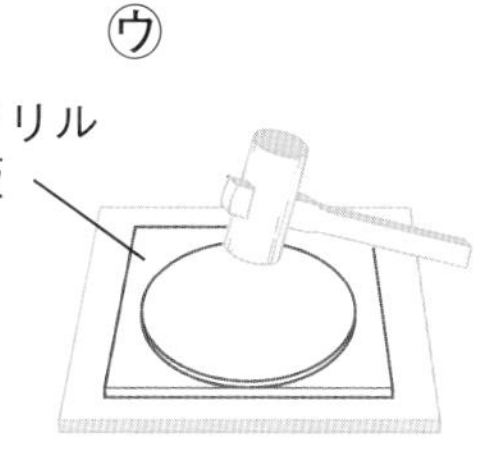

アクリルの板にはさんでたたく。

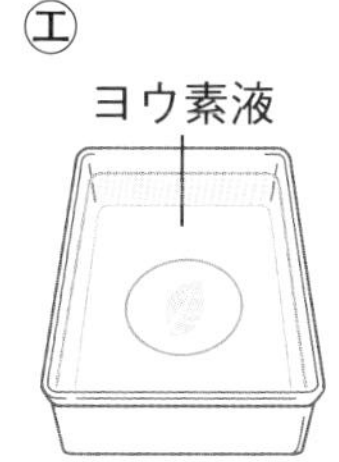

うすいヨウ素液につける。

ろ紙を水の中で静かに洗う。

(1) 調べ方の順に，㋐～㋓をならべましょう。

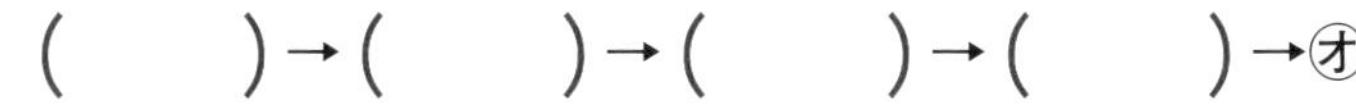
（　　）→（　　）→（　　）→（　　）→㋔

(2) ヨウ素液につけると，色が変わるのは，でんぷんのある葉とでんぷんのない葉のどちらですか。

（　　　　　　　　）

3 下の図は，葉のでんぷんの調べ方を表したものです。これについて，次の問題に答えましょう。

（1つ10点）

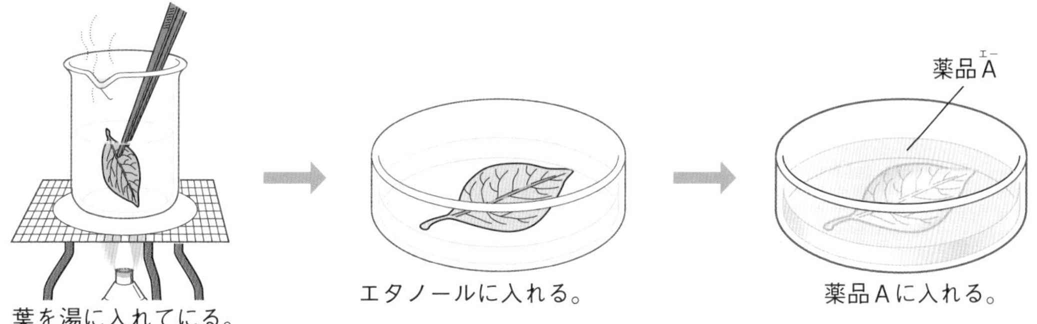

葉を湯に入れてにる。　エタノールに入れる。　薬品Aに入れる。

(1) 葉を湯に入れてにるのは，どうしてですか。次の㋐～㋒から選びましょう。（　　）

㋐ 葉の緑色をとかすため。

㋑ 葉をかたくするため。

㋒ 葉をやわらかくするため。

(2) でんぷんがあるかどうかを調べるのに使う薬品Aは，何ですか。

（　　　　　　　　）

(3) でんぷんがあると，その薬品につけたときにどうなりますか。

（　　　　　　　　）

答え➡別冊解答6ページ

23 日光とでんぷんのでき方①

得点

/100点

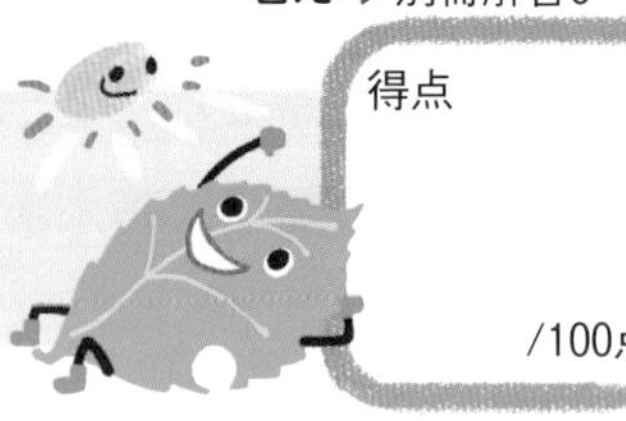

覚えよう

日光と葉のでんぷん　植物の葉に**日光**が当たると**でんぷん**（養分）ができる。植物は成長するための養分を自分でつくっている。

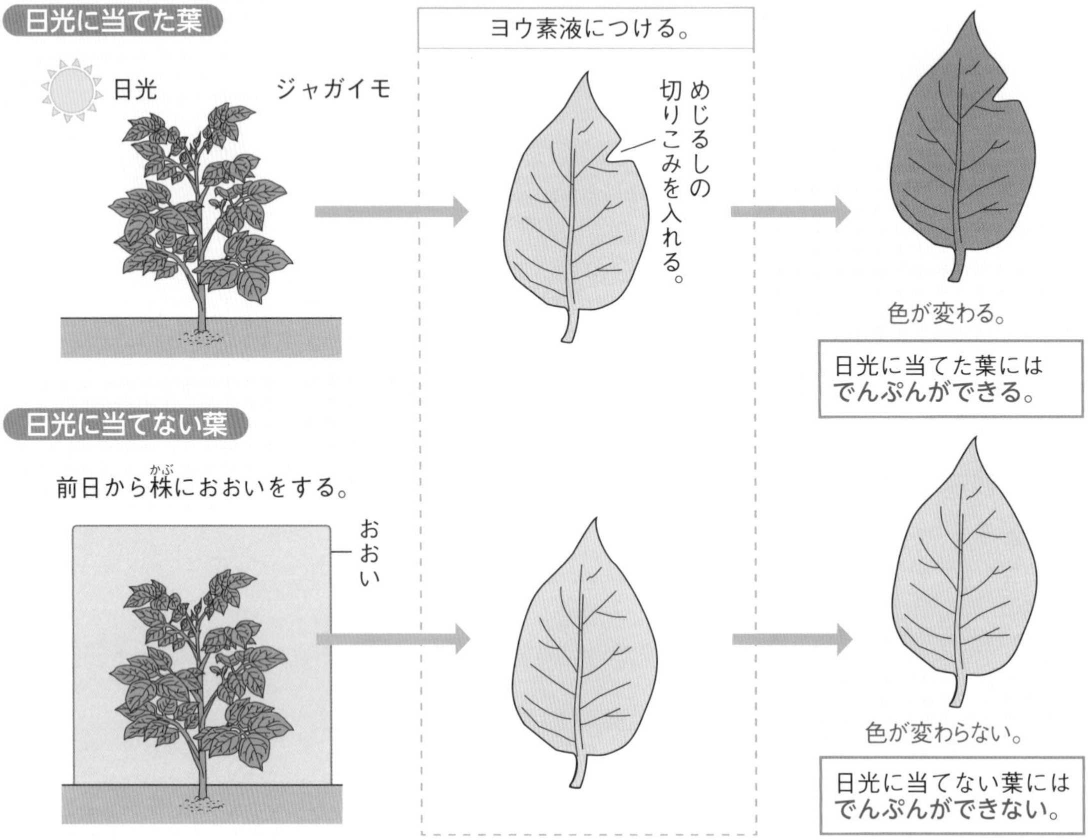

日光に当てた葉
日光
ジャガイモ
ヨウ素液につける。
めじるしの切りこみを入れる。
色が変わる。
日光に当てた葉にはでんぷんができる。
日光に当てない葉
前日から株（かぶ）におおいをする。
おおい
色が変わらない。
日光に当てない葉にはでんぷんができない。

1 右の図は，日光に当てた葉と当てない葉を，ヨウ素液につけた結果を表したものです。次の文の(　)にあてはまることばを，　　から選んで書きましょう。　（１つ５点）

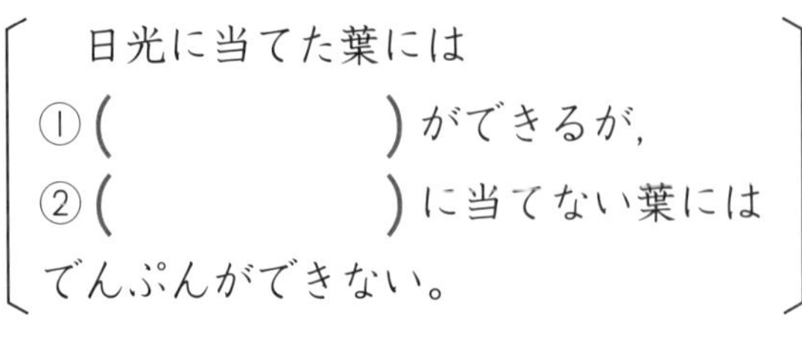

日光に当てた葉には
①(　　　　　　)ができるが，
②(　　　　　　)に当てない葉には
でんぷんができない。

色が変わる。
色が変わらない。
日光に当てた葉
日光に当てない葉

でんぷん　　葉　　日光　　ヨウ素液

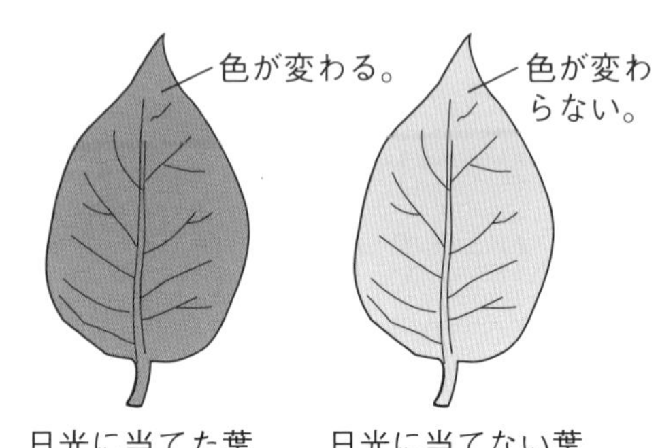

2 葉に日光が当たると，でんぷんができるかどうかを調べました。次の問題に答えましょう。（１つ10点）

(1) 次の図の(　)にあてはまることばを，［　］から選んで書きましょう。

日光に①（　　　　）葉

日光　ジャガイモ

ヨウ素液につける。

めじるしの切りこみを入れる。

㋐

色が③（　　　　）。

日光に当てない葉

②（　　　）からおおいをする。

おおい

㋑

色が④（　　　　）。

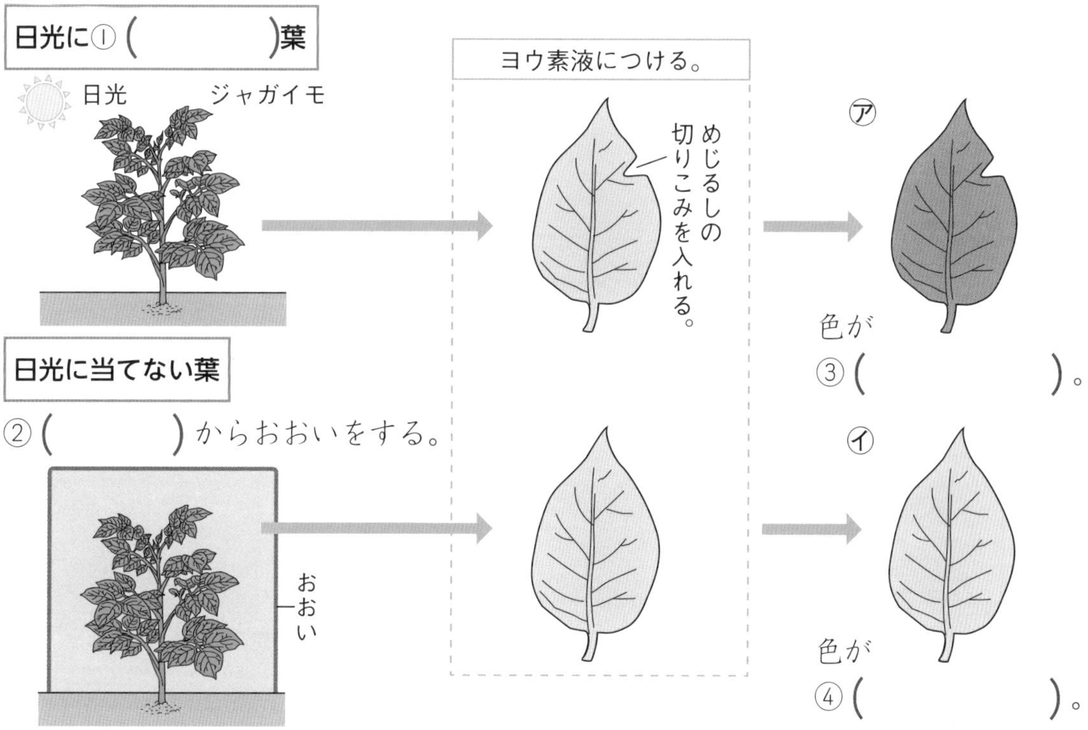

当てた　当てない　変わる　変わらない　当日　前日

(2) でんぷんができている葉は，㋐，㋑のどちらですか。（　　）

3 インゲンマメの葉に日光が当たると，でんぷんができるかどうかを調べます。(　)にあてはまることばを，［　］から選んで書きましょう。（１つ10点）

(1) 日光に（　　　　）葉は，前日から株（かぶ）におおいをする。

(2) 晴れた日の午後に，それぞれの株の葉をとって，エタノールで葉の緑色をぬいてから湯で洗（あら）い，（　　　　）につける。

(3) 日光に当てたインゲンマメの葉にはでんぷんが①（　　　）が，おおいをしておいた葉にはでんぷんが②（　　　）。

インゲンマメの葉

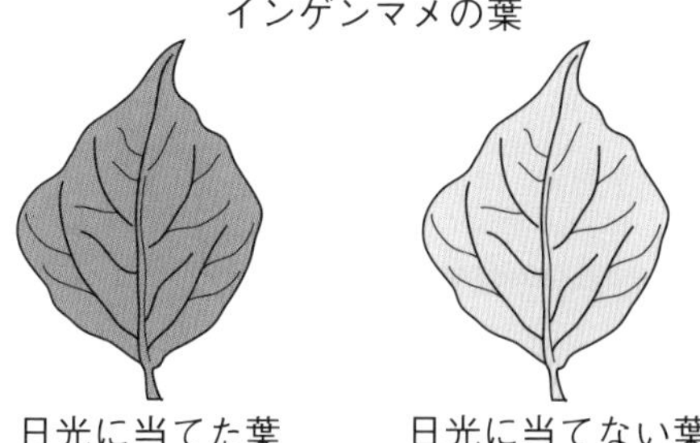

日光に当てた葉　日光に当てない葉

できる　できない　ヨウ素液　当てる　当てない

答え➡別冊解答7ページ

24 日光とでんぷんのでき方②

得点　　/100点

1 下の図は，葉に日光が当たるとでんぷんができるかどうかを調べる実験を表したものです。これについて，次の問題に答えましょう。　　（１つ８点）

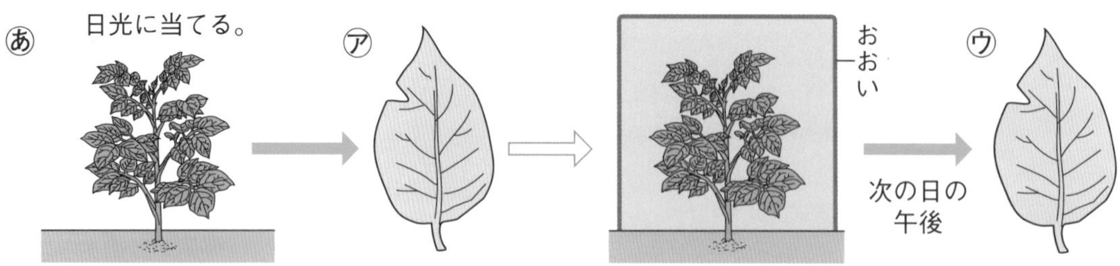

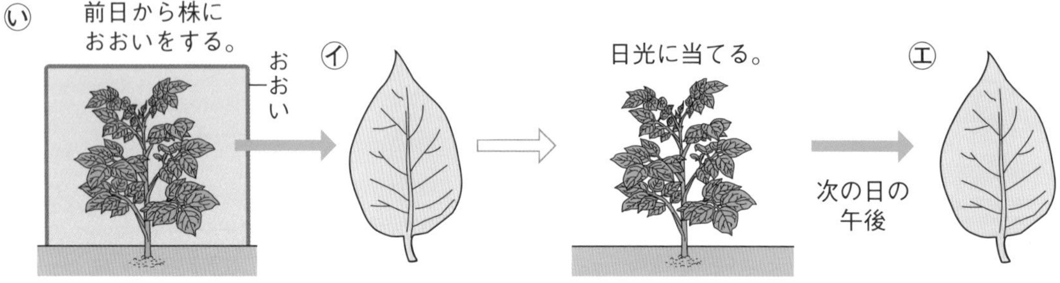

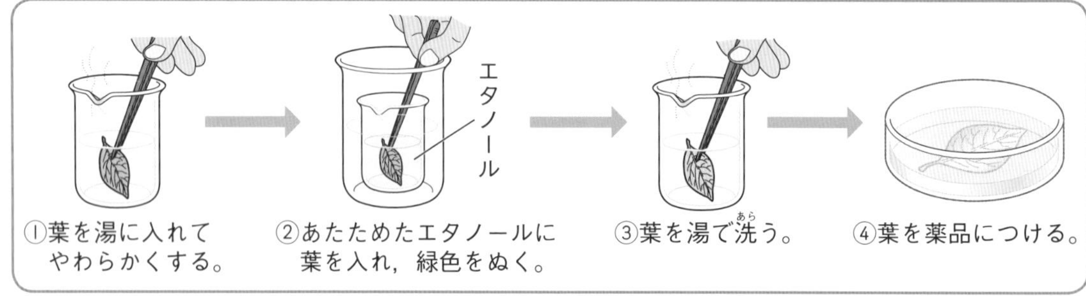

(1)　④で，でんぷんがあるかどうかを調べる薬品は何ですか。　（　　　　　）

(2)　㋑の株に調べる前日からおおいをするのは，どうしてですか。

（　　　　　　　　　　　）

(3)　晴れた日の午後，㋐と㋑の株の葉（㋐と㋑）をとって④の薬品につけると，葉の色が変わるのは，㋐，㋑のどちらですか。　（　　）

(4)　次に㋐の株におおいをし，㋑の株のおおいをとりました。次の日の午後，葉をとって同じようにして調べました。㋒，㋓の葉にでんぷんはできていますか。

㋒（　　　　　　）　㋓（　　　　　　）

(5)　実験結果から，でんぷんをつくるためには，日光が必要といえますか。

（　　　　　）

2 ジャガイモの３枚の葉をアルミニウムはくで包み，でんぷんのでき方を調べました。これについて，次の問題に答えましょう。（１つ８点）

前の日の夕方，アルミニウムはくで包んでおく。

	次の日	
アの葉	朝，アルミニウムはくをはずす。	➡ はずしてすぐにヨウ素液につける。
イの葉	朝，アルミニウムはくをはずす。	➡ 日光に数時間当てた後，ヨウ素液につける。
ウの葉	アルミニウムはくはそのまま。	➡ 日光に数時間当てた後，ヨウ素液につける。

(1) アの葉をヨウ素液につけたら，色は変わりませんでした。イ，ウの葉をヨウ素液につけたとき，色は変わりますか，変わりませんか。

イ（　　　　　）　ウ（　　　　　）

(2) 朝，葉にでんぷんがないことは，ア〜ウのどの葉を調べた結果からわかりますか。（　　）

(3) 日光に当てない葉にでんぷんができないことは，ア〜ウのどの葉とどの葉を比べた結果からわかりますか。（　　　）

(4) でんぷんができた葉は，ア〜ウのどの葉ですか。（　　）

3 夕方，ジャガイモの葉の一部をアルミニウムはくで包みました。次の日，日光に数時間当ててから葉をとりました。これについて，次の問題に答えましょう。（１つ６点）

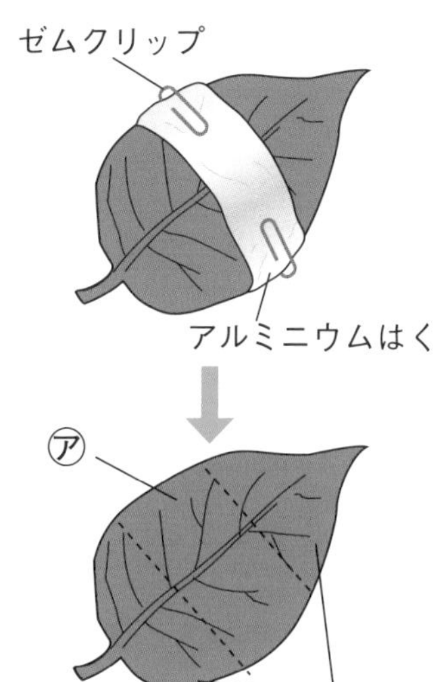

(1) ヨウ素液につけると，葉の色はどうなりますか。次の①〜③から選びましょう。（　　）

① アルミニウムはくで包まなかったところ（イ）だけ，色が変わった。

② アルミニウムはくで包んだところ（ア）だけ，色が変わった。

③ 葉全体の色が変わった。

(2) でんぷんができているのは，ア，イのどちらですか。

（　　）

答え➡別冊解答7ページ

25 植物のからだの中の水の通り道①

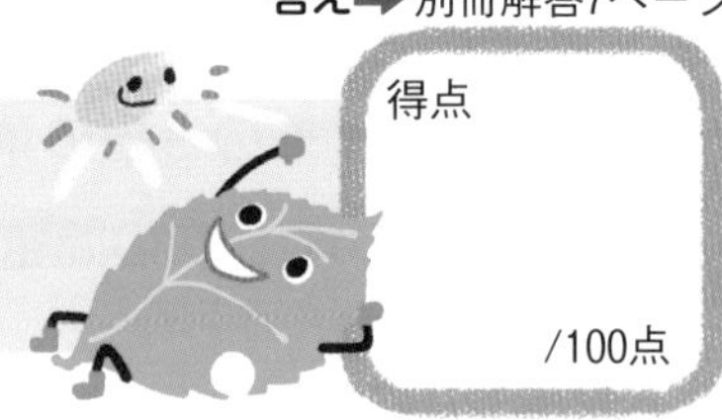

覚えよう

とり入れられた水のゆくえ

根からとり入れられた水は，植物のからだ全体に運ばれる。

水の通り道

植物の根・くき・葉には，水の決まった通り道がある。

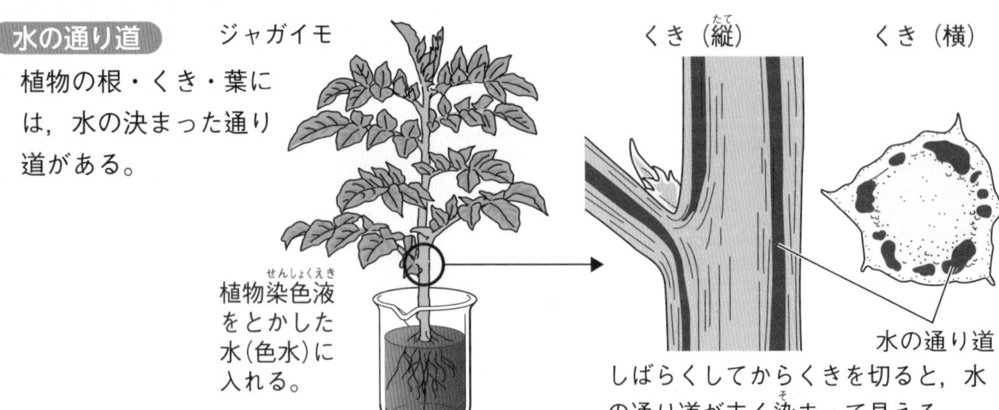

植物から出ていく水

根からくきの中を通って運ばれてきた水は，葉から**水蒸気**となって出ていく。これを**蒸散**という。

水の出口

葉には，水蒸気が出ていく小さな穴がある。この穴を，**気こう**という。

けんび鏡で観察したようす

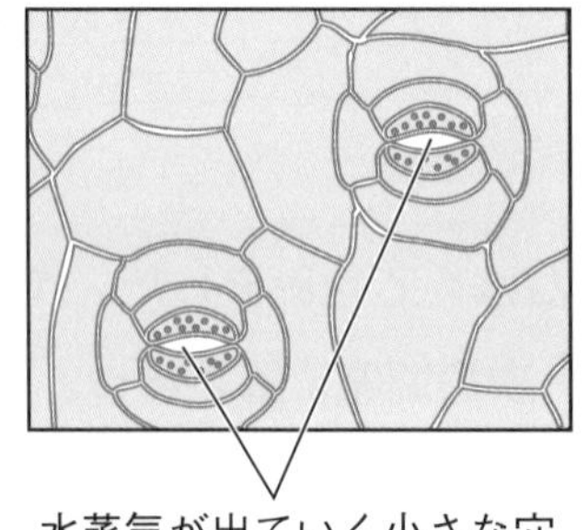

水蒸気が出ていく小さな穴（気こう）

ジャガイモなどの葉のついた枝にポリエチレンのふくろをかぶせておくと，葉から出た水がついて，ふくろの内側が白くくもる。

葉をとった枝では，あまりくもらない。

1 右の図は，根ごとほり出したジャガイモを，色水にしばらく入れておいてから，くきを切ってみたときのようすを表したものです。□にあてはまることばを，□から選んで書きましょう。（10点）

水　空気

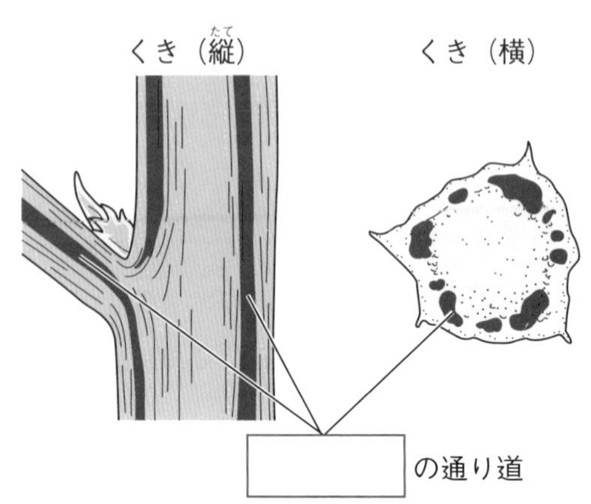

2 次の文は，植物が根からとり入れた水について書いたものです。(　)にあてはまることばを，［　］から選んで書きましょう。　（1つ15点）

根からとり入れられた水は，根・くき・葉にある①（　　　　　　　）を通って，②（　　　　　　　）に運ばれる。

葉だけ　　いろいろな穴(あな)　　花や実だけ
決まった通り道　　植物のからだ全体

3 右の図は，ジャガイモの葉のついた枝と，葉をとった枝に，ポリエチレンのふくろをかぶせておいたときのようすを書いたものです。

次の文の(　)にあてはまることばを，［　］から選んで書きましょう。　（1つ10点）

ジャガイモの葉のついた枝にポリエチレンのふくろをしばらくかぶせておくと，葉から出た①（　　　）がついて，ふくろの内側が②（　　　　　）。葉をとった枝にポリエチレンのふくろをしばらくかぶせておいても，ふくろの内側は③（　　　　　　　　　　）。

でんぷん　　白くくもる　　水　　あまりくもらない

4 右の図は，ジャガイモの葉を，けんび鏡で観察したようすです。次の文の(　)にあてはまることばを，［　］から選んで書きましょう。　（1つ10点）

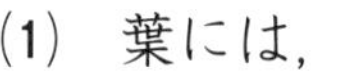

(1) 葉には，（　　　　　　　　）穴がある。

(2) 根からくきの中を通って運ばれてきた水は，葉にある小さな穴から①（　　　　　　）となって出ていく。これを②（　　　　　）という。

水蒸気(すいじょうき)が出ていく　　水をとり入れる　　水蒸気　　養分　　蒸散(じょうさん)

答え➡別冊解答7ページ

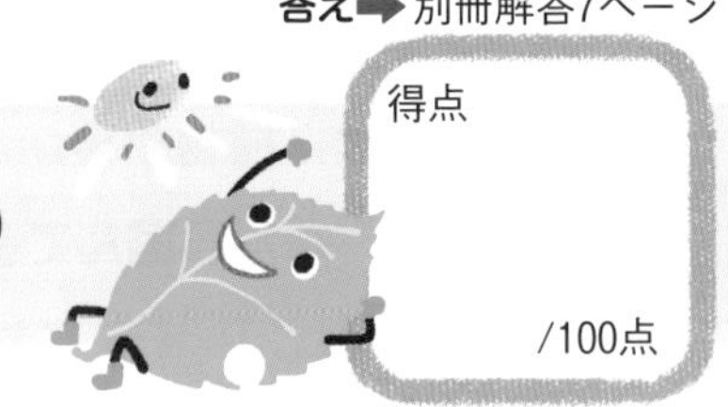

26 植物のからだの中の水の通り道②

1 右の図のように，根ごとほり出したジャガイモを色水にしばらく入れておいてから，くきを切って観察したところ，赤く染(そ)まっている部分がありました。これについて，次の問題に答えましょう。

（１つ10点）

(1) この観察でくきを切ったとき，赤く染まっていた部分を図で表すとどうなりますか。縦(たて)に切ったようすを次の㋐，㋑から，横に切ったようすを次の㋕，㋖から選びましょう。

縦（　　　）　横（　　　）

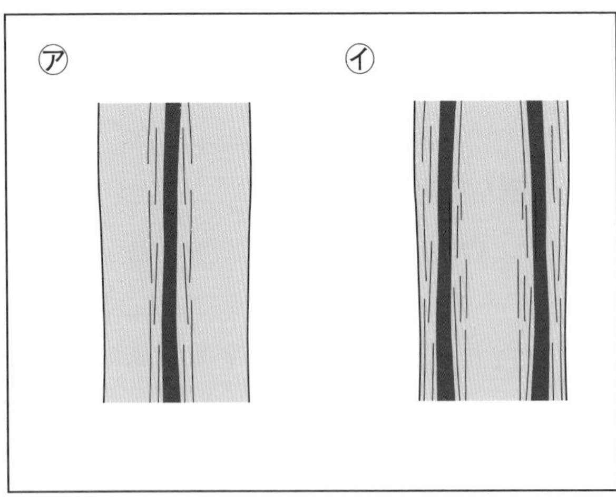

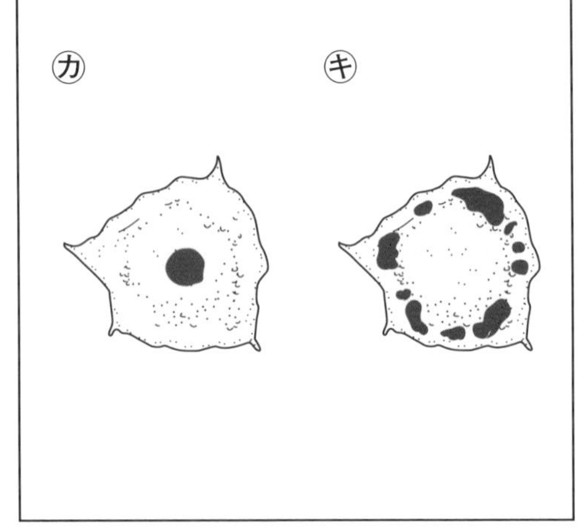

(2) 赤く染まった部分は何ですか。次の㋐，㋑から選びましょう。（　　　）

㋐ 空気の通り道

㋑ 水の通り道

(3) このジャガイモの根や葉を観察すると，どうなっていますか。次の㋐～㋓から選びましょう。（　　　）

㋐ 根にはくきと同じく赤く染まった部分が見られるが，葉には赤く染まった部分は見られない。

㋑ 葉にはくきと同じく赤く染まった部分が見られるが，根には赤く染まった部分は見られない。

㋒ 根にも葉にも，くきと同じく赤く染まった部分が見られる。

㋓ 根にも葉にも，くきと同じく赤く染まった部分は見られない。

2 **右の図のように，ジャガイモの葉のついた枝と，葉をとった枝にポリエチレンのふくろをかぶせておいたところ，かたほうだけ，ふくろの内側が白くくもりました。これについて，次の問題に答えましょう。** （1つ10点）

(1) ふくろの内側が白くくもったのは，葉のついた枝と，葉をとった枝のどちらにかぶせたふくろですか。 (　　　　　　　　　)

(2) ふくろが白くくもったのは，ふくろの内側に何がついたからですか。

(　　　　　　　　　)

(3) この観察から，ふくろの内側についたものは，おもにジャガイモのどこから出されたものだとわかりますか。 (　　　　　　　　　)

(4) このジャガイモの葉をけんび鏡で観察したところ，右の図のような小さな穴（あな）が見られました。この穴について正しく説明したものを，次の㋐～㋒から選びましょう。 (　　)

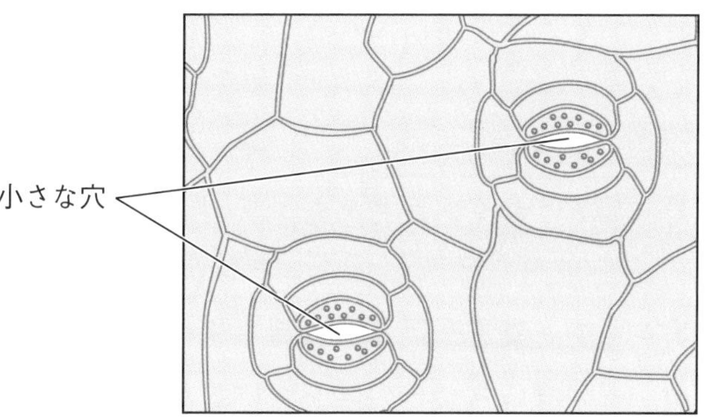

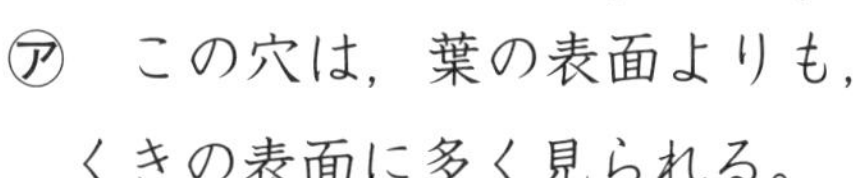

㋐ この穴は，葉の表面よりも，くきの表面に多く見られる。

㋑ この穴は，葉の表面と同じくらい，くきの表面にも見られる。

㋒ この穴は，くきの表面よりも，葉の表面に多く見られる。

(5) この観察からわかる，(4)の穴の主な役割（やくわり）は何ですか。次の㋐～㋓から選びましょう。 (　　)

㋐ 空気中の水を，植物のからだの中にとり入れる。

㋑ 植物のからだの中の水を，空気中に出す。

㋒ 空気中の養分を，植物のからだの中にとり入れる。

㋓ 植物のからだの中の養分を，空気中に出す。

(6) (5)のことを何といいますか。 (　　　　　　　　　)

答え➡別冊解答7ページ

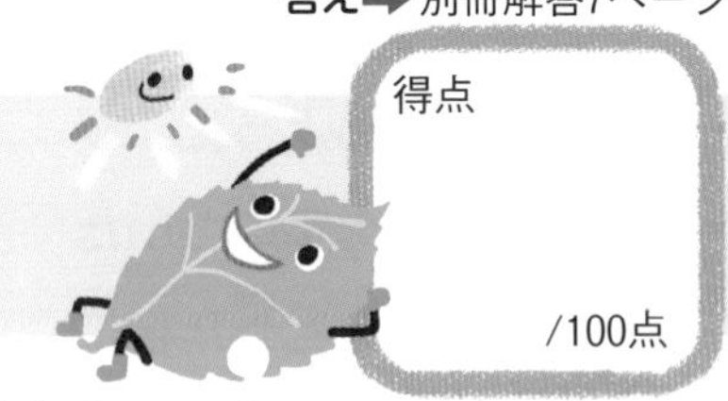

27 単元のまとめ

1 **葉に日光が当たると，でんぷんができるかどうかを調べました。これについて，次の問題に答えましょう。**　（１つ６点）

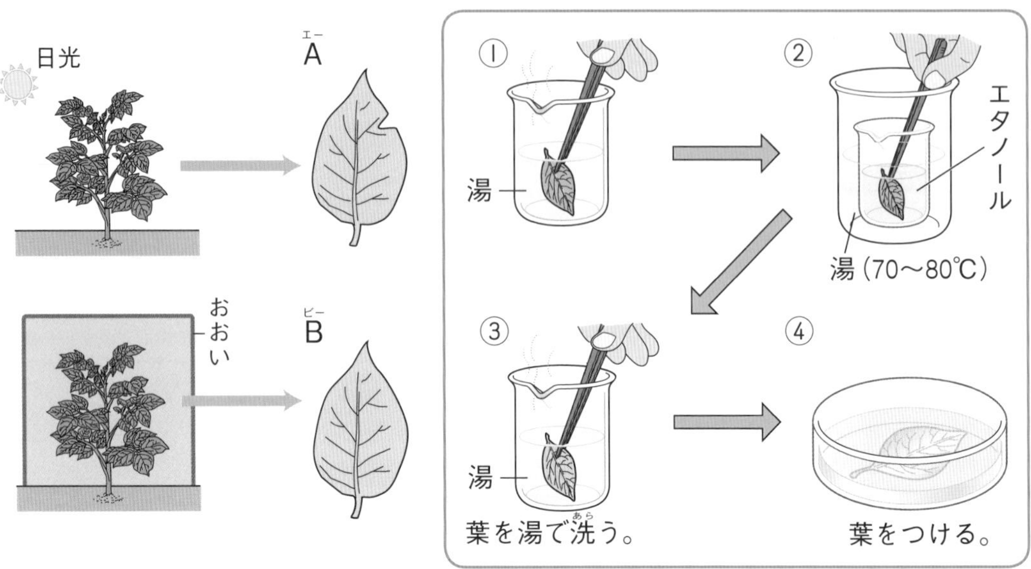

(1)　①で，葉を湯に入れると，葉はどうなりますか。次の㋐〜㋒から選びましょう。（　　）

㋐　葉がかたくなる。　㋑　葉がやわらかくなる。　㋒　葉の緑色がぬける。

(2)　②で，葉をあたためたエタノールに入れるのは，どうしてですか。

（　　　　　　　　　　　　　　　）

(3)　④で，葉をつける液は何ですか。（　　　　　　）

(4)　④の液にAとBの葉をつけました。結果からわかることは何ですか。次の㋐〜㋓から選びましょう。（　　）

㋐　おおいをした株（かぶ）の葉だけに，でんぷんができていた。

㋑　日光に当てた株の葉だけに，でんぷんができていた。

㋒　日光に当てた株とおおいをした株の，どちらの葉にもでんぷんができていた。

㋓　日光に当てた株とおおいをした株の，どちらの葉にもでんぷんができていなかった。

(5)　でんぷんができていることは，④の液につけたとき，どのような変化からわかりますか。（　　　　　　　　）

(6)　この実験からわかる葉のはたらきを書きましょう。

（　　　　　　　　　　　　　　　　　　　　）

2 **ジャガイモの3枚の葉をアルミニウムはくで包み，次の日に，でんぷんがあるかどうかを調べました。これについて，次の問題に答えましょう。** （1つ8点）

㋐の葉…朝，アルミニウムはくをはずして，でんぷんがあるかどうかを調べる。 ㋑の葉…朝，アルミニウムはくをはずし，日光に数時間当てた後，でんぷんがあるかどうかを調べる。 ㋒の葉…朝，アルミニウムはくをそのままにしておき，数時間後にでんぷんがあるかどうかを調べる。

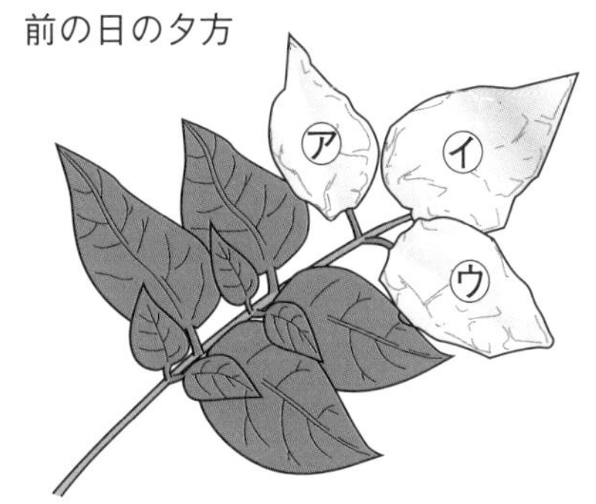

(1) ㋐～㋒の葉をヨウ素液につけると，それぞれ，色はどうなりますか。

(2) 色が変わった葉には，何ができていますか。（　　　　）

(3) 葉にでんぷんができるためには，何が必要だとわかりますか。（　　　　）

3 **右の図のように，ジャガイモの葉のついた枝にポリエチレンのふくろをかぶせてしばらくおきました。これについて，次の問題に答えましょう。** （1つ8点）

葉のついた枝

(1) ふくろは内側に水てきがついて，白くくもりました。このように，植物から水が水蒸気となって出ていくことを何といいますか。（　　　　）

(2) (1)のように水蒸気が出ていく小さな穴を何といいますか。（　　　　）

(3) この実験を，葉をすべてとった枝で行うとどうなりますか。次の㋐～㋒から選びましょう。（　　）

㋐ 葉のついた枝で実験したときと同じようにくもる。

㋑ 葉のついた枝で実験したときよりもくもる。

㋒ 葉のついた枝で実験したときほどはくもらない。

海の中の植物

海の中の植物もでんぷんをつくるのでしょうか？

海の中で生活している植物を海そうといいます。

わたしたちが食べているワカメやコンブも海そうのなかまです。海そうは，海の中にとどく日光を利用して，陸上の植物と同じようにでんぷんをつくっているのです。

ワカメやコンブは緑色ではなく，かっ色をしていますが，陸上の植物と同じように，でんぷんをつくり出す部分（葉緑体（ようりょくたい））をもっています。

ワカメやコンブがかっ色をしているのは，ワカメやコンブが深いところで生活しているからなのです。

日光にはいろいろな色の光がふくまれていますが，そのうちの赤い色の光は水に吸収（きゅうしゅう）されやすいので深いところまではとどきません。

しかし，緑色の光は深いところまでとどくので，その光を受けとりやすい赤色やかっ色の色をしているわけです。海そうも光のとどく深さでしか生活することはできないのです。

▲ワカメ　▲コンブ

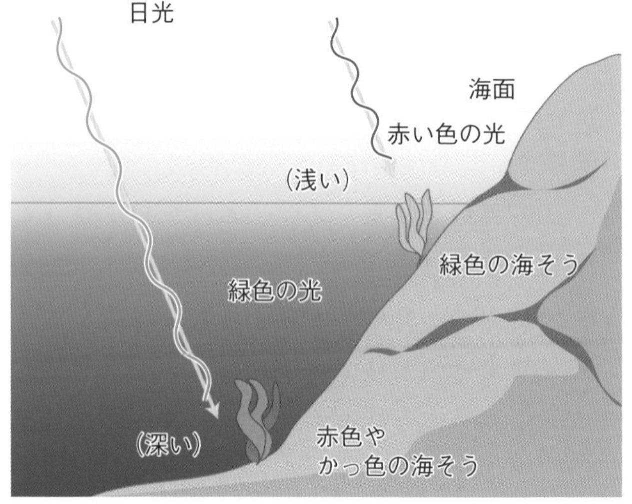

この単元では，葉のでんぷん，日光とでんぷんのでき方，植物のからだの中の水の通り道について学習しました。ここでは海の中の植物について調べましょう。

地球上の酸素は海そうのなかまがつくった？

地球ができたころの空気中には酸素はふくまれていませんでした。今から30億年以上も前に，ストロマトライトとよばれる海そうのなかまが日光を受けてでんぷんをつくり出し，それと同時に酸素もつくり出すようになったのです。海水中に海そうのなかまがつくった酸素が増えてくると，海の中では多くの生き物が誕生(たんじょう)するようになりました。

やがて陸上にも酸素が増えてくると，陸上で生活する生き物も誕生するようになったのです。

現在でもたくさんの酸素が海そうのなかまによってつくられているのです。

▲ストロマトライト

自由研究のヒント

たん水で生活する植物のなかまもたくさんいますね。川の水の中で花をさかせる植物もいます。どんな種類の植物が生活しているのかを調べたり，どのようにしてなかまをふやすのかも調べたりしましょう。

丸いボールのような形をしたマリモという植物もいます。

答え➡別冊解答8ページ

28 月の形の変化①

得点

/100点

覚えよう

月のかがやいている部分と，暗い部分

月には，明るくかがやいている部分と，暗い部分とがある。

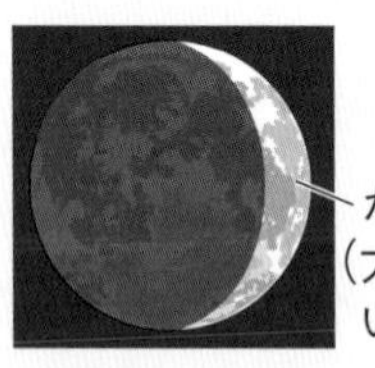

かがやいている部分（太陽の光が当たっている。）

月のかがやいている部分と太陽

月はみずから光を出さずに，太陽の光を受けてかがやいているので，月のかがやいている部分はいつも太陽のある側である。

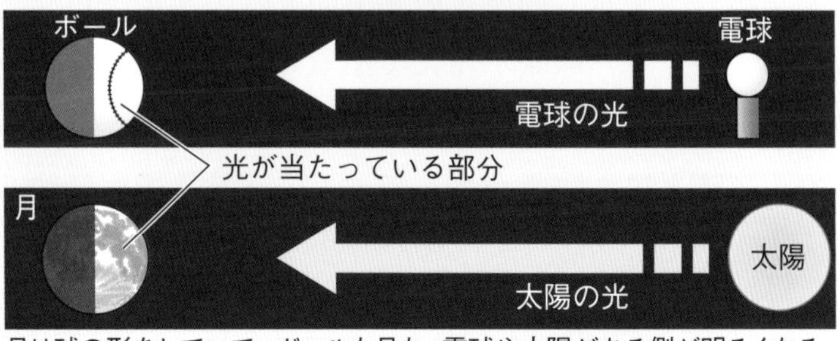

月は球の形をしていて，ボールも月も，電球や太陽がある側が明るくなる。

月の形の変化と月の位置

月は，太陽の光を受けながら地球のまわりを回っているので，月がどこにあるかによって，光が当たってかがやいている部分の見え方が変わる。このように，月と太陽の位置関係が変わるため，月は毎日少しずつ形が変わって見える。

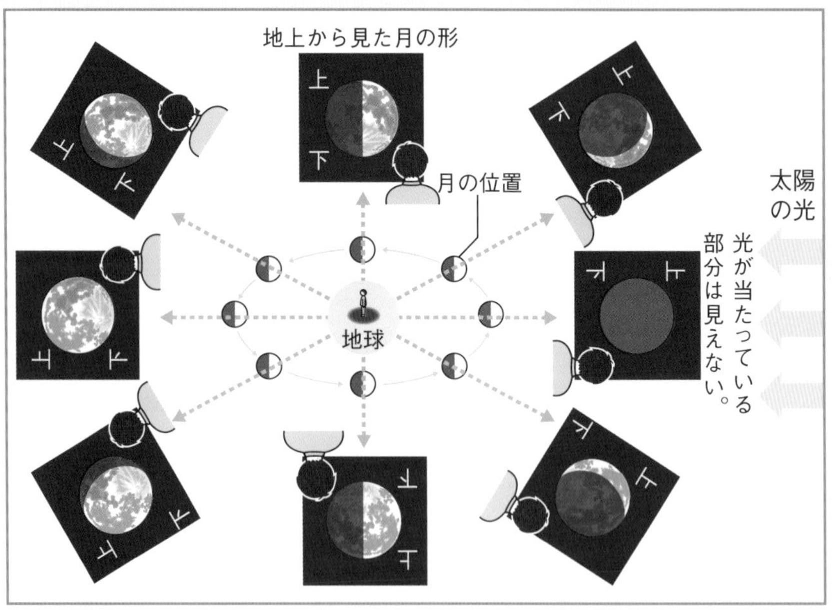

1 次の文の(　)にあてはまることばを，　　から選んで書きましょう。

（1つ10点）

月のかがやいている部分は，①(　　　　　)の光が当たっている部分である。

太陽は月の②(　　　　　　　　)側にある。

太陽　地球　暗い　かがやいている

2 右の図は，ボールに電球の光が当たっているようすと，月に太陽の光が当たっているようすを表したものです。これについて，次の問題に答えましょう。

（１つ10点）

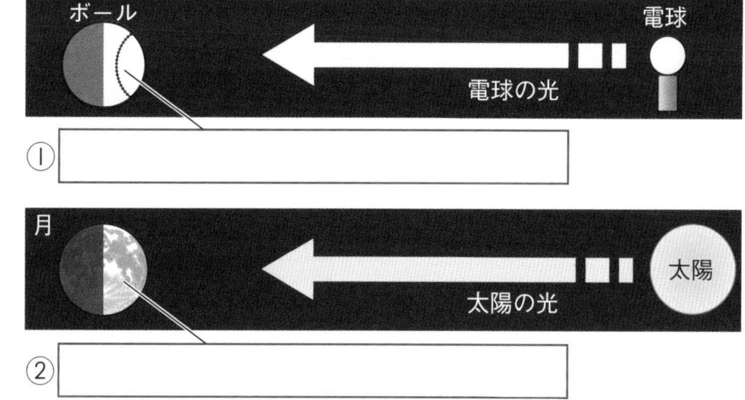

(1) 図の□にあてはまることばを，□から選んで書きましょう。同じことばを，くり返し使ってもかまいません。

光が当たっている部分　　光が当たっていない部分

(2) 次の文の（　）にあてはまることばを，□から選んで書きましょう。

月は，①（　　　　　　）かがやいているので，月のかがやいている部分はいつも②（　　　　　　）側である。

強い光を出して　　太陽の光を受けて　　太陽のある　　太陽とは反対

3 右の図は，ある日，月が見えた位置と，月の形を表したものです。このときの太陽の位置は，㋐，㋑のどちらですか。（10点）

（　　）

4 次の文の（　）にあてはまることばを，□から選んで書きましょう。

（１つ15点）

月は，太陽の光を受けながら①（　　　　　　）のまわりを回っているので，月が②（　　　　　　）によって，光が当たってかがやいている部分の見え方が変わる。

どこにあるか
どれだけはなれているか
太陽
地球

答え➡別冊解答8ページ

29 月の形の変化②

得点

/100点

1 右の図は，月のようすを表しています。これについて，次の問題に答えましょう。

（1つ10点）

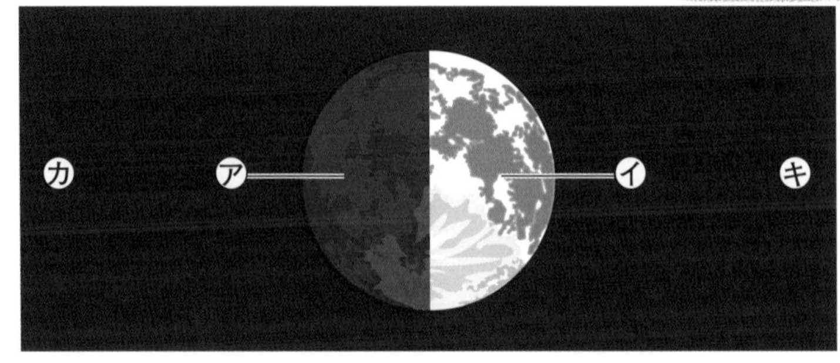

(1) 太陽の光が当たっている部分はどこですか。図の㋐，㋑から選びましょう。（　　）

(2) 図のように月が見えたとき，太陽はどちら側にありますか。図の㋕，㋖から選びましょう。（　　）

(3) 図の㋑の部分の形は，どうなっていきますか。次の㋚～㋜から選びましょう。（　　）

㋚ このまま変わらない。

㋛ 毎日少しずつ変わっていく。

㋜ 何日かおきに，大きく変わる。

2 ある日，右の図の●の場所に月が見られました。これについて，次の問題に答えましょう。

（1つ10点）

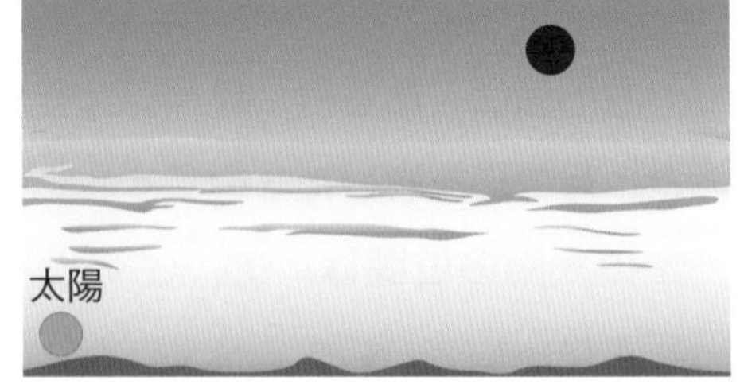

(1) このときの月の形として正しいものを，次の㋐～㋓から選びましょう。（　　）

(2) 日によって，月の形が変わって見えるのはどうしてですか。次の㋐～㋒から選びましょう。（　　）

㋐ 月の，光が当たっている部分の見え方が変わるから。

㋑ 月の形が変わるから。

㋒ 当たる光の形が変わるから。

3

右の図のように，ボールを使って月の形の変化について調べました。これについて，次の問題に答えましょう。（１つ10点）

(1) 光が当たっている部分の見え方について正しく説明したものを，次の㋐～㋒から選びましょう。（　　）

㋐ ボールのある場所によって変わる。

㋑ ボールのある場所とは関係なく変わる。

㋒ ボールのある場所が変わっても，変わらない。

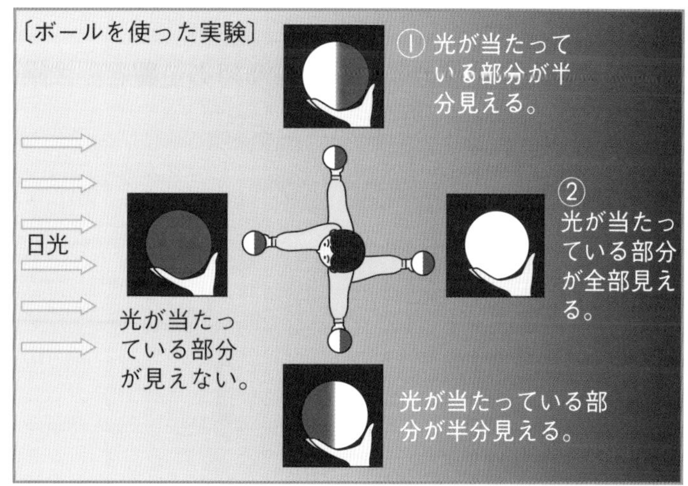

(2) 図の①，②のボールの見え方は，月のどのような見え方を表していますか。次の㋐～㋓から選びましょう。

①（　　）

②（　　）

4

右の図は，地球のまわりを回る月の位置と，太陽の光の向きを表したものです。図の①～④の位置に月があるとき，地球から見ると月はどのような形に見えますか。次の㋐～㋓からそれぞれ選びましょう。（１つ５点）

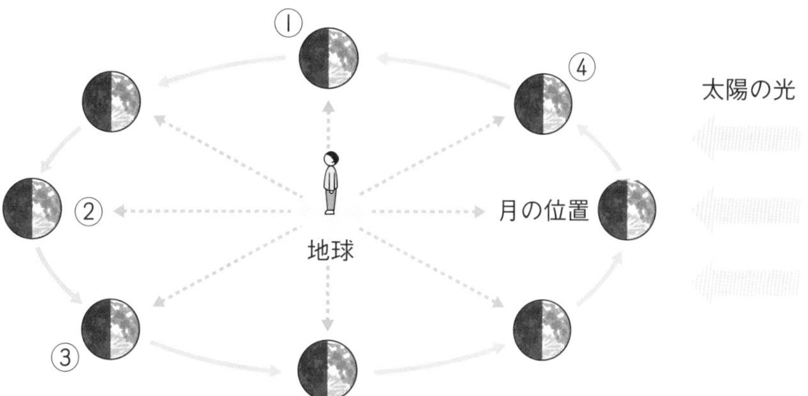

①（　　）

②（　　）

③（　　）

④（　　）

答え➡別冊解答8ページ

30 単元のまとめ

得点

/100点

1 下の図は，地球のまわりを回る月の位置と，太陽の光の向きを表したものです。これについて，次の問題に答えましょう。　（1つ8点）

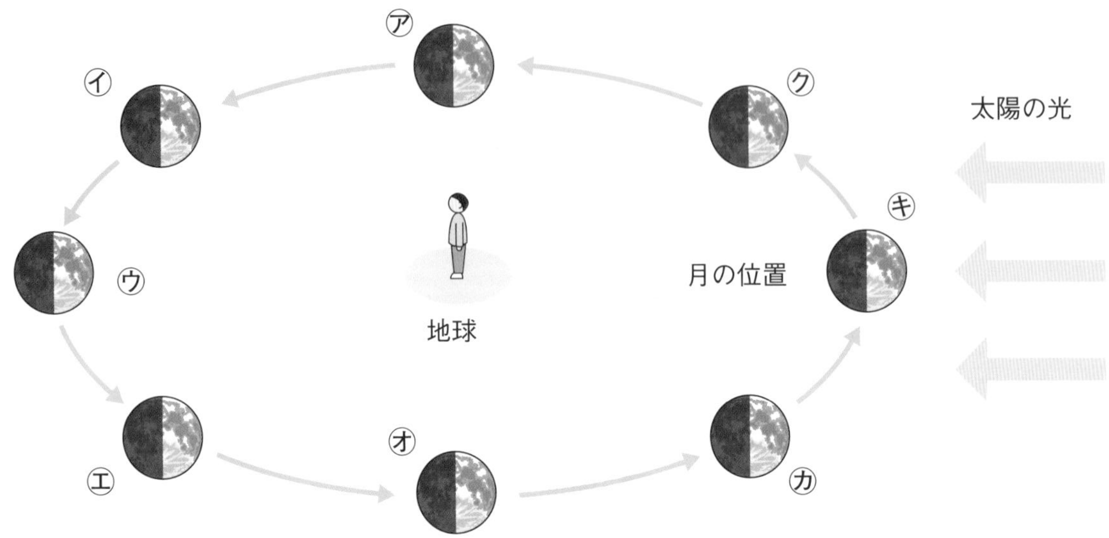

(1) 地球から見たとき，月が右の①～④のように見えるのは，月が上の図のどの位置にあるときですか。㋐～㋗から選びましょう。

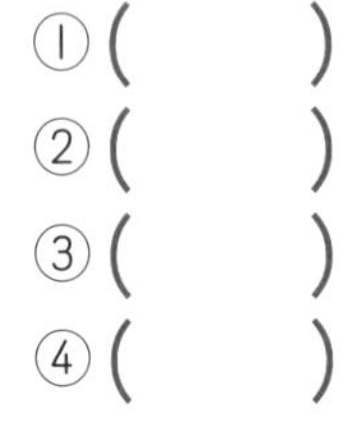

①（　　　）
②（　　　）
③（　　　）
④（　　　）

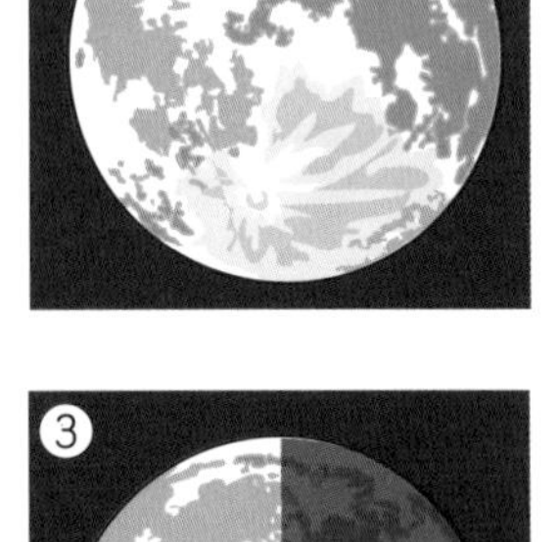

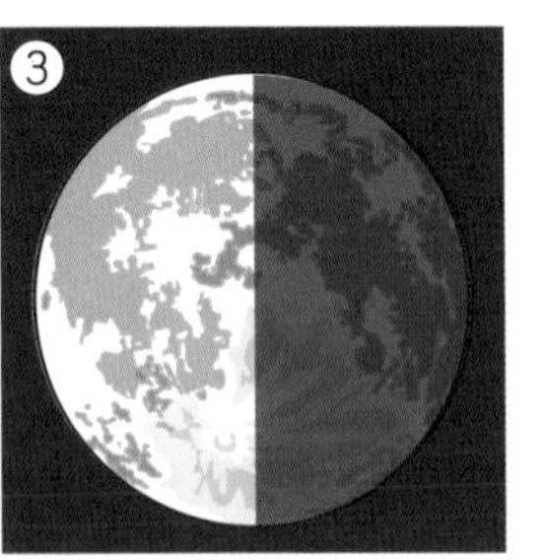

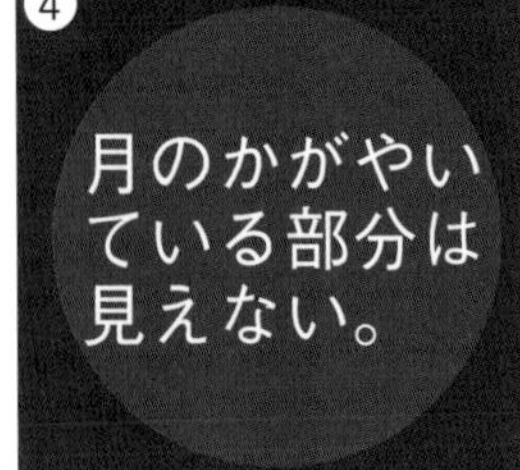

(2) 月の形が毎日少しずつ変わって見えるのは，「地球と月と太陽の位置関係が毎日変わっていく」ことのほかに，あることが原因となっています。それは何ですか。次の㋐～㋒から選びましょう。　（　　　）

㋐ 地球から見ると，月と太陽の大きさがほぼ同じに見えること。

㋑ 月は，太陽の光を受けてかがやいていること。

㋒ 月の大きさが，太陽よりも小さいこと。

2 下の図は，ある日の太陽と月の位置関係を表しています。これについて，次の問題に答えましょう。

（1つ10点）

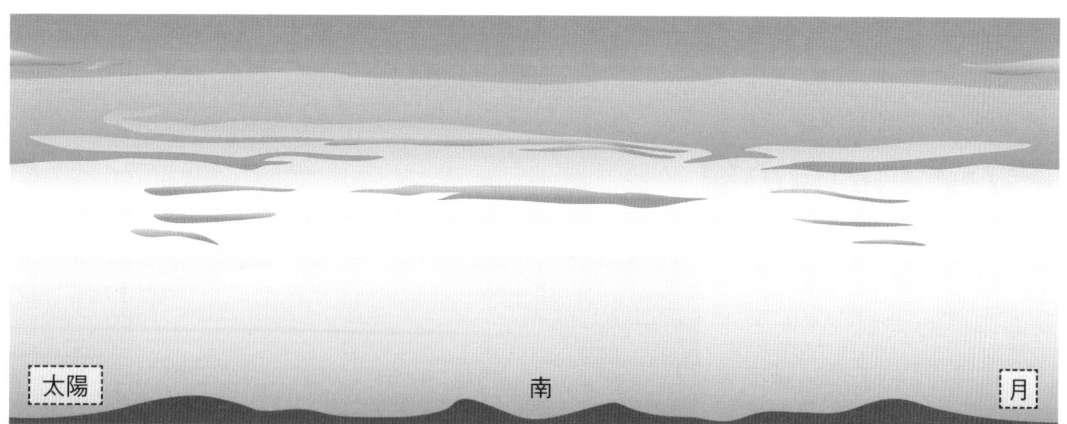

(1) 図のような位置に太陽と月が見えるのは，1日のうちのいつごろですか。次の㋐～㋓から選びましょう。
（　　）

㋐ 明け方　　㋑ 正午ごろ

㋒ 昼すぎ　　㋓ 夕方

(2) このとき，月はどのような形に見えましたか。右の㋐～㋓から選びましょう。

（　　）

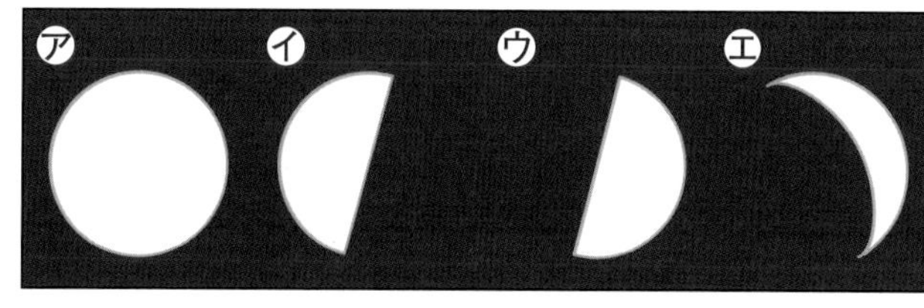

(3) この後，太陽や月はどうなりますか。次の㋐～㋓から選びましょう。

（　　）

㋐ 太陽も月も，南の空にのぼっていく。

㋑ 太陽は南の空にのぼり，月は西にしずんでいく。

㋒ 太陽は西にしずみ，月は南の空にのぼっていく。

㋓ 太陽も月も，西にしずんでいく。

3 次の文は，月について書いたものです。正しいものには○を，まちがっているものには×を書きましょう。

（1つ10点）

①（　　）球形（ボールのような形）をしている。

②（　　）みずから光を出している。

③（　　）月の形の見え方は，およそ1か月かけてもとにもどる。

月のひみつ，太陽のひみつ

もうひとつの月の顔

双眼鏡や望遠鏡で，月の表面の模様やクレーターと呼ばれる丸いくぼみを観察したことはありますか。

まずは右の星の写真を見てください。

あまり見たことがない星ですね。これは，月の写真なのです。

といっても，ふだん見なれた月の模様とはずいぶんちがっています。「本当に月の写真なの?」と思うかもしれません。

ⒸNASA

実はこの写真は，月の裏側を写したものです。月までいったロケットが，月の裏側にまわりこんでさつえいしました。

地球から見たとき月の表面の模様がいつも同じなのは，月が地球に同じ面だけ向けているからです。

ある星がほかの星のまわりを回ることを公転といいます。それに対して星そのものが回転することを自転といいます。地球が自転しながら，太陽のまわりを公転しているように，月も自転しながら地球のまわりを公転しています。しかも月の場合は，公転の速さと自転の速さが同じで，地球のまわりを1回回る間に月がちょうど1回転してしまいます。そのため，月はいつも同じ面ばかりを地球に向けていることになるのです。

この単元では，月の形の変化について学習しました。ここでは月の裏側と日食について調べましょう。

小さな月が大きな太陽をかくす。

昼間なのに何だかうす暗くなってきました……日食です。

日食とは，太陽と地球との間に月が入り，一時的に太陽をかくしてしまう現象です。月が太陽をすっぽりとかくしてしまう皆既日食では，夜になったかのような暗さになってしまいます。

▲月が太陽を完全にかくしてしまう皆既日食。

しかし，太陽の直径は，およそ140万kmもあるのに対して，月の直径はおよそ3500kmにすぎません。どうしてこんなに小さな月が，大きな太陽をかくしてしまうことができるのでしょうか。

そのひみつは，地球からのきょりのちがいにあります。

わたしたちは，遠くにあるものは小さく見え，近くにあるものは大きく見えます。

地球からのきょりは，月は38万kmなのにたいして，太陽はおよそ1億5千万km。月よりも遠くはなれた太陽は，実際よりもかなり小さく見えるのです。

しかも，地球から太陽までのきょりは地球から月までのきょりの約400倍。太陽と月の直径のちがいを比べると，こちらも約400倍。だから，地球から見ると月と太陽はほぼ同じ大きさに見えるのです。

自由研究のヒント

日食は，月がどれくらい太陽をかくすかによって，いくつかの種類があります。どんなものがあるか，調べてみましょう。

日本で最後に皆既日食が起きたのは2009年の7月でした。次に日本で皆既日食が見られるのはいつなのか，それはどこで観測できるのかを調べてみましょう。

答え➡別冊解答8ページ

得点　/100点

31 地層①

覚えよう

地層
・色やつぶの大きさのちがうれき（小石）・砂・どろなどが，層になって重なっているものを**地層**という。
・地層は表面だけでなく，**横にもおくにも広がっている**。

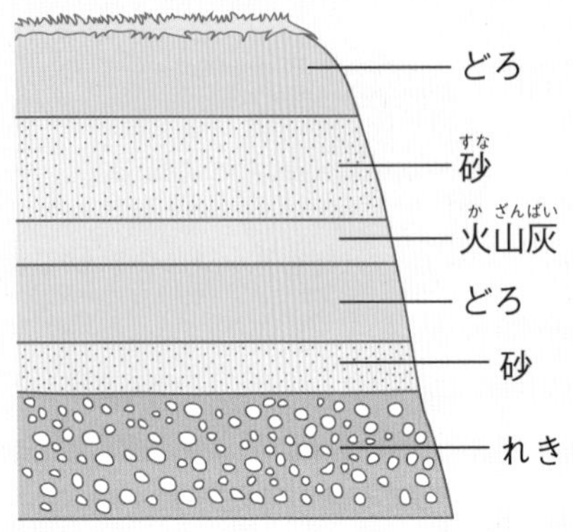

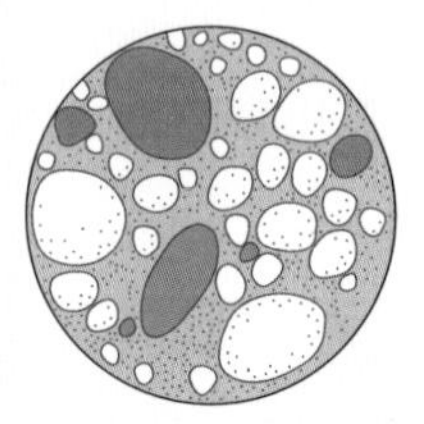
れき，砂，どろの層は，流れる水のはたらきでできる。つぶは角がとれて丸みがある。

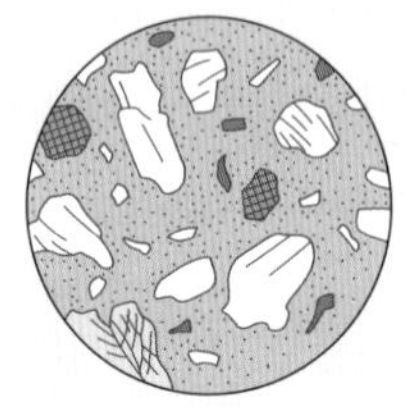
火山灰の層は，火山のはたらきでできる。つぶは角ばっている。

化石

大昔の動物や植物のからだ，動物のすんでいたあとなどが残ったものを**化石**といい，地層の中から見つかることがある。

木の葉の化石

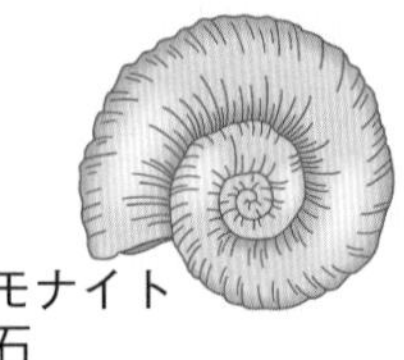
アンモナイトの化石

地層のつながり

A・B・C地点の**ボーリング試料**を比べると，地層が続いていたことがわかる。

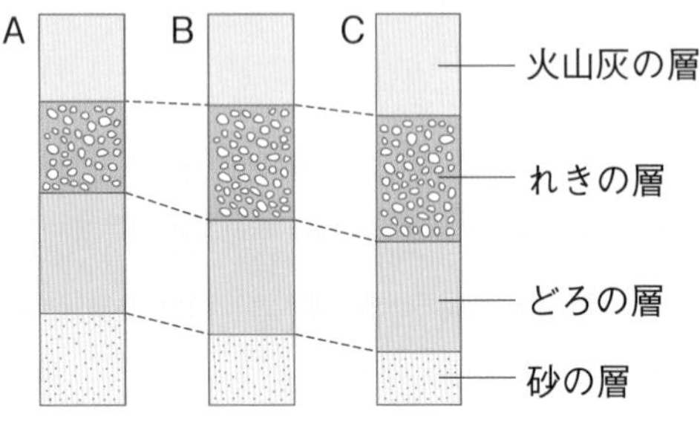

1 次の文は，がけがしま模様に見える場所について書いたものです。（　）にあてはまることばを，　から選んで書きましょう。（1つ6点）

がけがしま模様に見えるのは，色やつぶの大きさがちがう
①（　　）・②（　　）・③（　　）
などが，層になって重なっているからである。このような層の重なりを
④（　　）という。

どろ　砂　れき　地層　化石

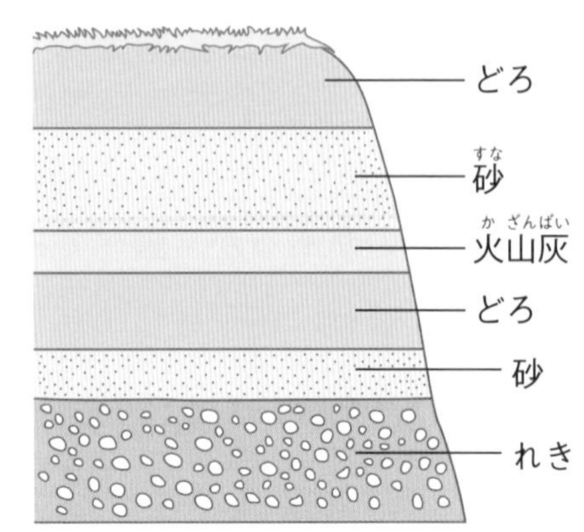

2

下の図は，しま模様に見えるがけと，その中のれきの層と火山灰の層を観察したものです。(　)にあてはまることばを，　　から選んで書きましょう。 （1つ6点）

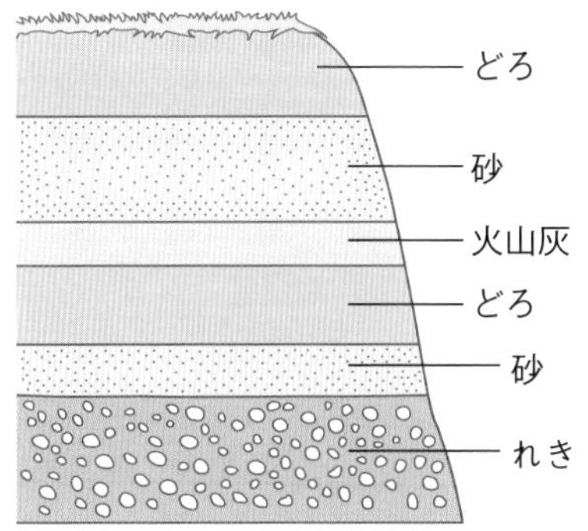

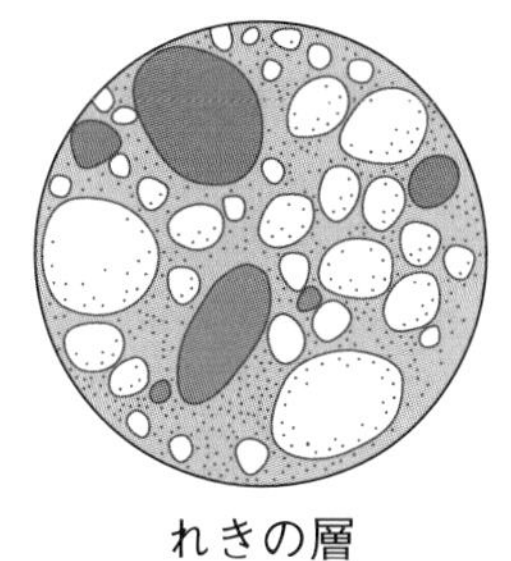

れきの層

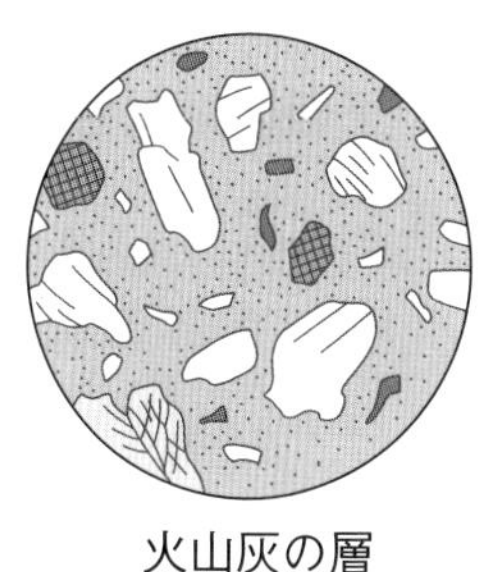

火山灰の層

(1)　このがけのしま模様は，①(　　　　　)，②(　　　　　)，どろ，火山灰からできている。

(2)　それぞれの層にふくまれている，れき・砂・どろは色やつぶの(　　　　　)がちがうので，がけがしま模様に見える。

(3)　れきのふくまれている層は，①(　　　　　)のはたらきでできるので，れきは角がとれて②(　　　　　)形をしている。このれきは，③(　　　　　)で見られるれきの形に似ている。

(4)　火山灰の層は①(　　　　　)のはたらきでできる。つぶは，②(　　　　　)形をしている。

れき　　砂　　どろ　　丸みのある　　角ばった
大きさ　　化石　　川原　　火山灰　　流れる水　　火山

3

右の図は，地層の中から見つかった動物や植物の一部です。(　)にあてはまることばを，　　から選んで書きましょう。 （1つ7点）

(1)　①(　　　　　)の中から，大昔の動物や植物の一部が見つかることがある。これを②(　　　　　)という。

(2)　右の図の㋐は①(　　　　　)の化石，㋑は②(　　　　　)の化石である。

㋑

化石　　地層　　木の葉　　魚　　アンモナイト

答え➡別冊解答8ページ

32 地層②

1

下の図は，しま模様に見えるがけを表したものです。これについて，次の問題に答えましょう。（1つ6点）

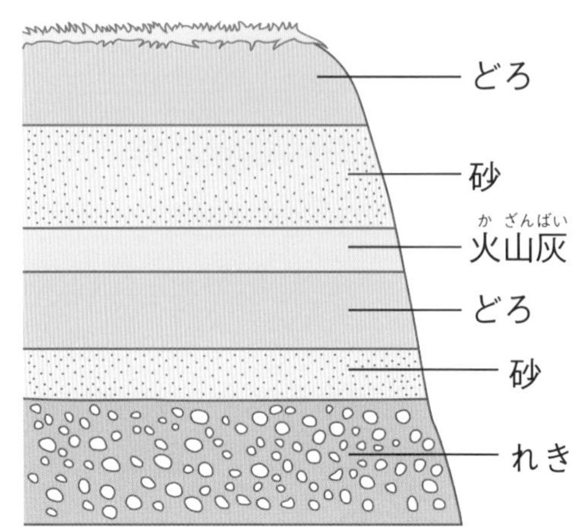

(1) がけがしま模様に見えるのは，どうしてですか。次の㋐～㋒から選びましょう。（　　）

㋐ かたさのちがうれき，砂，どろが順に重なっているから。

㋑ 色や大きさのちがうれき・砂・どろが層に分かれて重なっているから。

㋒ 中にふくまれている動物や植物の化石の色がちがうから。

(2) がけがしま模様になって見えるものを，何といいますか。（　　）

(3) 火山のふん火があったことは，どの層からわかりますか。（　　）

(4) 火山灰の層の土を，水でにごりがなくなるまで洗い，残ったつぶをかいぼうけんび鏡で観察しました。㋐，㋑のどちらのように見えますか。（　　）

㋐

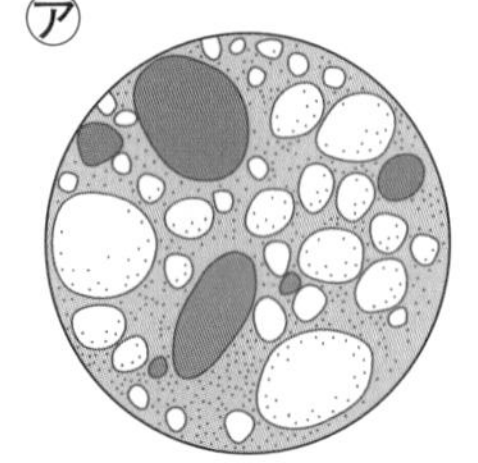

㋑

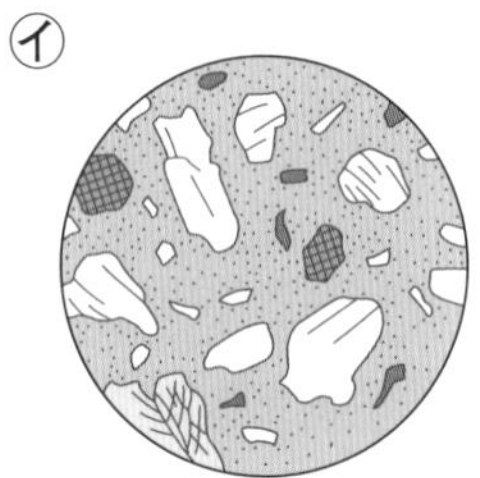

2

下の図は学校を建てるとき，その土地の地下のようすを調べるために，A・B・C地点の地下の土をボーリング作業でほり出したものです。これについて，次の問題に答えましょう。（1つ7点）

(1) このようにほり出したものを，何といいますか。（　　）

(2) ㋐，㋑は，何の層ですか。

㋐（　　）　㋑（　　）

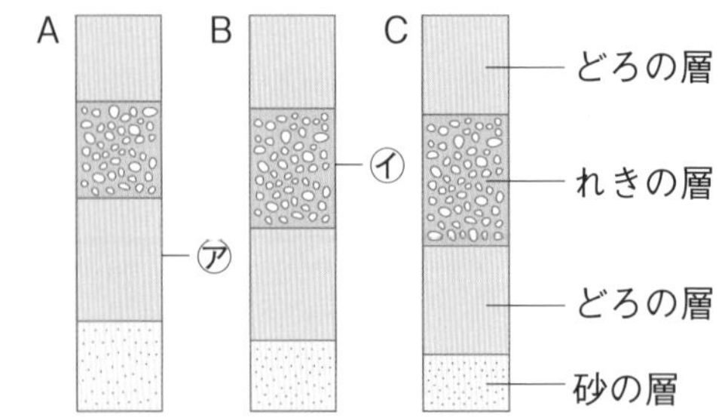

(3) A・B・C地点でとり出したものを比べると，何がわかりますか。次の①～③から選びましょう。（　　）

① 地層が続いていることがわかる。

② 近い場所でも地層はまったくちがうことがわかる。

③ 火山のふん火があったことがわかる。

3 **右の図は，大昔の動物や植物の一部を表したものです。これについて，次の問題に答えましょう。** （1つ6点）

(1) 地層の中から見つかる，図のようなものを何といいますか。

（　　　　　）

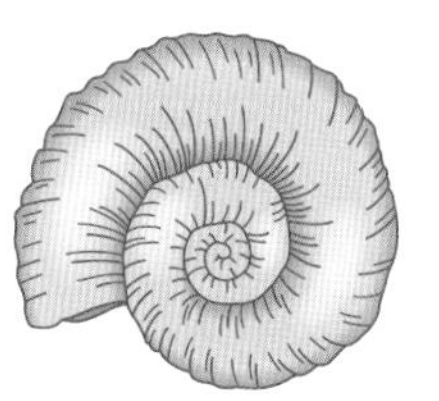

アンモナイト

木の葉

(2) 海の生物だったアンモナイトが見つかったことから，大昔のどんなことがわかりますか。次の㋐～㋒から選びましょう。

（　　）

㋐ アンモナイトが見つかったところが，大昔は海だったこと。

㋑ アンモナイトが見つかったところが，大昔は陸だったこと。

㋒ アンモナイトが見つかったところが，大昔は氷だったこと。

(3) 図のようなものは，生き物が川や海の底にうまってできます。このことから，これらは，れき・砂・どろなどの層と，火山灰がふり積もってできた層のどちらで見つかりますか。 （　　　　　　　　　　）

4 **下の図は，山の切り通しで見られる地層をスケッチしたものです。これについて，次の問題に答えましょう。** （1つ5点）

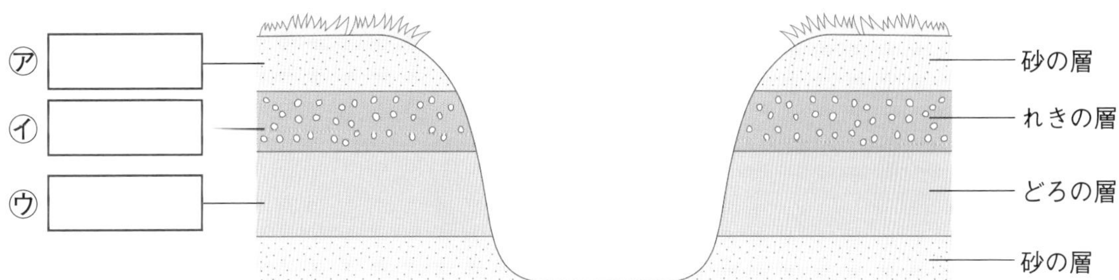

(1) 左側の地層の㋐～㋒は，何の層と考えられますか。図の□に書きましょう。

(2) 右側と左側の地層は，切り通しができる前はつながっていましたか，いませんでしたか。 （　　　　　）

(3) れきの層にふくまれているれきの形の特ちょうは何ですか。

（　　　　　）

(4) この地層は，流れる水のはたらきと，火山のはたらきのどちらでできた地層と考えられますか。 （　　　　　　　）

答え➡別冊解答9ページ

33 地層のでき方①

得点

/100点

覚えよう

地層のでき方　流れる水のはたらきによって運ばれてきた**れき（小石）・砂・どろ**などが，海や湖の底に層に分かれて積もり，それがくり返されてできる。

地層のでき方を調べる実験

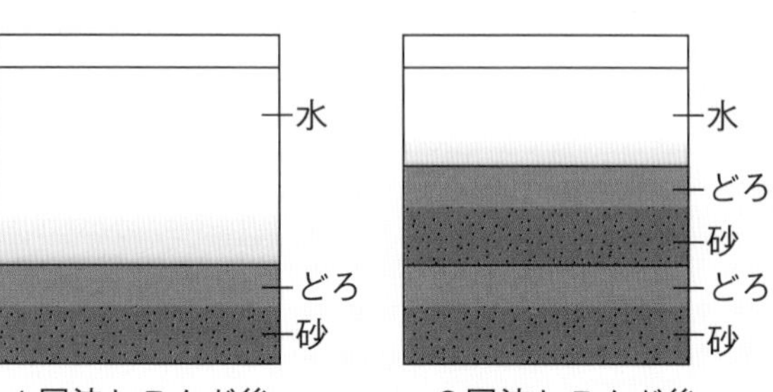

1回流しこんだ後

2回流しこんだ後（1回目の層の上に積もる。）

砂やどろは，つぶの大きさによって水底に分かれて積もる。**つぶの大きい砂のほうが速くしずむ**。また，海底などにたい積した地層は，長い年月の間に大きな力でおし上げられ，陸上に現れることがある。

れき岩・砂岩・でい岩　地層にふくまれるれき・砂・どろなどは，長い年月の間に固まって，**れき岩・砂岩・でい岩**などの岩石になる。

れき岩

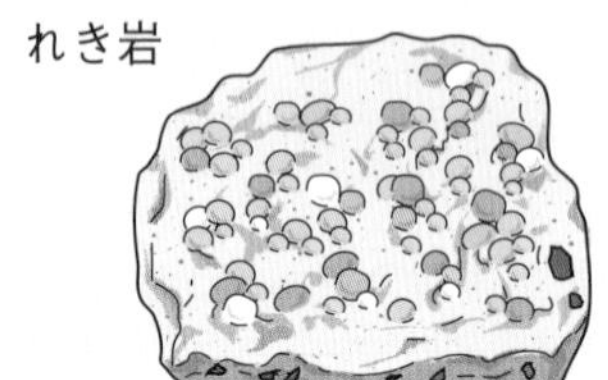

れきが砂などといっしょに固まった岩石。れきは丸みがある。

砂岩

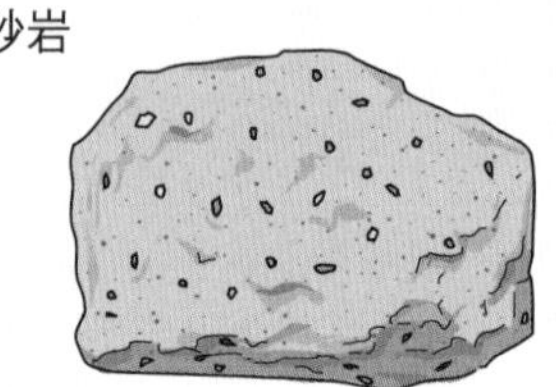

同じくらいの大きさの砂が固まった岩石。砂のつぶは丸みがある。

でい岩

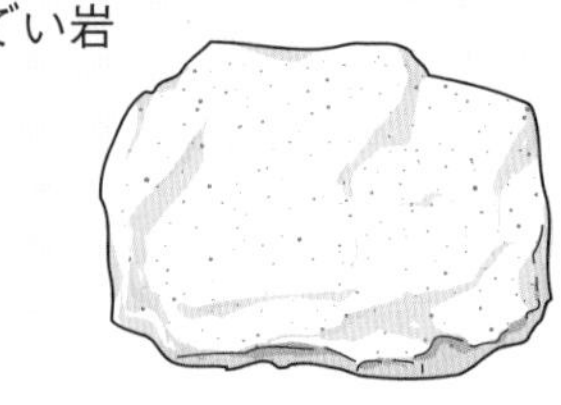

どろなどが固まった岩石。つぶは砂より細かい。

1 次の文は，地層のでき方について書いたものです。（　）にあてはまることばを，□から選んで書きましょう。（1つ5点）

(1)　地層は，流れる①（　　　　）のはたらきによって運ばれてきた②（　　　　）・③（　　　　）・④（　　　　）などが，⑤（　　　　）や湖の底に層に分かれて積もってできる。

(2)　つぶの（　　　　）もののほうが速くしずむ。

どろ	砂
れき	海
山の上	大きい
小さい	水

2 下の図は，地層のでき方を調べる実験について表したものです。これについて，(　) にあてはまることばを，□ から選んで書きましょう。（１つ７点）

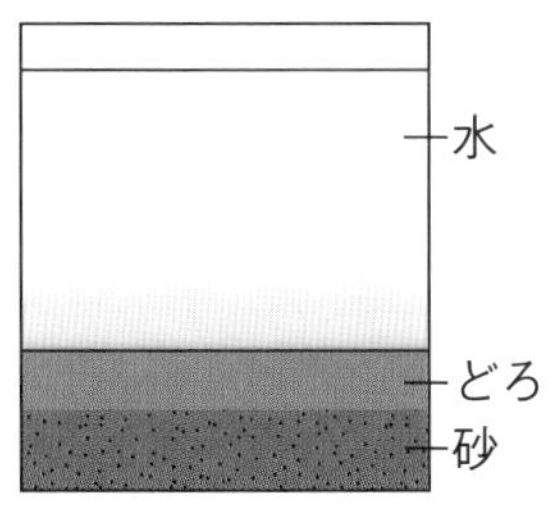

１回流しこんだ後

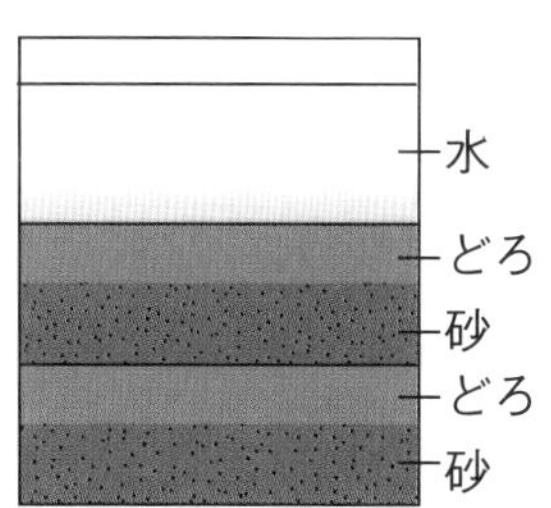

２回流しこんだ後
（１回目の層の上に積もる。）

(1) といに砂とどろを混ぜた土を置いて，水を流し，水を入れた水そうの中に流しこむと，土は①(　　　　)と②(　　　　)に分かれて積もる。

(2) 水そうの中に積もるとき，つぶの(　　　　)砂のほうが速くしずむ。

(3) もう一度水を流して土を水そうの中へ流しこむと，１回目の層の(　　　　)に砂とどろが分かれて積もる。

(4) 地層は，①(　　　　)のはたらきによって運ばれてきたれき・砂・どろなどが，②(　　　　)や湖の底に積もってできたことがわかる。

どろ　　砂　　上　　下　　流れる水　　火山のふん火
海　　大きい　　小さい

3 下の図は，地層で見られる岩石を表したものです。(　)にあてはまることばを，□ から選んで書きましょう。（１つ７点）

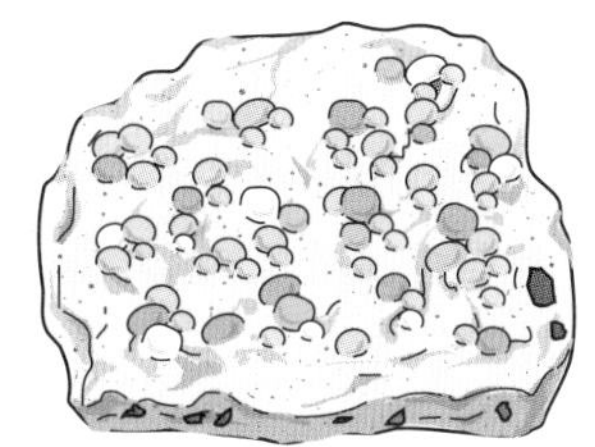
れき岩

①(　　　　)が砂などといっしょに固まった岩石。れきは②(　　　　)。

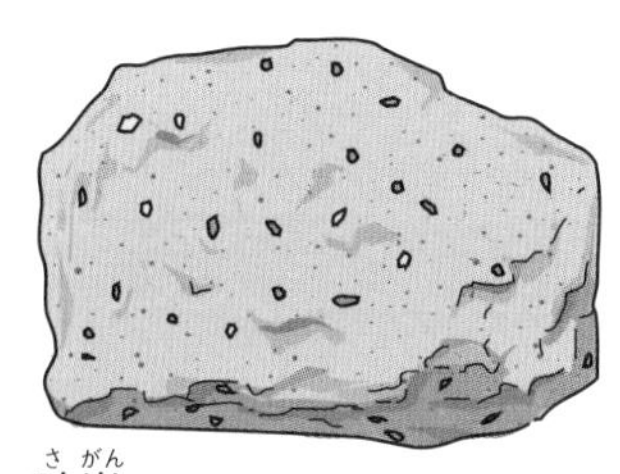
砂岩（さがん）

同じくらいの大きさの③(　　　　)が固まった岩石。

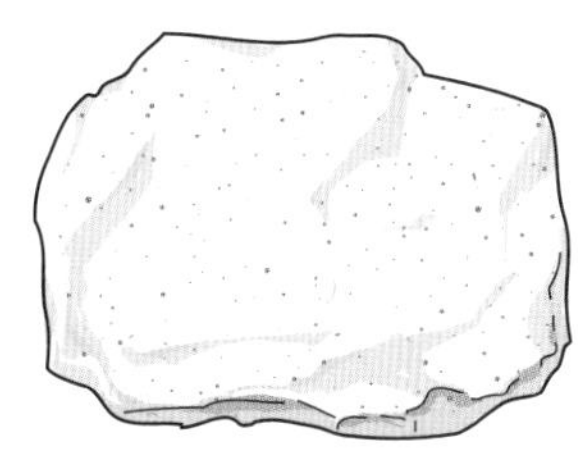
でい岩

砂より細かいつぶの④(　　　　)などが固まった岩石。

どろ　　れき　　砂　　火山灰（かざんばい）　　角ばっている　　丸みがある

答え➡別冊解答9ページ

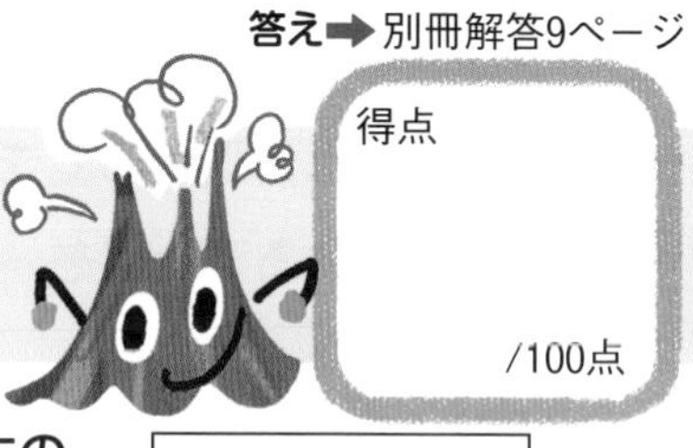

34 地層(ちそう)のできかた②

1

砂(すな)とどろを混ぜた土を，水そうの水の中へ流しこむと，右の図のように積もりました。これについて，次の問題に答えましょう。（１つ５点）

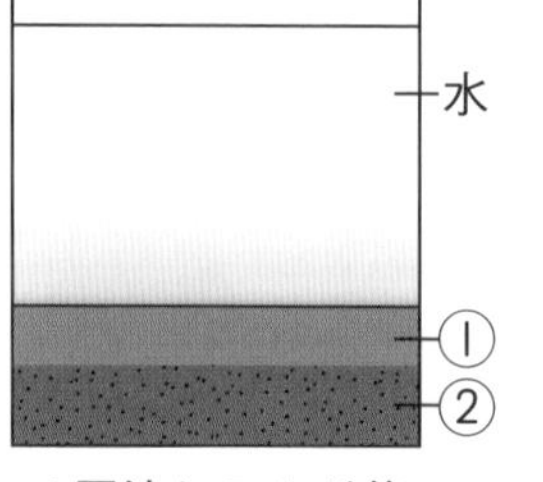

１回流しこんだ後

(1)　①，②には，何が積もりましたか。

(2)　砂やどろが分かれて積もるのは，どうしてですか。次の㋐～㋒から選びましょう。（　　）

㋐　砂とどろのつぶの色がちがうから。

㋑　砂とどろのつぶの形がちがうから。

㋒　砂とどろのつぶの大きさがちがうから。

(3)　１回流しこんだ後，もう一度，砂とどろを混ぜた土を流しこむと，どのように積もりますか。次の㋐～㋒から選びましょう。（　　）

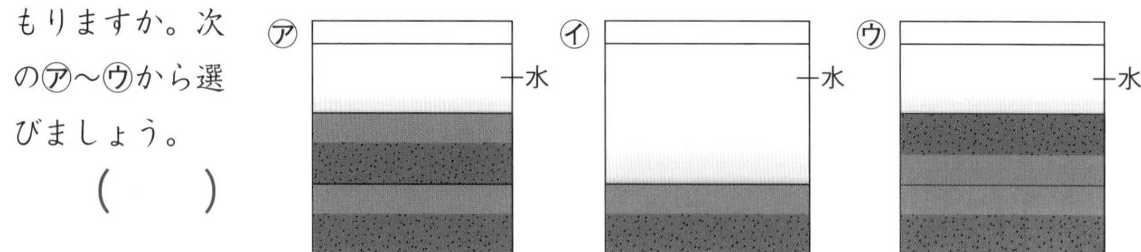

(4)　この実験から，地層(ちそう)は何のはたらきでできることがわかりますか。

（　　　　　　　　　　）

2

下の図は，地層にふくまれるものが長い年月の間に固まって，岩石になったものです。これについて，次の問題に答えましょう。（１つ６点）

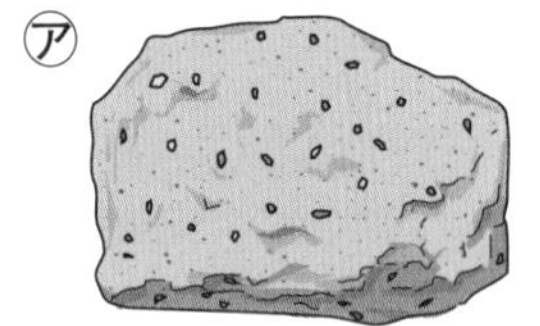

同じくらいの大きさの砂が固まった岩石

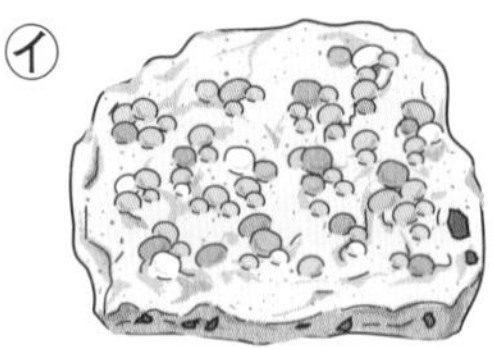

れきが砂などといっしょに固まった岩石

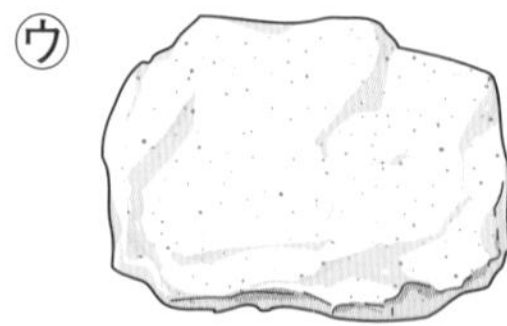

どろなどが固まった岩石

(1)　㋐，㋑，㋒の岩石は，れき岩，砂岩(さがん)，でい岩のどれですか。

㋐（　　　　）　㋑（　　　　）　㋒（　　　　）

(2)　岩石にふくまれるれきや砂のつぶは，どのような形をしていますか。

（　　　　　　　　　　）

3 空きびんに水とれき・砂・どろを混ぜた土を入れ，ふたをしてよくふった後，静かに置いておきました。これについて，次の問題に答えましょう。 （1つ8点）

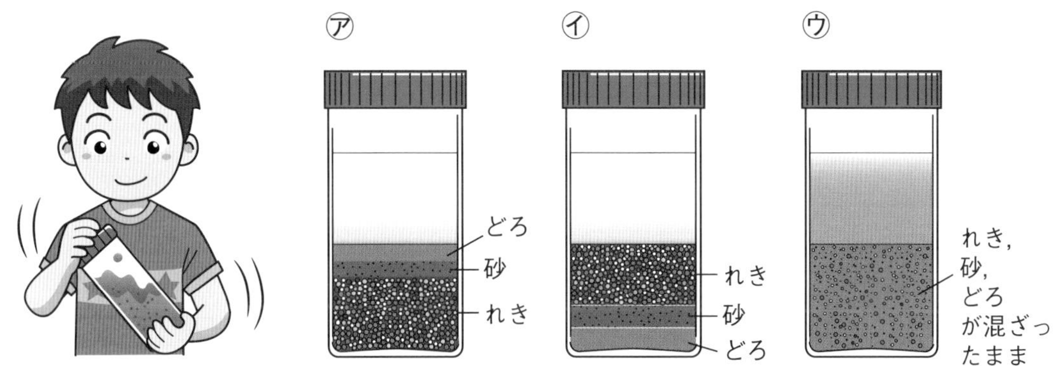

(1) れき・砂・どろの積もり方は，どうなりますか。上の㋐～㋒から選びましょう。

（　　）

(2) れき・砂・どろが水の底に積もっていくようすを，次の㋐～㋒から選びましょう。

（　　）

㋐ つぶの小さいものから順にしずむ。

㋑ つぶの大きいものと小さいものが混ざり合ってしずむ。

㋒ つぶの大きいものから順にしずむ。

4 次の文は，地層について書いたものです。正しいものには○を，まちがっているものには×を書きましょう。 （1つ5点）

①（　　） 地層は，長い年月の間に大きな力でおし上げられ，陸上に現れることがある。

②（　　） れき岩は，火山灰（かざんばい）の層（そう）が固まってできた岩石で，れきは角ばった形をしている。

③（　　） れき岩や砂岩にふくまれるれきや砂のつぶは，流れる水に運ばれる間に角がとれて丸みのある形をしている。

④（　　） 地層にふくまれるものが，長い年月の間に固まって，れき岩・砂岩・でい岩などの岩石になることがある。

⑤（　　） 地層は，流れる水によって運ばれてきた，れき・砂・どろなどが海や湖の底に層に分かれて積もってできる。

⑥（　　） 地層は，れき・砂・どろなどが山の上に層に分かれて積もってできる。

⑦（　　） 地層にふくまれるれきや砂のつぶは，どれも角ばっている。

答え➡別冊解答9ページ

35 火山活動や地震による土地の変化①

得点　/100点

覚えよう

火山のふん火による土地の変化

火山がふん火すると，火口から**よう岩**が流れ出たり，**火山灰**がふき出して積もったりして，土地のようすが変化する。ふん火にともなって**災害**が起こることもある。

火山のふん火

よう岩が流れ出たり火山灰がふり積もったりする。

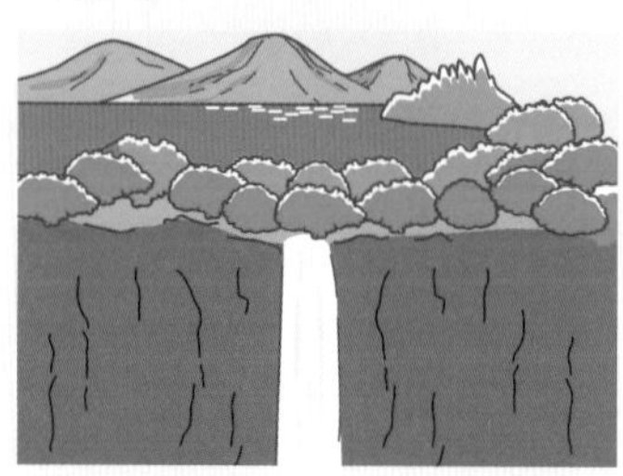
流れ出たよう岩で川がせき止められ，湖やたきができることがある。

地震による土地の変化

大きな地震があると**断層**(大地のずれ)が現れ，**土砂くずれ**が起きたり，**地割れ**ができたりして，土地のようすが変化する。地震にともなって**災害**が起こることがある。

断層（大地のずれ）が現れ，がけができることがある。

山のがけで土砂くずれが起きて，土地のようすが変化する。

土地の変化や災害の調べ方
①過去に火山のふん火や大きな地震のあった場所に行ったり，地域の人に話を聞いたりする。
②博物館や図書館，ビデオやインターネットで調べる。

1 次の文は，火山のふん火による土地のようすの変化について書いたものです。(　)にあてはまることばを，［　］から選んで書きましょう。（1つ8点）

(1) 火山がふん火すると，火口から①(　　　)が流れ出たり，②(　　　)がふき出して積もったりして，土地のようすが変化する。

(2) ふん火にともなって，家や田畑が火山灰でうまるなどの(　　　)が起こることがある。

地割れ　火山灰　よう岩　災害

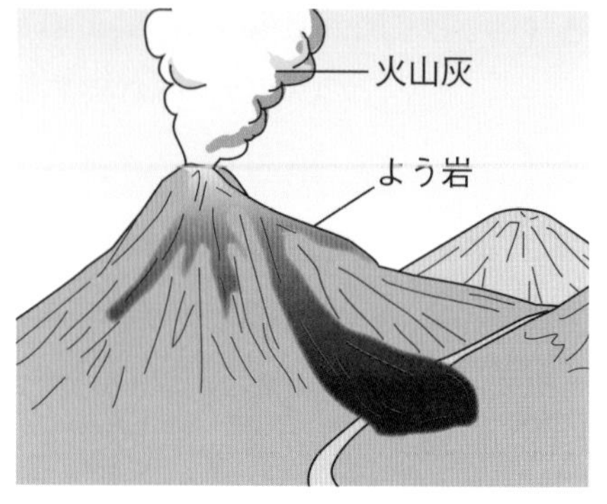

2 下の図は，火山のふん火によって土地が変化したようすや，それにともなって起こる災害のようすを表したものです。(　)にあてはまることばを，［　　］から選んで書きましょう。

（1つ9点）

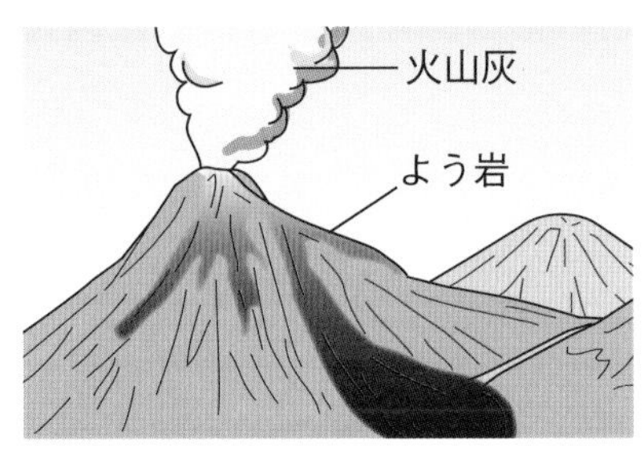

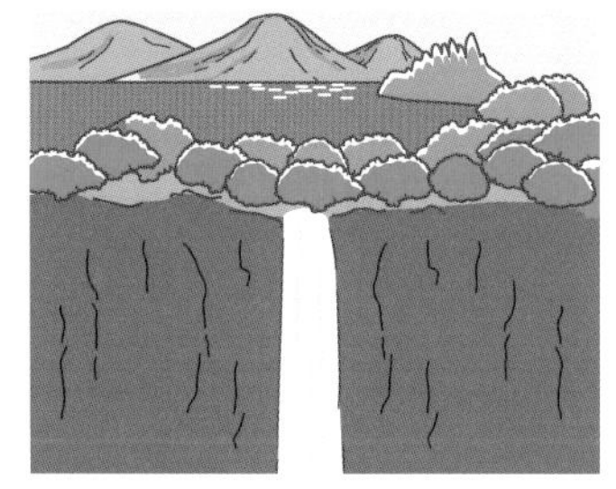

(1) 火山がふん火すると，流れ出た①(　　　　)で川がせき止められ，②(　　　　)やたきができることがある。

(2) 流れ出たよう岩やふき出した①(　　　　)がふり積もって，土地のようすが変化する。それにともなって，家や②(　　　　)がうまるなどの災害が起こることがある。

よう岩　火山灰　湖　田畑　断層（だんそう）　土砂（どしゃ）くずれ

3 下の図は，地震（じしん）によって土地が変化したようすや，それにともなって起こる災害のようすを表したものです。(　)にあてはまることばを，［　　］から選んで書きましょう。

（1つ10点）

A（エー）

B（ビー）

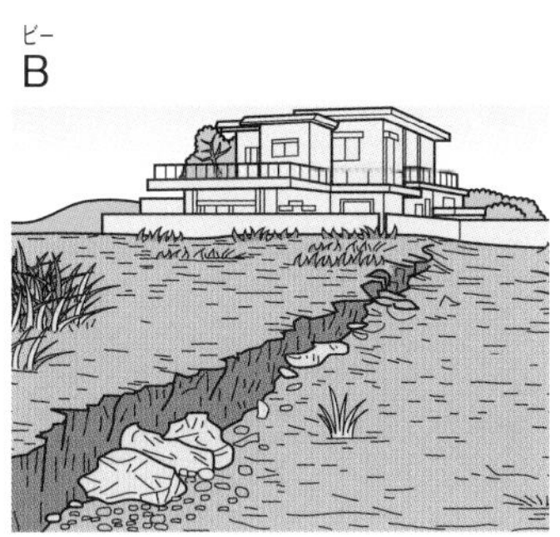

C（シー）

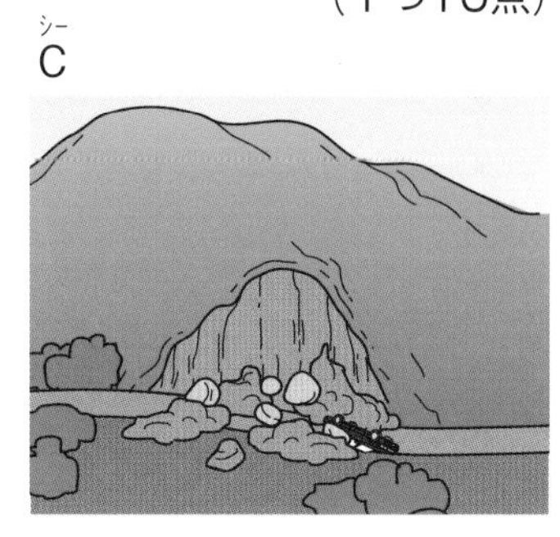

(1) 大きな地震があると，地面にAの①(　　　　)ができたり，Bの②(　　　　)が現れたりして土地のようすが変化する。

(2) 大きな地震があると，山のがけでCの(　　　　)が起き，土地のようすが変化する。

(3) 地震にともなって，建物がこわれるなどの(　　　　)が起こることがある。

湖　土砂くずれ　地割れ　断層　災害

答え➡別冊解答9ページ

得点

/100点

36 火山活動や地震（じしん）による土地の変化②

1 火山のふん火による土地の変化について調べます。これについて，次の問題に答えましょう。

（１つ６点）

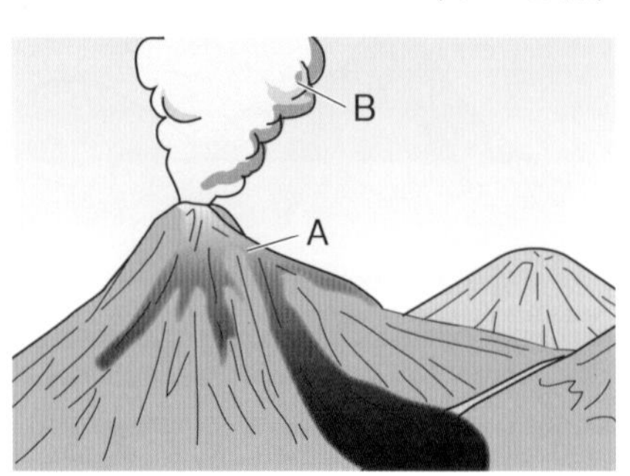

(1) 右の図で，火山がふん火したとき，火口から流れ出るＡ（エー）は何ですか。

（　　　　）

(2) ふん火のとき，火口からふき出してふり積もるＢ（ビー）は何ですか。

（　　　　）

(3) 火山のふん火によってできた土地のようすについて，次の文の（　）にあてはまることばを書きましょう。

［火山のふん火でできた①（　　　　）は，主に②（　　　　）がふり積もった層（そう）でできている。］

(4) 火山がふん火すると，それにともなってどのような災害が起こりますか。次の㋐～㋓から２つ選びましょう。　（　　）（　　）

㋐ 強い風でしゅうかく前のリンゴが落ちる。

㋑ 断層（だんそう）が現れて，道路が通れなくなったりする。

㋒ よう岩で建物や田畑がおおわれる。

㋓ 火山灰（かざんばい）がふり積もって，家がうまったりする。

2 次の文は，火山のふん火によって起こることですか，地震（じしん）によって起こることですか。火山か地震かを（　）に書きましょう。

（１つ５点）

(1) 広いはんいの土地が１ｍももち上がった。（　　　　）

(2) たくさんのけむりがふき出して，空高くのぼった。（　　　　）

(3) 灰がふり積もって，鳥居（とりい）がうまった。（　　　　）

(4) 海の水が，津波（つなみ）となって海岸におしよせた。（　　　　）

(5) 流れ出たよう岩で，新しい山や島ができた。（　　　　）

教科書との内容対照表

この表の左には、教科書の目次をしめしています。
右には、それらの内容が「小学6年生 理科にぐーんと強くなる」のどのページに出ているかをしめしています。

教育出版 **未来をひらく 小学理科 6**	この本のページ
1 ものの燃え方と空気	8~23
2 人や他の動物の体	28~43
3 植物の体	48~59
4 生き物と食べ物・空気・水	136~147
5 てこ	104~115
6 土地のつくり	72~79
● 地震や火山と災害	80~83
7 月の見え方と太陽	64~67
8 水溶液	88~99
9 電気の利用	120~131
● 人の生活と自然環境	148~151

学校図書 **みんなと学ぶ小学校 理科 6年**	この本のページ
1 ものの燃え方と空気	8~23
2 人や動物の体	28~43
3 植物の養分と水	48~59
4 生物のくらしと環境	136~147
5 てこのしくみとはたらき	104~115
6 月の形と太陽	64~67
7 大地のつくりと変化	72~79
● 火山の噴火と地震	80~83
8 水溶液の性質	88~99
9 電気と私たちの生活	120~131
10 人と環境	148~151

信州教育出版社 **楽しい理科 6年**	この本のページ
1 ものの燃え方と空気	8~23
2 人や他の動物の体	28~43
3 植物のからだとはたらき	48~59
4 生き物と自然	136~147
5 月と太陽	64~67
6 大地のつくりと変化	72~83
7 てこのはたらき	104~115
8 水よう液の性質	88~99
9 電気の利用	120~131
10 人と環境	148~151

教科書との内容対照表

この表の左には、教科書の目次をしめしています。
右には、それらの内容が「小学6年生 理科にぐーんと強くなる」のどのページに出ているかをしめしています。

大日本図書 **新版 たのしい理科 6年**	この本のページ
1 ものの燃え方	8～23
2 植物の体のつくりとはたらき① 日光との関わり	48～55
3 人やほかの動物の 体のつくりとはたらき	28～43
4 植物の体のつくりとはたらき② 水との関わり	56～59
5 生物と地球環境	136～147
6 月と太陽	64～67
7 水よう液の性質	88～99
8 土地のつくりと変化	72～83
9 てこのはたらき	104～115
10 私たちの生活と電気	120～131
11 かけがえのない地球環境	148～151

東京書籍 **新編 新しい理科 6**	この本のページ
1 物の燃え方と空気	8～23
2 動物のからだのはたらき	28～43
3 植物のからだのはたらき	48～59
4 生き物どうしのかかわり	136～147
5 月の形と太陽	64～67
6 大地のつくり	72～79
7 変わり続ける大地	80～83
8 てこのはたらきとしくみ	104～115
9 電気と私たちのくらし	120～131
10 水溶液の性質とはたらき	88～99
11 地球に生きる	148～151

啓林館 **わくわく理科 6**	この本のページ
1 ものが燃えるしくみ	8～23
2 ヒトや動物の体	28～43
3 植物のつくりとはたらき	48～59
4 生物どうしのつながり	136～147
5 水よう液の性質	88～99
6 月と太陽	64～67
7 大地のつくりと変化	72～83
8 てこのはたらき	104～115
9 発電と電気の利用	120～131
10 自然とともに生きる	148～151

3 下の図は，地震による災害について表したものです。どのような災害か次の㋐～㋕から選び，(　)に記号を書きましょう。

（１つ６点）

①(　　　)　②(　　　)　③(　　　)

㋐ 地割(じわ)れができて，道路がくずれて通れなくなった。

㋑ 山のがけで土砂(どしゃ)くずれが起きて，道路や家や田畑がうまった。

㋒ 流れ出たよう岩で建物や道路がおおわれた。

㋓ 火山灰がふり積もって，家や田畑がうまった。

㋔ 大きなゆれで高速道路がたおれた。

㋕ 川の水が増えてこう水が起きた。

4 地震によって，土地が変化したようすを調べました。これについて，次の問題に答えましょう。

（１つ７点）

図１

図２

(1) 右の図１は，地震が起こったとき，大地に現れたずれです。何といいますか。

(　　　　　)

(2) 地震のとき，図１のほかに地面に現れる災害にはどんなものがありますか。

(　　　　　)

(3) 右の図２を見て，次の文の(　)にあてはまることばを書きましょう。

〔 地震が起こると，がけで(　　　　　　　)が起こって，土地のようすが変化することがある。〕

答え➡別冊解答9ページ

37 単元のまとめ

1 **がけがしま模様に見える場所を観察しました。これについて，次の問題に答えましょう。**（1つ6点）

(1) 右の図のようなしま模様を，何といいますか。（　　　　）

(2) 火山のふん火があったときに，ふき出したものが積もってできたと考えられるのは，どの層ですか。

（　　　　）

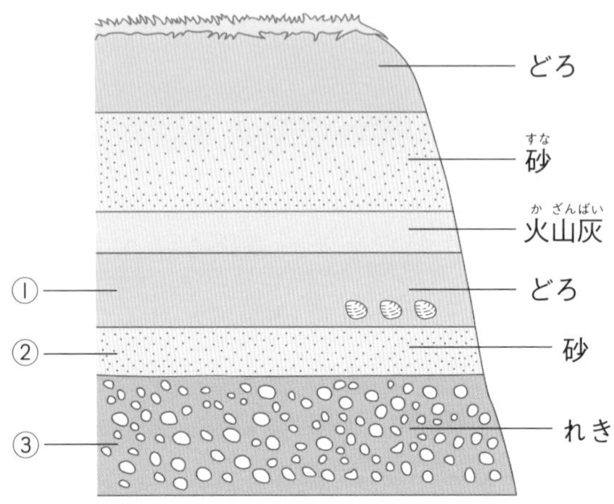

(3) どろの層からアサリの化石が見つかりました。この層はどんなところに積もってできたと考えられますか。次の㋐～㋒から選びましょう。

（　　）

㋐ 山の上　㋑ 浅い海底　㋒ 川原

(4) れきや砂の層にふくまれるれきや砂のつぶは，どんな形をしていますか。

（　　　　）

(5) れきや砂のつぶの形から，この層はどんなはたらきでできたと考えられますか。

（　　　　）

(6) 長い年月の間に，地層にふくまれるものが固まって岩石になるものがあります。①～③の層が固まってできた岩石を，それぞれ何といいますか。

①（　　　　）　②（　　　　）　③（　　　　）

2 **大きな建物を建てるとき，地下のようすを調べるために，機械で地下の土をほり出しました。②は①のすぐ近くでほり出したものです。これについて，次の問題に答えましょう。**（1つ6点）

(1) 地下からほり出した図のような試料を，何といいますか。（　　　　）

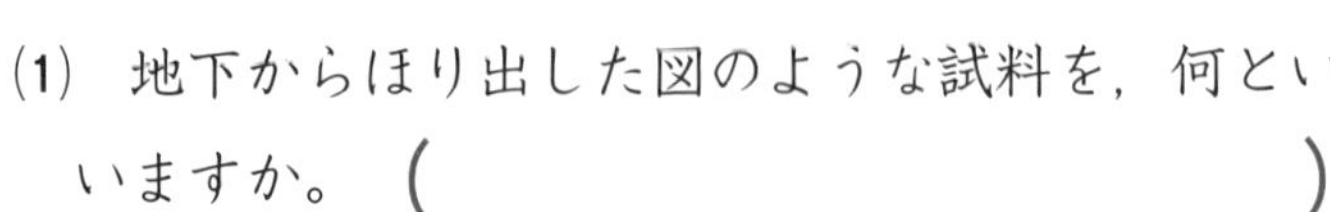

(2) ②の㋐の部分は，何の層だと考えられますか。

（　　　　）

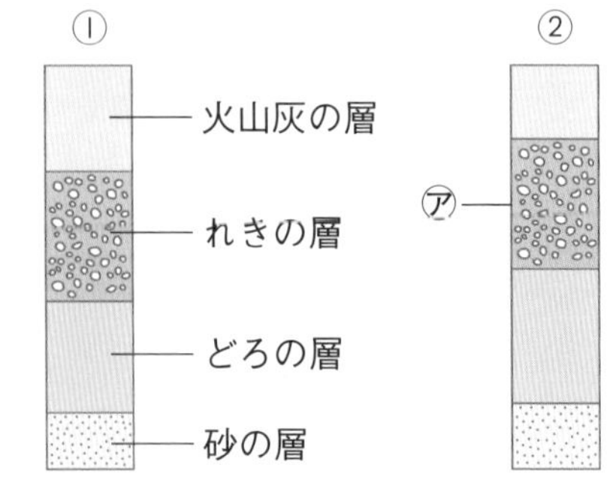

3 右の図のように，砂とどろを混ぜた土を水そうの中に流しこみました。これについて，次の問題に答えましょう。

（１つ８点）

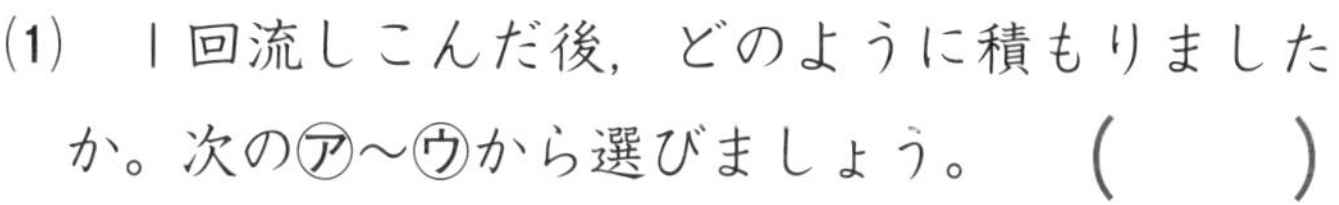

⑴　１回流しこんだ後，どのように積もりましたか。次の㋐～㋒から選びましょう。　（　　　）

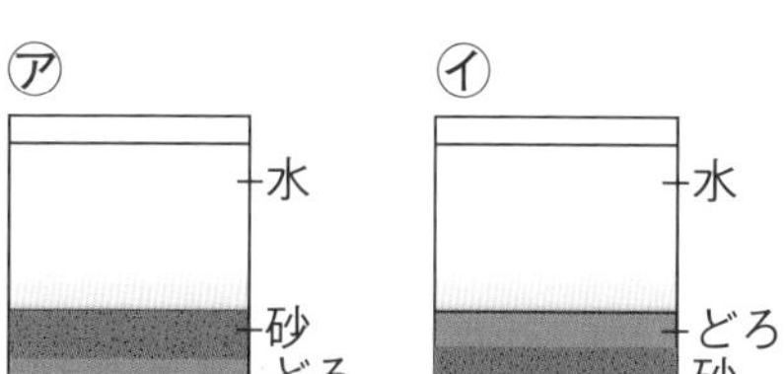

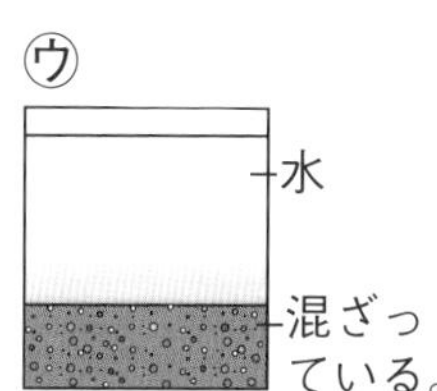

⑵　１回流しこんで積もった後，もう一度流しこむと，どのように積もりますか。簡単に書きましょう。

（　　　　　　　　　　　　　　　　　　　　　　　　　）

4 火山のふん火によって，土地のようすが大きく変化することがあります。これについて，次の問題に答えましょう。

（１つ６点）

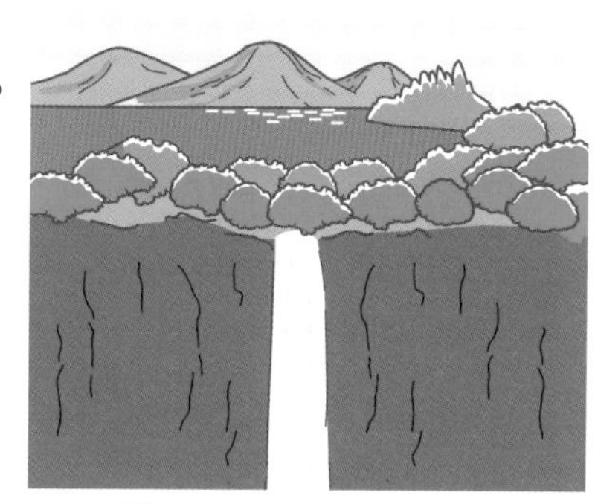

⑴　火山がふん火したとき，火口から流れ出たよう岩が川をせき止めると，何ができることがありますか。

（　　　　　）

⑵　ふき出したものがふり積もって，地層ができることがあります。その地層にふくまれるつぶは，どんな特ちょうがありますか。次の㋐～㋒から選びましょう。　（　　）

㋐　層にふくまれているつぶは，角ばっていたり，小さな穴がたくさんあいていたりする。

㋑　層にふくまれているつぶは，角がとれて丸みがある。

㋒　層にふくまれているつぶは，角ばっているものと丸みのあるものが混ざっている。

5 土地のようすの変化について，次の問題に答えましょう。

（１つ６点）

⑴　右の図のような大地のずれが現れました。何といいますか。　（　　　　　）

⑵　右の図のような大きな土地の変化は，火山のふん火と地震のどちらのときに起こりますか。

（　　　　　）

地震が起こるわけ

プレートって何？

地球の表面は，プレートと呼ばれる十数枚のかたい岩盤でおおわれています。海のプレートは海底にそびえる大山脈でつくられ，両側に広がっていきます。

陸のプレートとの境目では，海のプレートが陸のプレートの下にしずみこんでおり，プレートどうしの動きによって，地下に大きな力がはたらいています。

この力に地下の岩石がたえきれなくなると，岩石がこわれて陸のプレートがもとにもどります。このときに，大地震が起こるのです。

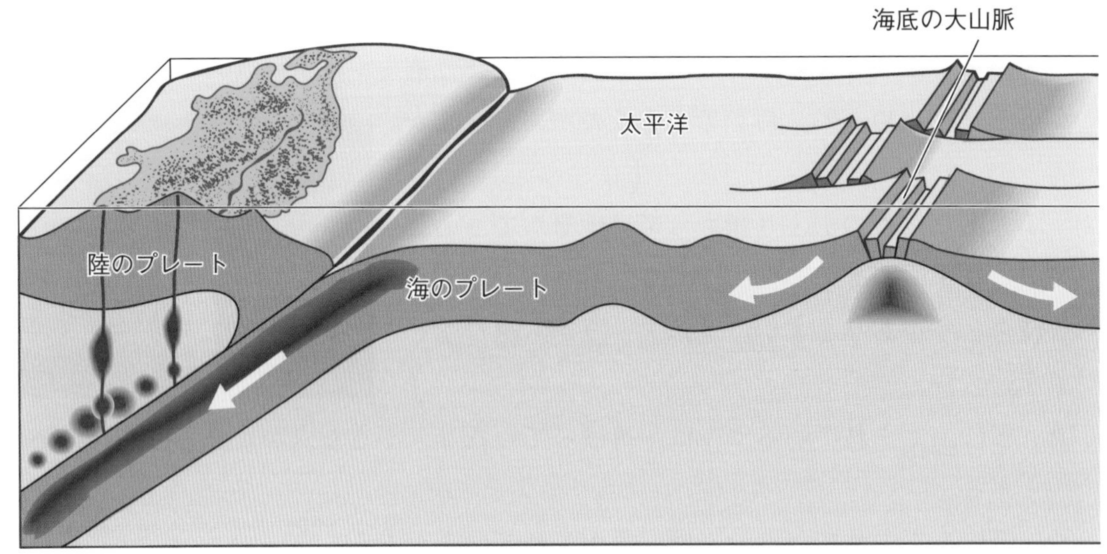

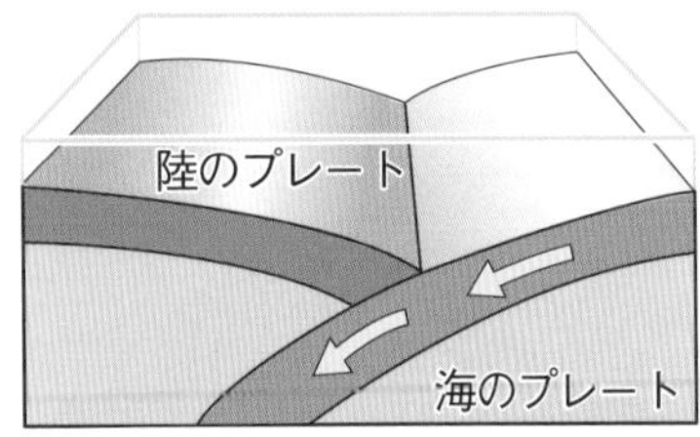

①海のプレートが陸のプレートの下にしずみこむ。

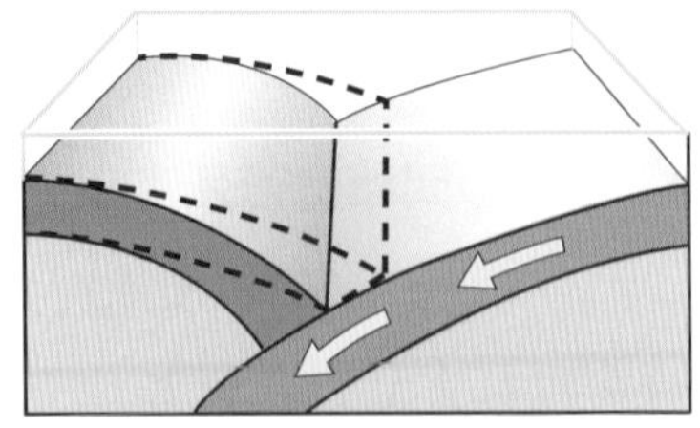

②海のプレートに引きずられて，陸のプレートが少しずつゆがんでいく。

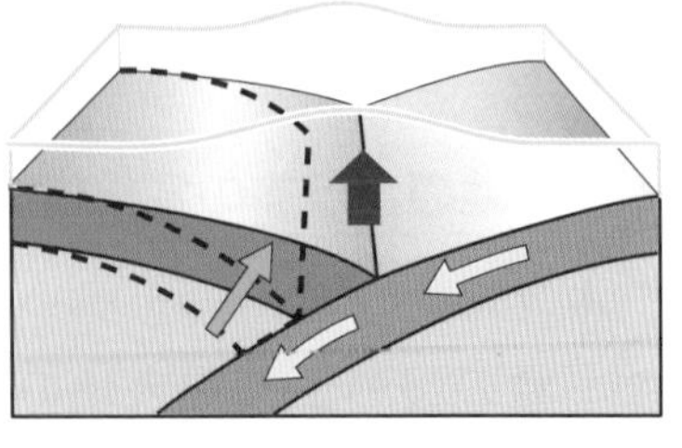

③たえられなくなった陸のプレートはもとにもどろうとしてはね上がり，地震を起こす。

この単元では，地層のでき方，火山活動や地震による土地の変化について学習しました。ここでは地震が起こるわけなどを調べていきます。

大陸は移動しているんだよ！

1912年にドイツのウェゲナーという人が，約３億年前にはひとつの大陸であったものが，約２億年前から分れつして移動し，現在のような大陸の形になったと考え，発表しました。しかし，当時は大陸が動くなどありえないと考えられていたため，しばらくは認められませんでした。

やがて，大陸は海底がプレートとともに移動するということがわかるようになり，彼の考えが正しかったことが証明されたのです。

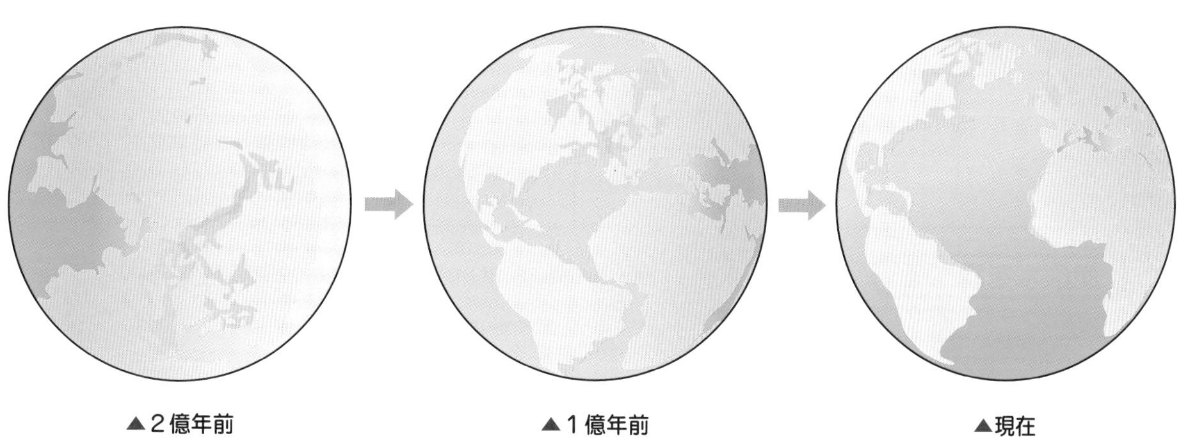

▲２億年前　▲１億年前　▲現在

自由研究のヒント

日本をはじめ太平洋をとりまくように，地震が起こる場所や火山が帯状に分布しているのは，その場所でどんなことが起きているからでしょうか。プレートの動きをもとに，その原因を調べてみましょう。

日本付近には，４つのプレートがあるよ。

答え➡別冊解答10ページ

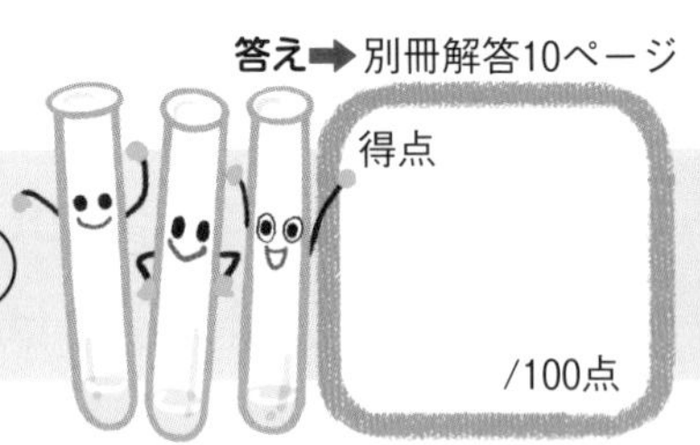

38 水よう液にとけているもの①

覚えよう

水よう液にとけているもの

水よう液	塩酸	炭酸水	アンモニア水	食塩水	石灰水（せっかいすい）
とけているもの	塩化水素	二酸化炭素	アンモニア	食塩	水酸化カルシウム
	気体			固体	
特ちょう：蒸発皿（じょうはつざら）に入れて熱する。	何も残らない。			白いものが残る。	
特ちょう：見分けるポイント	つんとしたにおいがする。	石灰水に入れると，白くにごる。	つんとしたにおいがする。	5種類の水よう液は，すべてが無色とう明で，炭酸水はあわが出ている。	

炭酸水を調べる

炭酸水は，水に**二酸化炭素**(気体)がとけた水よう液。

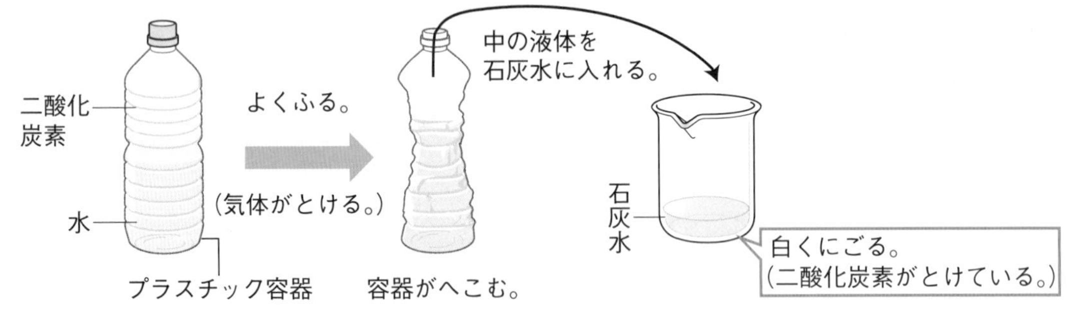

1 次の文は，塩酸と食塩水について書いたものです。(　)にあてはまることばを，[　]から選んで書きましょう。（１つ10点）

塩酸は水に塩化水素という①(　　　　)がとけた水よう液，食塩水は水に食塩という②(　　　　)がとけた水よう液で，両方とも無色とう明である。

[固体　液体　気体]

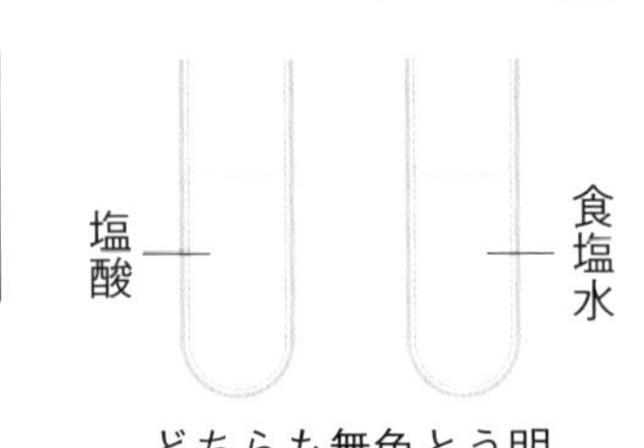

2

次の表は，５種類の水よう液についてまとめたものです。（　）にあてはまることばを，□から選んで書きましょう。（１つ10点）

<table>
<tr><td colspan="2">水よう液</td><td>①（　　　）</td><td>炭酸水</td><td>アンモニア水</td><td>食塩水</td><td>石灰水（せっかいすい）</td></tr>
<tr><td colspan="2" rowspan="2">とけているもの</td><td>塩化水素</td><td>②（　　　）</td><td>アンモニア</td><td>③（　　　）</td><td>水酸化カルシウム</td></tr>
<tr><td colspan="3">④（　　　）</td><td colspan="2">固　体</td></tr>
<tr><td rowspan="2">特ちょう</td><td>蒸発皿（じょうはつざら）に入れて熱する。</td><td colspan="3">何も残らない。</td><td colspan="2">白いものが残る。</td></tr>
<tr><td>見分けるポイント</td><td>つんとしたにおいがする。</td><td>石灰水に入れると，⑤（　）くにごる。</td><td>つんとした⑥（　　）がする。</td><td colspan="2"></td></tr>
</table>

酸素　二酸化炭素　水酸化ナトリウム　塩酸　食塩　さとう
液体　気体　黒　白　におい

3

下の図は，二酸化炭素と水で炭酸水を作り，その性質を調べる実験です。（　）にあてはまることばを，□から選んで書きましょう。（１つ10点）

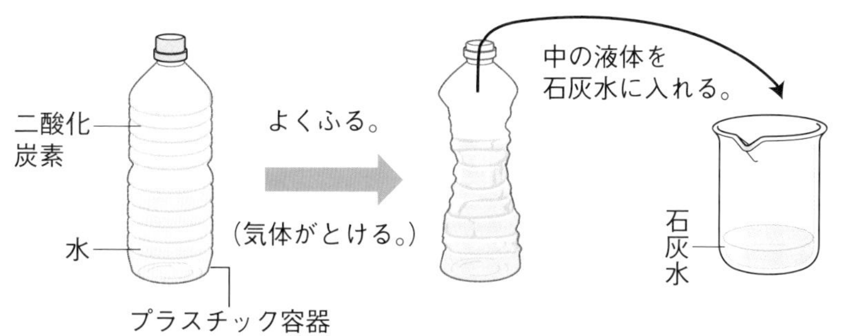

二酸化炭素と水を入れたプラスチック容器を強くふると，容器は①（　　　）。これは，二酸化炭素が水にとけて，炭酸水になったからである。炭酸水を石灰水に入れると，②（　　　）。

ふくれる
へこむ
白くにごる

答え➡別冊解答10ページ

39 水よう液にとけているもの②

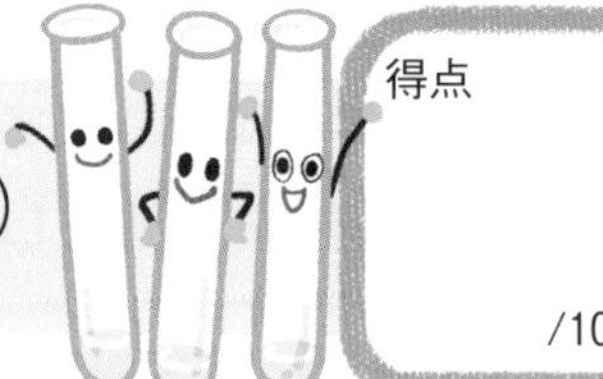

得点

/100点

1 **塩酸，炭酸水，アンモニア水，食塩水の４種類の水よう液について，次の問題に答えましょう。**（１つ５点）

(1) 次の文の(　)にあてはまることばを書きましょう。

① (　　　　)は，水に塩化水素という気体がとけた水よう液です。

② 水に二酸化炭素がとけた水よう液を(　　　　　)といいます。

③ 食塩水にとけている食塩は固体ですが，アンモニア水にとけているアンモニアは(　　　)です。

(2) 塩酸を蒸発皿（じょうはつざら）に入れ熱しました。

① 熱した後の蒸発皿のようすを，次の図の㋐，㋑から選びましょう。(　　　)

㋐

何も残らない。

㋑

白いものが残る。

② 塩酸のときとちがう結果になる水よう液は，炭酸水，アンモニア水，食塩水のうちのどれですか。すべて書きましょう。

(　　　　　　　　　)

③ 塩酸のときと同じ結果になる水よう液は，炭酸水，アンモニア水，食塩水のうちのどれですか。すべて書きましょう。

(　　　　　　　　　)

(3) ４種類の水よう液を，それぞれ別の試験管に入れてにおいをかぎました。

① つんとしたにおいがした水よう液をすべて書きましょう。

(　　　　　　　　　)

② においがしなかった水よう液をすべて書きましょう。

(　　　　　　　　　)

(4) ４種類の水よう液を，それぞれ別の試験管にとり，全部の試験管に石灰水（せっかいすい）を入れました。

① 石灰水を入れて変化したのはどの水よう液ですか。(　　　　　)

② ①の水よう液に石灰水を入れるとどうなりますか。(　　　　　)

2 下の表は，気体がとけている水よう液についてまとめたものです。表の中の(　)にあてはまることばを入れて，表を完成させましょう。（1つ5点）

	においをかぐ。	蒸発皿に入れて熱する。	石灰水を入れる。
塩　酸	つんとしたにおいがする。	何も残らない。	①(　　　　)
炭酸水	においがしない。	何も残らない。	②(　　　　)
アンモニア水	③(　　　　)	何も残らない。	変化なし。

3 炭酸水の実験をしました。これについて，次の問題に答えましょう。（1つ7点）

プラスチックの容器に水を満たし，気体ボンベから二酸化炭素を入れる。

(1) 右の図のように，プラスチック容器に二酸化炭素を半分ほど入れました。その後，容器のふたをして，上下，左右に強くふりました。

① ふった後のプラスチック容器は，どのようになりますか。

② ①のようになったのはどうしてですか。理由として正しいものを，次の㋐～㋓から選びましょう。（　　）

㋐ 二酸化炭素が，ふることによって気体から液体に変化したから。

㋑ 二酸化炭素が，ふることによって中の水にとけたから。

㋒ 水が，ふることによって体積が小さくなったから。

㋓ 水の一部が，ふることによって氷になったから。

(2) よくふった後，中の液体を，石灰水に少しずつ入れました。

① 石灰水は，どうなりますか。（　　　　　　）

② ①のような変化が起きたのは，プラスチック容器内の水に何がふくまれていたからですか。（　　　　　　）

③ 炭酸飲料のソーダ水を，ビーカーに入れた石灰水の中に入れると，石灰水は白くにごりました。ソーダ水にも，ふった後のプラスチック容器内の液体と同じものがふくまれていたといえますか。（　　　　　　）

答え➡別冊解答10ページ

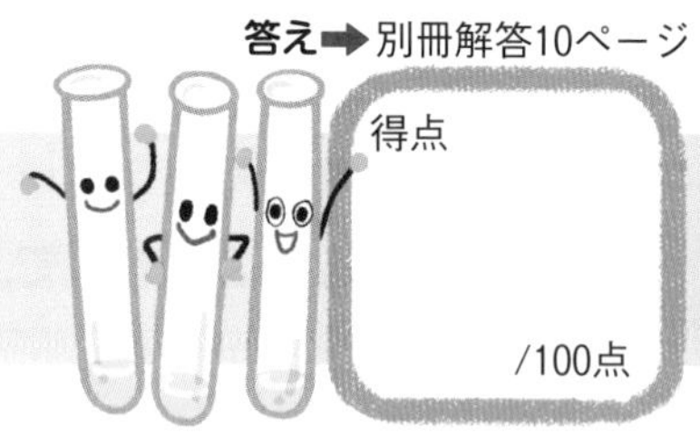

40 水よう液の３つの性質①

覚えよう

水よう液のなかま分け

リトマス紙には**青色**と**赤色**の２種類がある。水よう液はリトマス紙の色の変化から**酸性**，**中性**，**アルカリ性**に分けることができる。

水よう液の性質	酸　性	中　性	アルカリ性
リトマス紙の色の変化	水よう液をつけたガラス棒 青色：青色→赤色 赤色：変化なし	青色：変化なし 赤色：変化なし	青色：変化なし 赤色：赤色→青色
水よう液の名前	・塩酸 ・炭酸水 ・す	・食塩水 ・さとう水 （・水）	・水酸化ナトリウム水よう液 ・アンモニア水 ・石灰水

▶リトマス紙以外にも，**ムラサキキャベツのしる**（ムラサキキャベツ液）や**BTB液**を使って，水よう液のなかま分けをすることができる。

リトマス紙の使い方

① ピンセットでつかむ。（指で直接つかまない。）

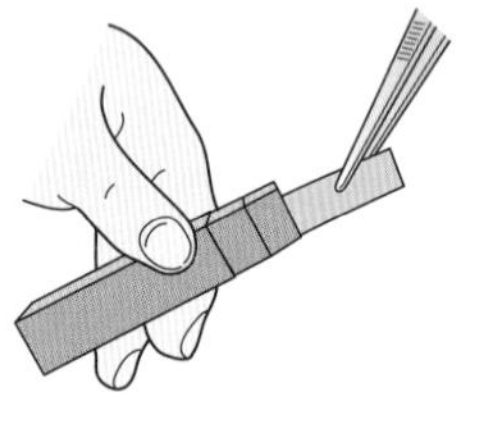

② 調べる液は，ガラス棒を使ってリトマス紙につける。

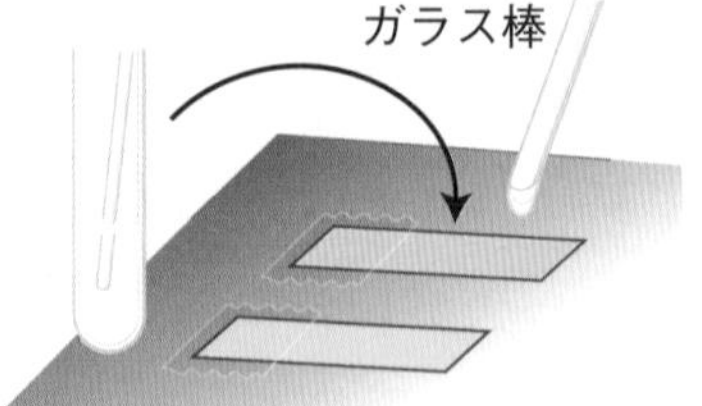

③ 使ったガラス棒は，１回ごとに水でよく洗う。

1 **次の文は，リトマス紙について書いたものです。（　）にあてはまることばを，［　］から選んで書きましょう。**（１つ８点）

リトマス紙には，青色と①（　　　）色の２種類がある。水よう液をリトマス紙につけたときの色の変化によって，②（　　　）性，③（　　　）性，④（　　　）性に分けることができる。

［黄　赤　アルカリ　中　酸］

2

下の表は，リトマス紙を使っていろいろな水よう液をなかま分けしてまとめたものです。(　)にあてはまることばを，　　から選んで書きましょう。（１つ７点）

水よう液の性質	①(　　　　)	中　性	②(　　　　)
リトマス紙の色の変化	水よう液をつけたガラス棒（ぼう） 青色　青色→赤色 赤色　変化なし	青色　③(　　　　) 赤色　変化なし	青色　変化なし 赤色　④(　　　　)
水よう液の名前	・⑤(　　　　) ・炭酸水 ・す	・⑥(　　　　) ・さとう水 （・水）	・水酸化ナトリウム水よう液 ・アンモニア水 ・石灰水（せっかいすい）

赤色→青色　変化なし　青色→赤色
アルカリ性　酸性　塩酸　食塩水

3

次の文は，水よう液のなかま分けの方法について書いたものです。(　)にあてはまることばを，　　から選んで書きましょう。（10点）

リトマス紙以外にも，(　　　　　　　　)やＢＴＢ（ビーティービー）液を使って，水よう液を酸性・中性・アルカリ性になかま分けをすることができる。

ムラサキキャベツ液
ヨウ素液　石灰水

4

次の文は，リトマス紙の使い方について書いたものです。(　)にあてはまることばを，　　から選んで書きましょう。（１つ８点）

① リトマス紙は，(　　　　　　)でつかみ，指で直接つかまない。

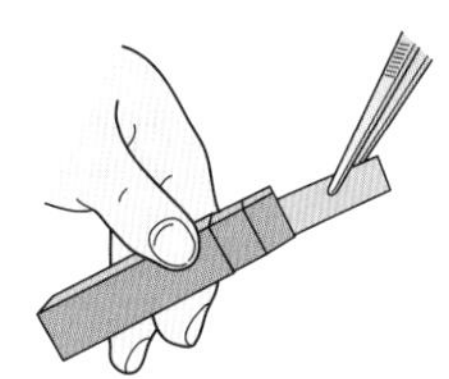

② 調べる液は，(　　　　　　)を使ってリトマス紙につける。

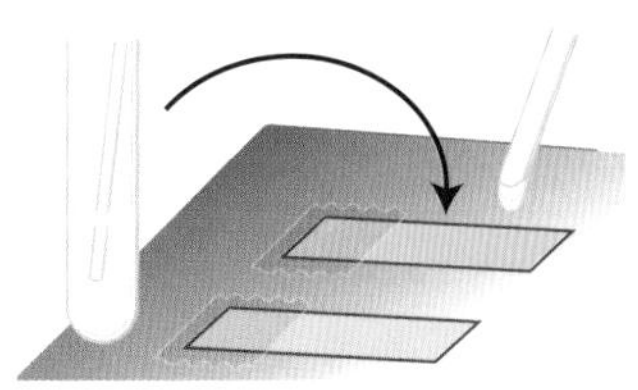

ストロー　ガラス棒　ピンセット　わりばし

答え➡別冊解答10ページ

41 水よう液の３つの性質②

得点

/100点

1 **リトマス紙を使って，水よう液のなかま分けをすることについて，次の問題に答えましょう。**（１つ４点）

(1) 水よう液のなかま分けに使うリトマス紙の色は，何種類ありますか。（　　　　）

(2) 赤色のリトマス紙を青色に変える水よう液は，何性の水よう液といいますか。（　　　　）

(3) 青色のリトマス紙を赤色に変える水よう液は，何性の水よう液といいますか。（　　　　）

(4) 赤色と青色の両方のリトマス紙の色を変えない水よう液は，何性の水よう液といいますか。（　　　　）

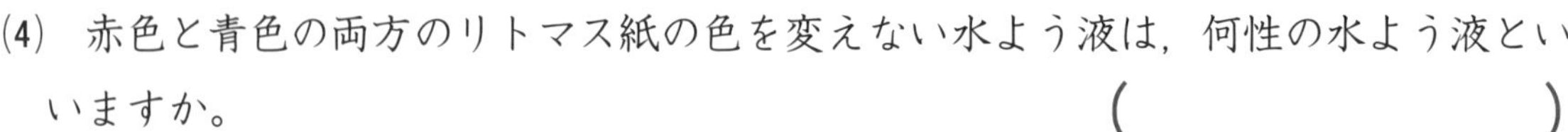

2 **下の表は，うすい塩酸，食塩水，うすい水酸化ナトリウム水よう液の３種類の水よう液について，リトマス紙を使って実験した結果をまとめたものです。これについて，次の問題に答えましょう。**（１つ５点）

水よう液		うすい塩酸	食塩水	うすい水酸化ナトリウム水よう液
リトマス紙の色の変化	青色	①（　　　　）	②（　　　　）	④（　　　　）
	赤色	変化なし	③（　　　　）	青色に変化

(1) リトマス紙の色の変化のようすについて，表の①～④の（　）にあてはまることばを書きましょう。

(2) 実験の結果から，３種類の水よう液の性質は，それぞれ酸性・中性・アルカリ性のどれにあてはまりますか。

うすい塩酸（　　　　）　食塩水（　　　　）

うすい水酸化ナトリウム水よう液（　　　　）

3 **リトマス紙を使って水よう液の性質を調べるときに，注意しなければならないことについて書いた次の文で，（　）にあてはまることばを書きましょう。**（４点）

［水よう液をリトマス紙につけるときに使ったガラス棒（ぼう）は，１回使うごとに（　　　）でよく洗（あら）い，かわいた布でふきとってから使うようにする。これは，水よう液が混じり合わないようにするためである。］

4 下の表は，水やいろいろな水よう液をリトマス紙で調べた結果をまとめたものです。これについて，次の問題に答えましょう。

（1つ5点）

水よう液の名前	リトマス紙の色の変化のようす		水よう液の性質
	青色リトマス紙	赤色リトマス紙	
アンモニア水 水酸化ナトリウム水よう液 石灰水（せっかいすい）	①（　　　）	青色に変化	㋐（　　　）
食塩水 さとう水 水	変化なし	②（　　　）	㋑（　　　）
塩酸 炭酸水 す	③（　　　）	変化なし	㋒（　　　）

(1) リトマス紙の色の変化について，表の①～③の（　）にあてはまることばを書きましょう。

(2) 実験の結果から，それぞれの水よう液の性質は何だとわかりますか。表の㋐～㋒の（　）にあてはまる，酸性・中性・アルカリ性を書きましょう。

5 水よう液について，次の問題に答えましょう。

（1つ5点）

(1) 性質のわからない水よう液を，赤色のリトマス紙につけましたが，色に変化がありません。この水よう液は，中性といえますか。（　　　）

(2) 青色のリトマス紙に水よう液をつけると，赤色に変化しました。この結果だけで，この水よう液が酸性だといえますか。（　　　）

(3) 赤色のリトマス紙を，青色に変える水よう液があります。この水よう液を，青色のリトマス紙につけたとき，赤色に変わりますか。（　　　）

答え➡別冊解答10ページ

得点　　/100点

42 金属をとかす水よう液①

覚えよう

塩酸とアルミニウム（金属） うすい塩酸にアルミニウムを入れると，**あわを出してとける。**

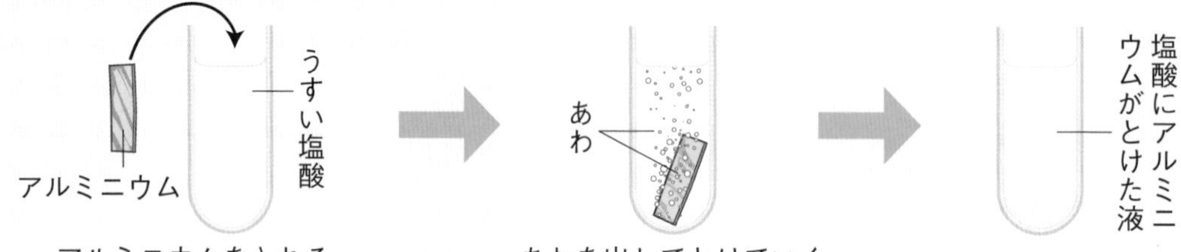

塩酸にとけたアルミニウムの変化 もとのアルミニウムとは**別のものになる。**

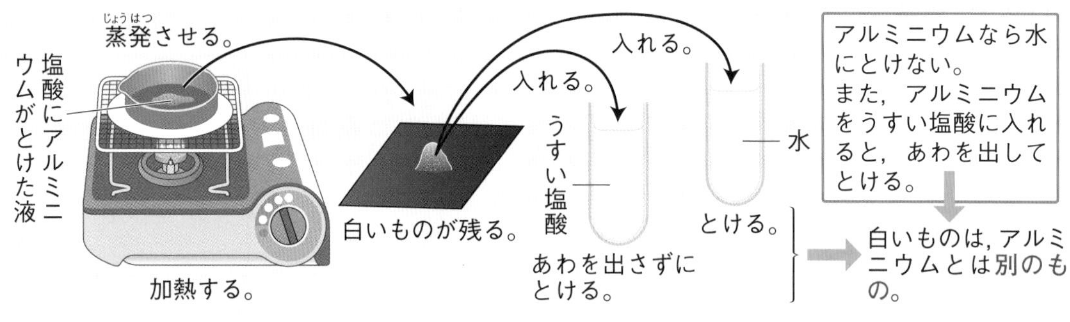

いろいろな水よう液と金属 金属のとけ方は，**水よう液によってちがいがある。**

	アルミニウム	鉄
塩酸	あわを出してとける。	あわを出してとける。
水酸化ナトリウム水よう液	あわを出してとける。	変化なし。（とけない。）
食塩水	変化なし。（とけない。）	変化なし。（とけない。）

1 **次の文は，うすい塩酸にアルミニウムを入れたときのようすです。（　）にあてはまることばを，　　から選んで書きましょう。** （１つ10点）

アルミニウムは，表面からさかんに
①（　　　　　　）を出しながら
②（　　　　　　）ていく。

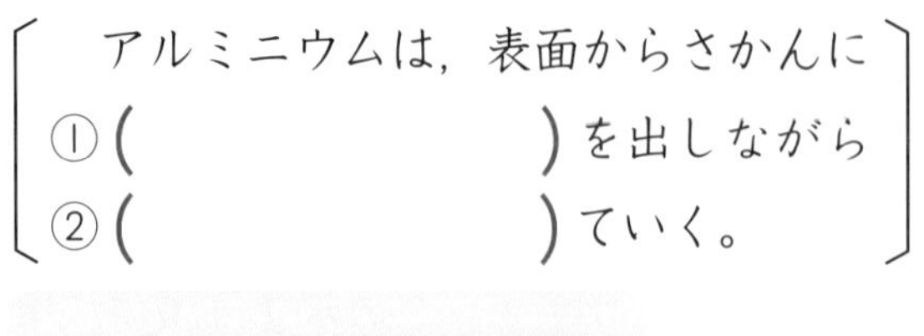

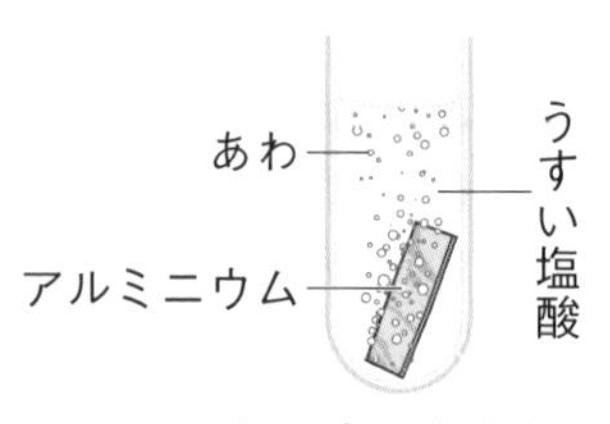

2

右の図は，うすい塩酸を入れた試験管にアルミニウムを入れ，アルミニウムが完全にとけてしまった後の液を調べる実験です。(　)にあてはまることばを，[　]から選んで書きましょう。（1つ10点）

(1) アルミニウムがとけた液を，蒸発皿（じょうはつざら）に少し入れて熱する。中の液から水を蒸発させた後には，(　　　　)ものが残る。

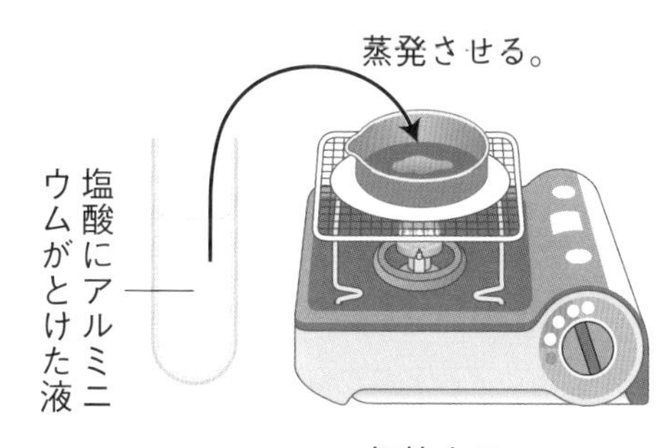

(2) 蒸発皿に残ったものを，うすい塩酸の入った試験管に入れると(　　　　)を出さずにとけた。

(3) 蒸発皿に残ったものを，水の入った試験管に入れると(　　　　)。

(4) 蒸発皿に残ったものは，うすい塩酸や水に入れたときのようすから，もとのアルミニウムとは(　　　　)ものといえる。

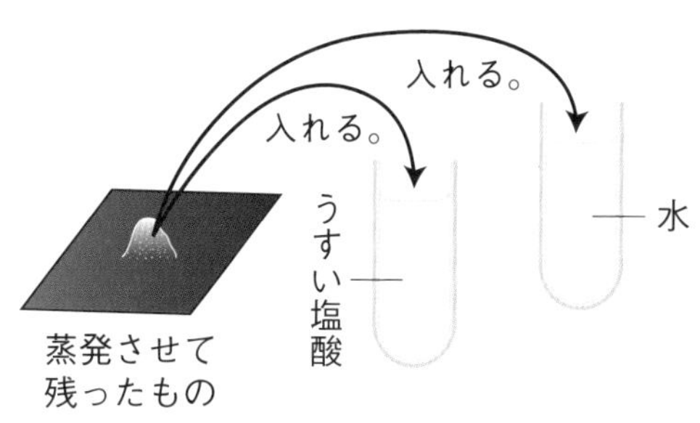

同じ　別の　青い　白い
あわ　燃えた　とけた

3

下の図のように，3種類の水よう液にアルミニウムと鉄を入れ，その実験結果を表にまとめました。表の中の(　)にあてはまることばを，[　]から選んで書きましょう。同じことばを，くり返し使ってもかまいません。（1つ10点）

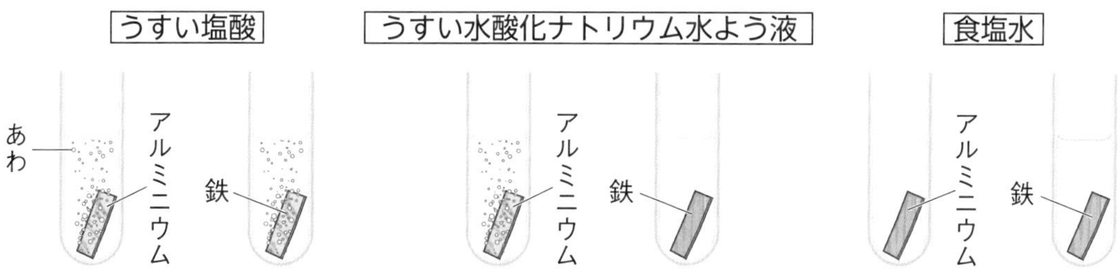

	アルミニウム	鉄
塩酸	あわを出してとける。	①(　　　　)
水酸化ナトリウム水よう液	②(　　　　)	③(　　　　)
食塩水	④(　　　　)	変化なし。

変化なし。　あわを出してとける。

答え➡別冊解答11ページ

43 金属をとかす水よう液②

得点　/100点

1 下の図は，うすい塩酸にアルミニウムを入れたときのようすです。これについて，次の問題に答えましょう。（１つ５点）

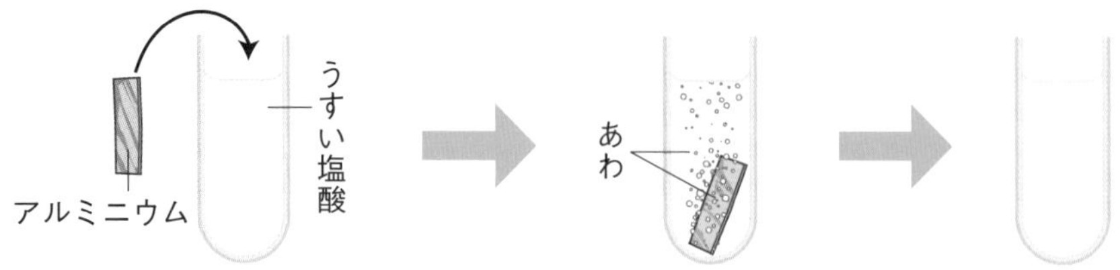

(1) うすい塩酸に入れたアルミニウムの表面は，どのようになりますか。

（　　　　　　　　　　）

(2) うすい塩酸に入れたアルミニウムは，その後どのようになりますか。

（　　　　　　　　　　）

(3) アルミニウムのかわりに鉄を入れたとき，どのような変化が起こりますか。

（　　　　　　　　　　）

2 下の図は，うすい塩酸にアルミニウムを入れてとかした後の液を調べる実験です。これについて，次の問題に答えましょう。（１つ６点）

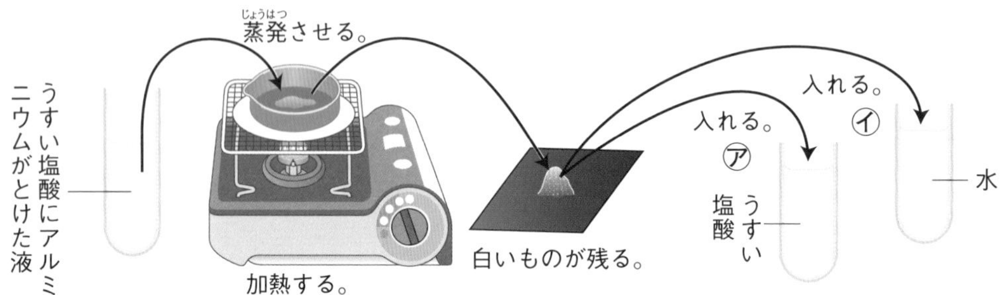

(1) 取り出した白いものを，うすい塩酸に入れました（㋐）。その白いものは，どのようになりますか。（　　　　　　　　　　）

(2) 次に，取り出した白いものを水に入れました（㋑）。その白いものは，どのようになりますか。（　　　　　　　　　　）

(3)① 取り出した白いものは，はじめに入れたアルミニウムと同じものですか。

（　　　　　　　　　　）

② そのように考えた理由を書きましょう。

（　　　　　　　　　　）

3 うすい水酸化ナトリウム水よう液，うすい塩酸，食塩水に，アルミニウムや鉄を入れたときのようすについて，次の問題に答えましょう。

（1つ7点）

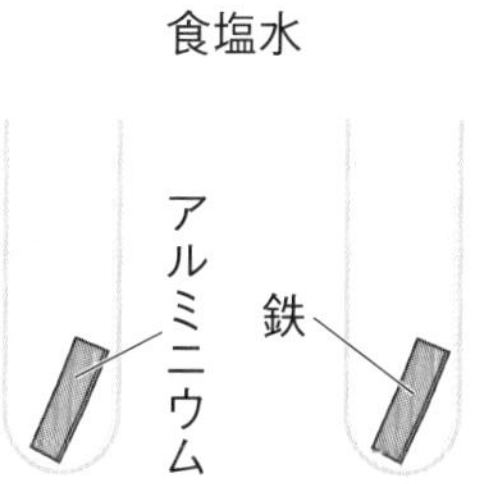

(1) 図1のように，うすい水酸化ナトリウム水よう液の中に，アルミニウムと鉄を入れます。

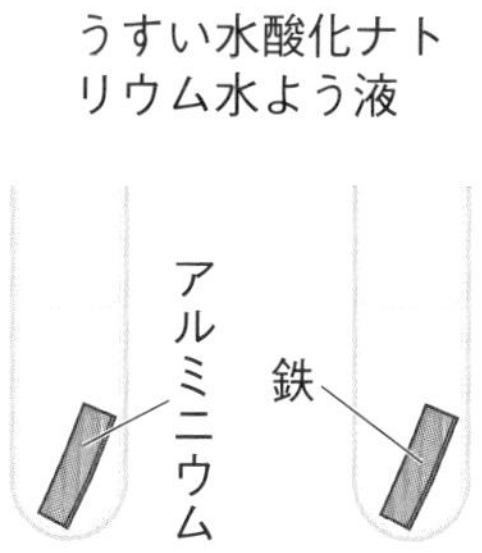

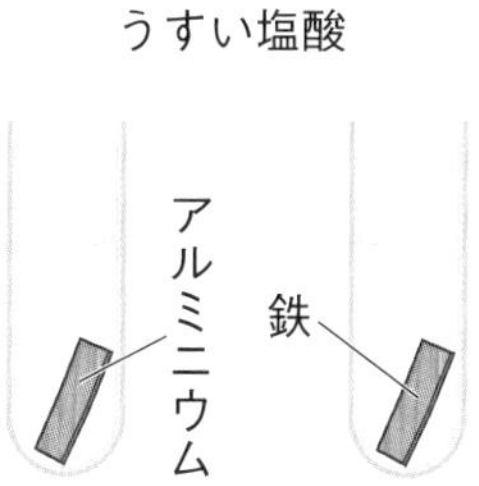

① アルミニウムはどうなりますか。

（　　　　　　　　　　　　　　　　　　　）

② 鉄はどうなりますか。

（　　　　　　　　　　　　　　　　　　　）

図1

(2) 図2のように，うすい塩酸の中に，アルミニウムと鉄を入れます。

① アルミニウムはどうなりますか。

（　　　　　　　　　　　　　　　　　　　）

② 鉄はどうなりますか。

（　　　　　　　　　　　　　　　　　　　）

図2

(3) 図3のように，食塩水の中に，アルミニウムと鉄を入れます。

① アルミニウムはどうなりますか。

（　　　　　　　　　　　　　　　　　　　）

② 鉄はどうなりますか。

（　　　　　　　　　　　　　　　　　　　）

図3

(4) この実験から，どの水よう液もアルミニウムや鉄をとかすといえますか。

（　　　　　　　　　　　　　　　　　　　）

4 水よう液と金属について，次の問題に答えましょう。

（1つ6点）

(1) 水よう液が，うすい塩酸かうすい水酸化ナトリウム水よう液かを調べるためには，アルミニウムと鉄のどちらを入れればよいですか。

（　　　　　　　）

(2) (1)で，そのように考えた理由を書きましょう。

（　　　　　　　　　　　　　　　　　　　　　　　　　　）

答え➡別冊解答11ページ

44 単元のまとめ

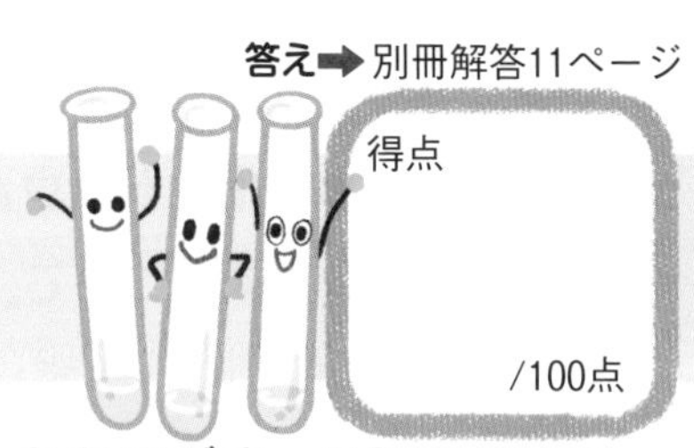

1 下の表は，リトマス紙を使って水よう液のなかま分けをしたものです。これについて，次の問題に答えましょう。（１つ４点）

水よう液の性質	酸　性	中　性	アルカリ性
青いリトマス紙の色の変化	青色→①（　　）	青色→②（　　）	青色→変化なし
赤いリトマス紙の色の変化	赤色→変化なし	赤色→変化なし	赤色→③（　　）

(1)　表の中の（　）に，あてはまることばを書きましょう。

(2)　次の３種類の水よう液の性質は，それぞれ酸性・中性・アルカリ性のどれにあてはまりますか。

①　食塩水（　　　　）
②　水酸化ナトリウム水よう液（　　　　）
③　塩酸（　　　　）

2 右の図は，鉄とアルミニウムを，うすい塩酸とうすい水酸化ナトリウム水よう液の中に入れたときのようすです。これについて，次の問題に答えましょう。（１つ４点）

(1)　Ａ(エー)とＢ(ビー)の金属は，それぞれ何ですか。

Ａ（　　　　）
Ｂ（　　　　）

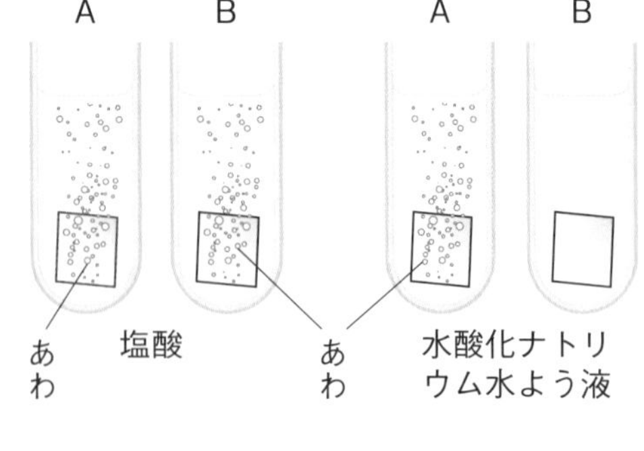

(2)　塩酸に入れたＢの金属は，あわを出しながら小さくなっていき，やがてまったく見えなくなりました。金属片(きんぞくへん)はどうなったのですか。

（　　　　）

(3)　塩酸に入れたＡも，やがて見えなくなりました。この液を，蒸発皿(じょうはつざら)に入れて熱したところ，白い固体が残りました。これが，もとのＡと同じものかどうかを確かめるには，どうすればよいですか。２つ書きましょう。

（　　　　）
（　　　　）

3 次の文は，水よう液の性質について書いたものです。正しいものには○を，まちがっているものには×を書きましょう。　（1つ4点）

①（　　）赤色と青色の両方のリトマス紙の色を変える水よう液があり，その水溶液の性質を中性という。

②（　　）塩酸にアルミニウムがとけた液を，蒸発皿に入れて熱すると白い固体が出てきた。これは，もとのアルミニウムが粉になったものである。

③（　　）気体がとけている水よう液を蒸発皿に入れて熱すると，酸性やアルカリ性といった，水よう液の性質にかかわりなく，何も残らない。

4 下の表は，塩酸，炭酸水，アンモニア水，食塩水の性質をまとめたものです。これについて，次の問題に答えましょう。　（1つ4点）

水よう液	Ⓐ	Ⓑ	Ⓒ	Ⓓ
におい	ある	ない	ない	ある
青いリトマス紙の色の変化	青色→変化なし	青色→赤色	青色→変化なし	青色→赤色
赤いリトマス紙の色の変化	赤色→青色	赤色→変化なし	赤色→変化なし	赤色→変化なし
蒸発皿に入れて熱する	何も残らない。	何も残らない。	固体が残る。	何も残らない。
石灰水（せっかいすい）に入れる	変化なし。	白くにごる。	変化なし。	変化なし。

(1)　これら4種類の水よう液は，見た目ですべて見分けることができますか。

（　　　　　　）

(2)　Ⓐ～Ⓓの水よう液の性質は，それぞれ酸性・中性・アルカリ性のどれにあてはまりますか。

Ⓐ（　　　　）Ⓑ（　　　　）
Ⓒ（　　　　）Ⓓ（　　　　）

(3)　Ⓐ～Ⓓの水よう液の名前を書きましょう。

Ⓐ（　　　　）Ⓑ（　　　　）
Ⓒ（　　　　）Ⓓ（　　　　）

(4)　Ⓐ，Ⓑ，Ⓓの水よう液を蒸発皿に入れて熱しても，何も残らないのはなぜですか。

（　　　　　　　　　　）

(5)　Ⓑの水よう液を石灰水に入れると白くにごりましたが，それはなぜですか。

（　　　　　　　　　　）

雨がつくったしょう乳どう

雨水が石灰岩を少しずつとかしていくと…？

雨が降るときに，雨水は空気中の二酸化炭素をとかして弱い酸性になります。石灰岩は酸性の雨水によって少しずつとかされ，下の図のようなほら穴をつくることがあります。このようなほら穴をしょう乳どうといいます。

しょう乳どうの天井から，つららのようにたれ下がっているものを「しょう乳石」といい，下からタケノコのように上にのびているものを「石じゅん」といいます。

▲「しょう乳石」と「石じゅん」

雨水にとかされてできた特有の石灰岩地域の地形をカルスト地形というよ。

カルスト地形は山口県秋吉台が有名だよ。

カルスト地形

石灰岩

しょう乳どう

水を通しにくい層

この単元では，水よう液にとけているもの，水よう液の３つの性質，金属をとかす水よう液について学習しました。ここでは雨水の性質を調べましょう。

「空中死神（くうちゅうしにがみ）」って何？

雨水は弱い酸性になっていますが，自然の状態で考えられる以上に強い酸性になってしまった雨を酸性雨（さんせいう）といいます。

石油や石炭を燃やすと，わずかですがしょう酸やりゅう酸などのもとになるものが空気中に出されます。それが雨水にとけて酸性雨になるのです。

ヨーロッパでは，この酸性雨が原因でたくさんの森林の木がかれてしまったり，魚がすめなくなった湖が多くなったりするなどのひ害が起きています。

日本でも，大理石（だいりせき）でつくられた像や建物が酸性雨によってとかされたり，コンクリートの一部がとけてつららのようになったものが各地で見られます。

こうした酸性雨のことを，中国では「空中死神」とよんでいますが，まさにぴったりのことばですね。

現在では世界各国が酸性雨の原因となるものを出さないように工夫をしていますが，まだまだ完全に酸性雨をふせぐことはできていません。

酸性雨（さんせいう）を減らすためには
どうすればよいか，
みんなで考えていくことが
必要だね。

▲酸性雨（さんせいう）によってかれてしまった森

自由研究のヒント

日本のように比較的（ひかくてき）に雨が多く降るところでは，土が酸性になりやすいですね。多くの作物は，酸性の土より，中性から弱いアルカリ性の土のほうがよく育ちます。

農家の人たちがどのようにして酸性の土を変えているのか，調べてみましょう。

答え➡別冊解答11ページ

45 てこのはたらき①

覚えよう

てこ

・ぼうを**支点**で支え，**力点**に力を加え，**作用点**でものに力がはたらくようにしたしくみを**てこ**という。

・てこを使うと，**より小さな力**でものを動かすことができる。

※支点と作用点の間に力点があるてこでは，作用点ではたらく力は，力点に加えた力よりも小さくなります。

力点や作用点の位置と手ごたえ

力点の位置を変える

・**力点**が支点から**遠ざかる**ほど，手ごたえは小さくなる。

作用点の位置を変える

・**作用点**が支点に**近づく**ほど，手ごたえは小さくなる。

1 右の図は，てこのようすを表したものです。支点，力点，作用点はそれぞれどこですか。□に書きましょう。（１つ10点）

2 下の図は，てこのようすを表したものです。支点，力点，作用点は，それぞれどのようなはたらきをしていますか。　　から選んで□に書きましょう。　（１つ10点）

ぼうを支えているところ。　　ぼうに力を加えているところ。
ものに力をはたらかせているところ。

3 下の図は，てこの力点や作用点の位置を変えるようすを表したものです。図のように力点や作用点の位置を変えると，手ごたえは大きくなりますか，小さくなりますか。それぞれ(　)に書きましょう。　（１つ20点）

力点の位置を変える

力点が支点から遠ざかるほど，手ごたえは，①(　　　　)なる。

作用点の位置を変える

作用点が支点に近づくほど，手ごたえは，②(　　　　)なる。

答え➡別冊解答11ページ

46 てこのはたらき②

1 **右のてこの図について，次の問題に答えましょう。**　（１つ６点）

(1) 図のてこで，支点(してん)，力点(りきてん)，作用点(さようてん)はそれぞれどこですか。図の㋐～㋒から選びましょう。

支点（　　　）
力点（　　　）
作用点（　　　）

(2) 次の文は，てこについて書いたものです。（　）には支点，力点，作用点のうちどれがあてはまりますか。それぞれ書きましょう。

［てことは，ぼうを①（　　　　　）で支え，②（　　　　　）に力を加え，③（　　　　　）でものに力がはたらくようにしたしくみのことである。］

(3) てこを使ってものを動かすとき，てこのぼうを持つ位置を変えると，手ごたえは変わりますか，変わりませんか。　（　　　　　）

2 **下の図のように，くぎぬきを使ってくぎをひきぬくとき，手ごたえがいちばん小さいのはどれですか。㋐～㋒から選びましょう。ただし，くぎはすべて同じです。**　（10点）

（　　）

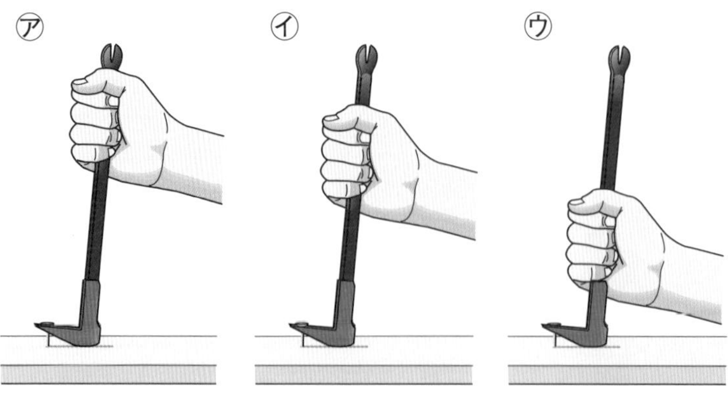

3 **下の図のように，てこの力点や作用点の位置をいろいろ変えて，手ごたえがどうなるかを調べました。これについて，次の問題に答えましょう。** （１つ９点）

(1) 手ごたえがいちばん小さくなるのは，㋐，㋑，㋒のうち，どこを力点にしたときですか。

（　　）

(2) 手ごたえがいちばん小さくなるのは，㋕，㋖，㋗のうち，どこを作用点にしたときですか。

（　　）

4 **右の図のようなてこを使って，ものを持ち上げます。これについて，次の問題に答えましょう。** （１つ10点）

(1) 支点と力点の位置は変えずに，作用点の位置を支点から遠ざけました。手ごたえは大きくなりますか，小さくなりますか。（　　　　）

(2) 支点と作用点の位置は変えずに，力点の位置を支点から遠ざけました。手ごたえは大きくなりますか，小さくなりますか。（　　　　）

(3) 作用点や力点の位置は変えずに，支点の位置だけを変えて手ごたえを小さくしたいと思います。支点の位置を，作用点と力点のどちらに近づければよいですか。

（　　　　）

答え➡別冊解答12ページ

47 てこのつり合い①

覚えよう

てこのつり合い

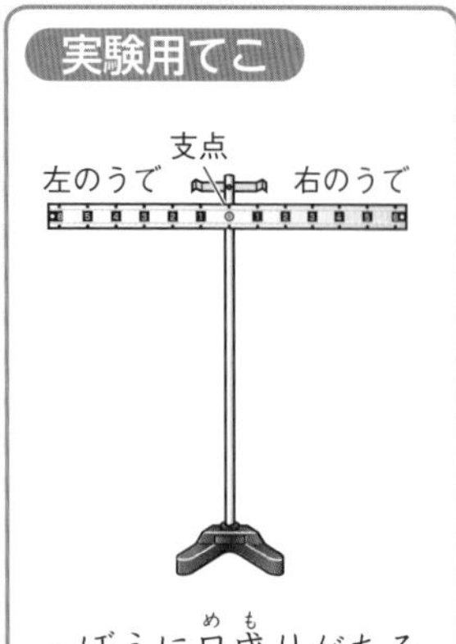

・ぼうに目盛(めも)りがある。
・支点がぼう（うで）の中央にある。
・おもりをつるさないとき，ぼうは水平につり合っている。

・てこは水平のとき，支点(してん)の左右で**うでをかたむけるはたらき**が等しく，つり合っている。
・てこのうでをかたむけるはたらきは，**おもりの重さ（力の大きさ）×支点からのきょり**で表すことができる。

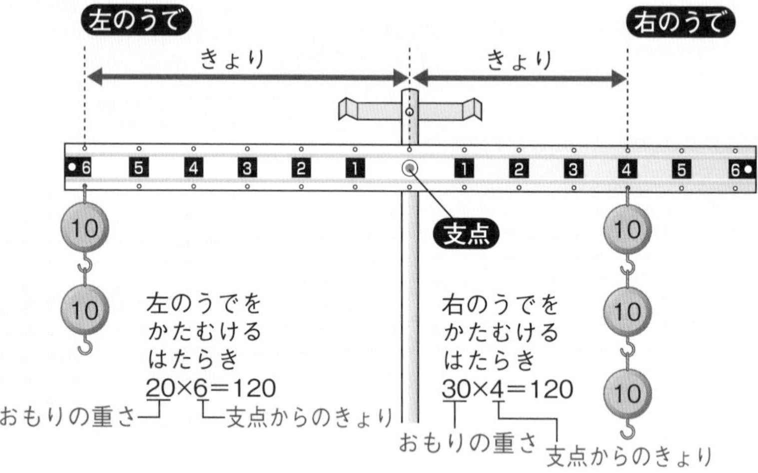

・てこが水平につり合っているとき

左のうでをかたむけるはたらき　　右のうでをかたむけるはたらき

（おもりの重さ（力の大きさ））×（支点からのきょり）＝（おもりの重さ（力の大きさ））×（支点からのきょり）

の式が成り立つ。

1 **右の図は，実験用のてこを表したものです。これについて，次の問題に答えましょう。**　（1つ10点）

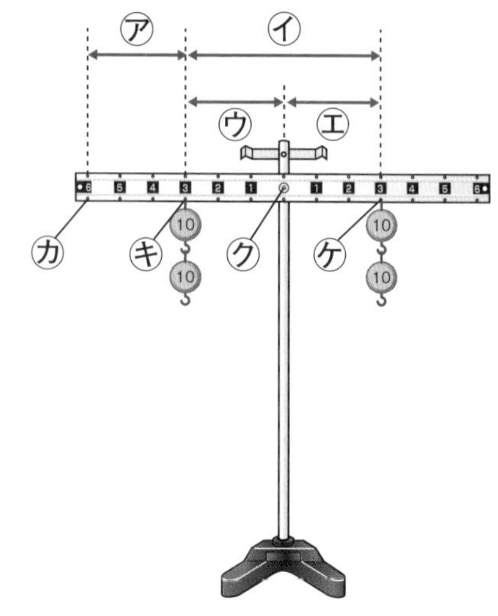

(1) 左のうでの，「支点(してん)からおもりまでのきょり」を表しているのはどれですか。図のア～エから選びましょう。（　　）

(2) てこの支点はどこですか。図のカ～ケから選びましょう。（　　）

(3) おもりをつるさないとき，実験用のてこのぼうはどうなっていますか。　から選んで書きましょう。（　　　　　）

左にかたむいている。　右にかたむいている。　水平につり合っている。

2 次の文は，てこのつり合いについて書いたものです。( )にあてはまることばを，[語群]から選んで書きましょう。（１つ10点）

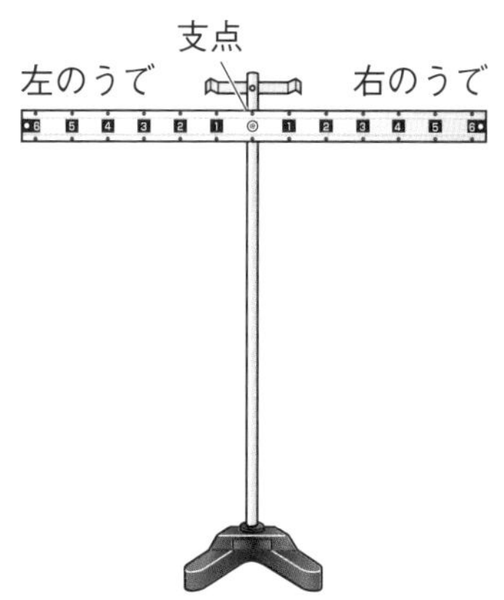

(1) てこは，左右のうでをかたむけるはたらきが等しいとき（　　　　　　）。

(2) てこのうでをかたむけるはたらきは，
（　　　　　　　　　　　　　　　）
で表すことができる。

おもりの重さ　　つり合う
支点からのきょり　　かたむく
おもりの重さ×支点からのきょり

3 てこが水平につり合っているとき，てこのうでをかたむけるはたらきを式で表すとどうなりますか。( )にあてはまることばを書きましょう。（１つ10点）

〔左のうでをかたむけるはたらき　　　　右のうでをかたむけるはたらき
おもりの重さ×①（　　　　　）＝②（　　　　　）×支点からのきょり〕

4 図１のように，てこの支点からのきょりが３のところに，20gのおもりをつるしたとき，おもりがうでをかたむけるはたらきは，20×３＝60です。次の問題に答えましょう。（１つ10点）

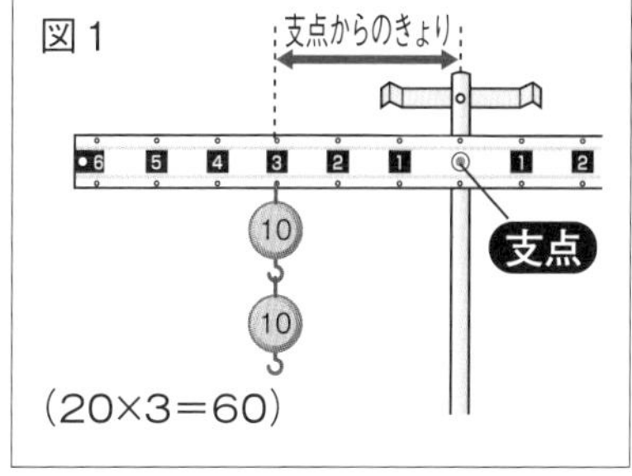

(1) 図２の，左のうでをかたむけるはたらきと，右のうでをかたむけるはたらきを，それぞれ，図１と同じように，式で書きましょう。

左のうで（　　　　　　　　）
右のうで（　　　　　　　　）

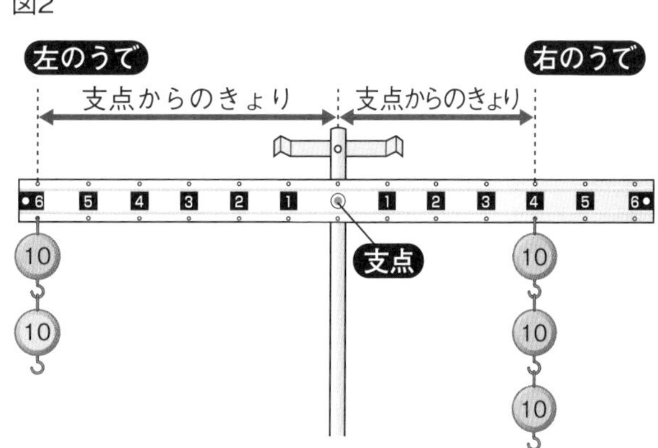

(2) 図２のようにおもりをつるしたとき，てこはつり合いますか，かたむきますか。（　　　　　）

答え➡別冊解答12ページ

48 てこのつり合い②

得点

/100点

1 右の例のように，てこの支点からのきょりが３のところに，20gのおもりをつるしたとき，おもりがうでをかたむけるはたらきは，20×３＝60です。また，下の図は，てこのいろいろなところに，おもりをつるしたようすを表したものです。これについて，次の問題に答えましょう。

（(1)は１つ５点，(2)はすべてできて10点）

例

(20×3=60)

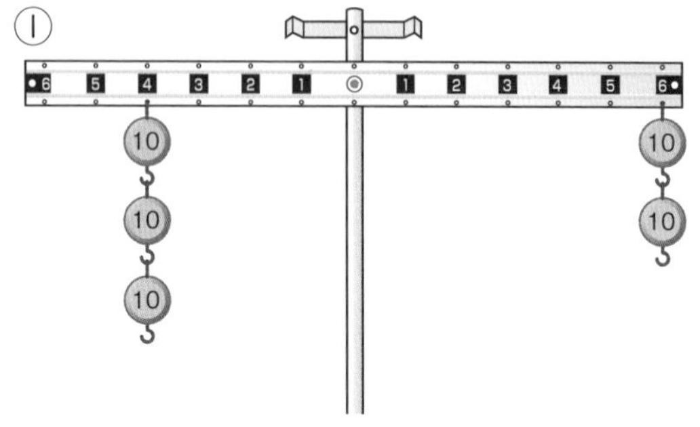

左のうでをかたむけるはたらき
（　　　　　）

右のうでをかたむけるはたらき
（　　　　　）

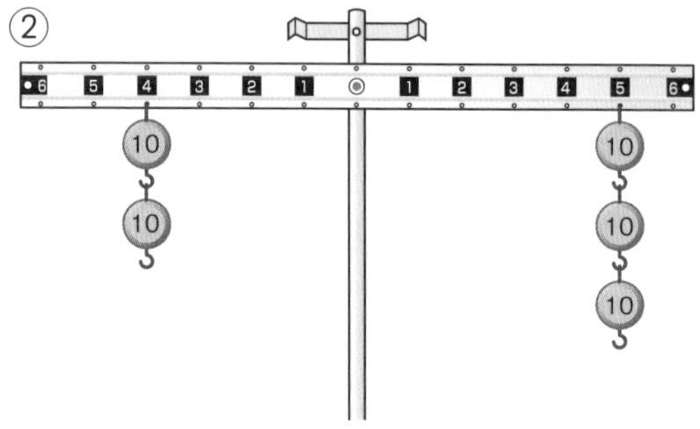

左のうでをかたむけるはたらき
（　　　　　）

右のうでをかたむけるはたらき
（　　　　　）

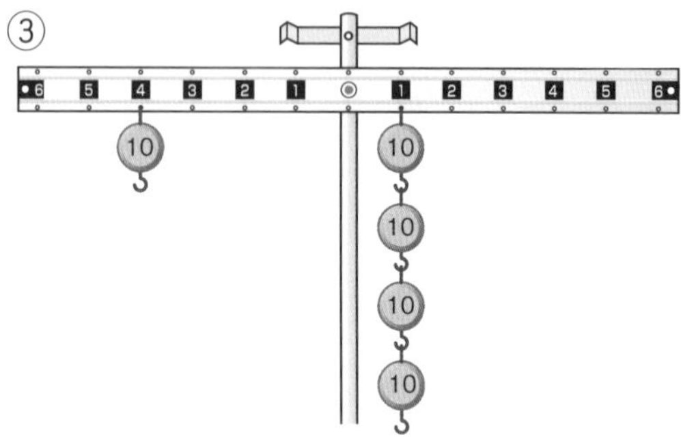

左のうでをかたむけるはたらき
（　　　　　）

右のうでをかたむけるはたらき
（　　　　　）

④

左のうでをかたむけるはたらき
（　　　　　）

右のうでをかたむけるはたらき
（　　　　　）

(1)　それぞれのおもりがうでをかたむけるはたらきを，（　）に式で書きましょう。

(2)　上の図のてこのうち，左右のうでがつり合っているものはどれですか。①～④からすべて選びましょう。ただし，図では左右のうでがつり合っていなくても，うでを水平に表してあります。　（　　　　　）

2 下の図のように，てこにおもりをつるしました。てこのうでがつり合うものはどれですか。㋐～㋓から選びましょう。（15点）

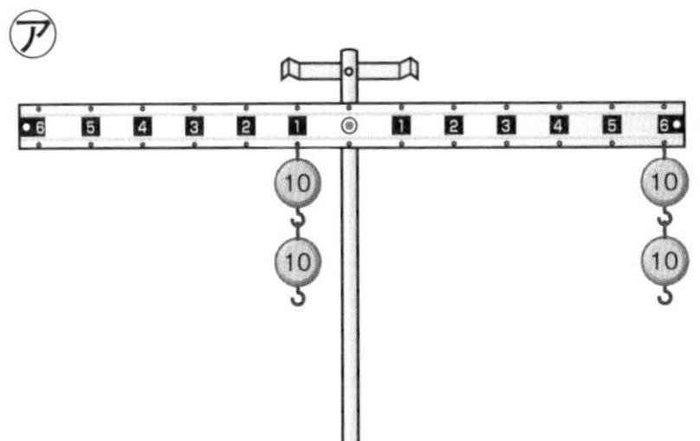

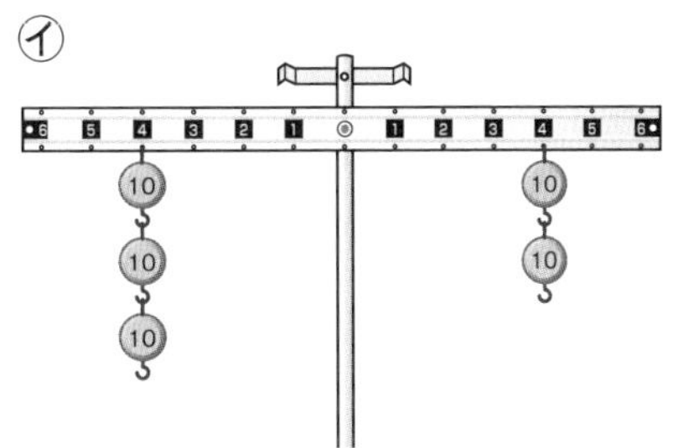

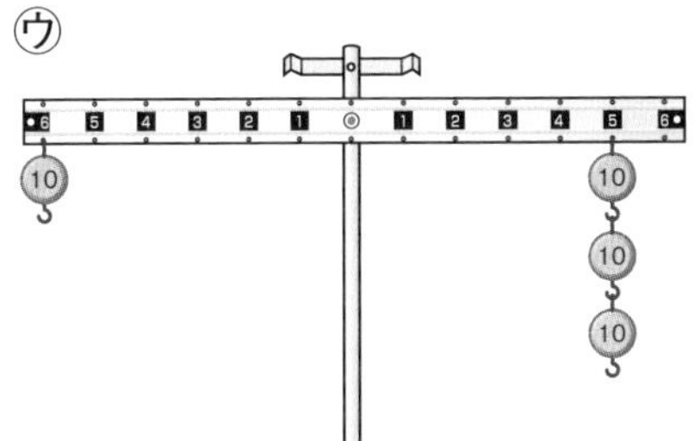

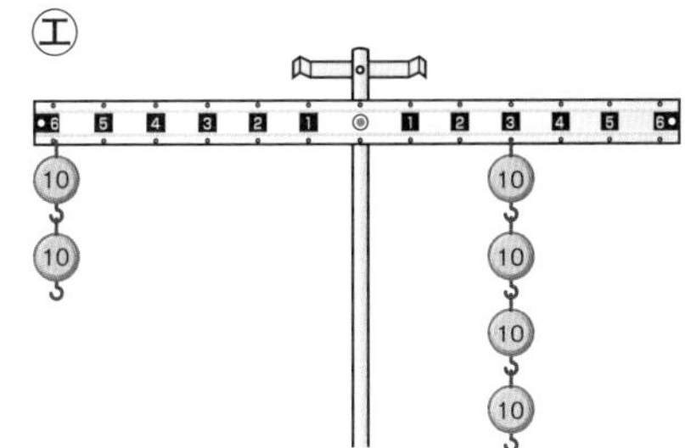

3 下の図のように，てこの左のうでだけに，おもりをつるしました。このてこがつり合うようにするには，右のうでに，どのようにおもりをつるせばよいですか。（　）にあてはまる数字を書きましょう。おもりは１つ10gとします。（１つ10点）

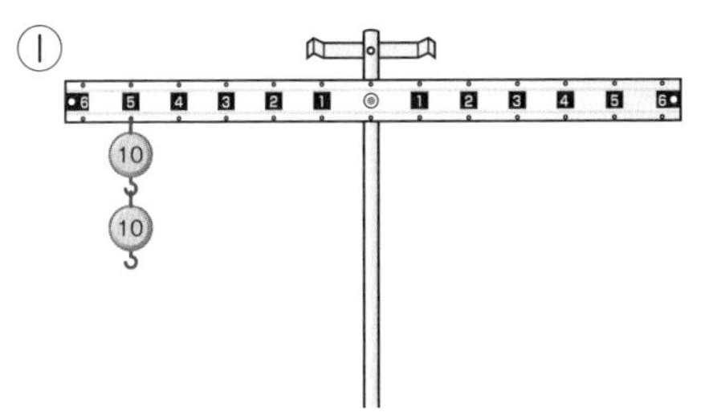

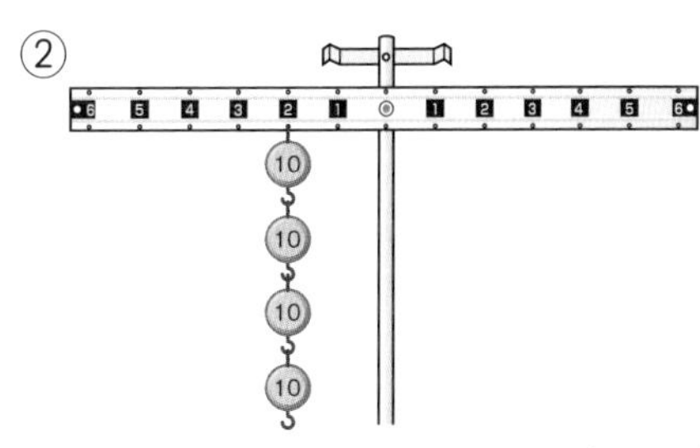

①　右のうでの支点からのきょりが２のところに，（　　）gのおもりをつるす。

②　右のうでの支点からのきょりが（　　）のところに，20gのおもりをつるす。

4 右の図のように，てこに40gのおもりと，重さのわからない荷物をつるすと，てこはつり合いました。この荷物の重さは何gですか。（15点）

（　　　　g）

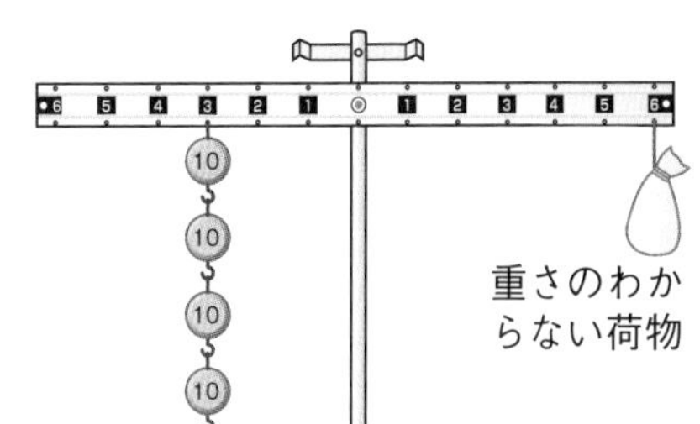

答え➡別冊解答12ページ

49 てこを利用した道具①

得点

/100点

覚えよう

てこのはたらきを利用した道具　わたしたちが使っている道具の中には，てこのはたらきを利用したものがある。これらの道具を使うと，小さな力で大きな力を出したり，細かい作業をしたりすることができる。

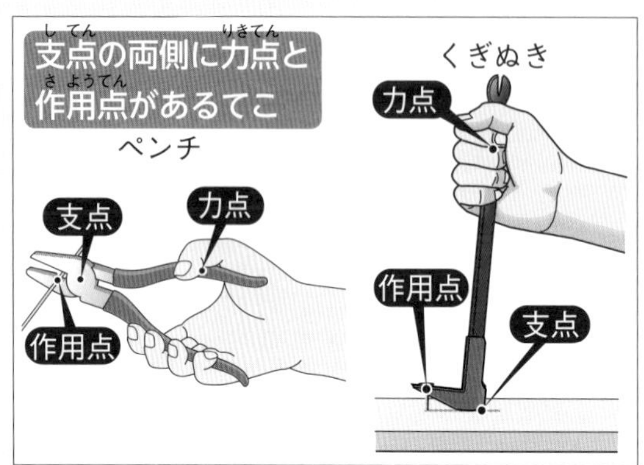

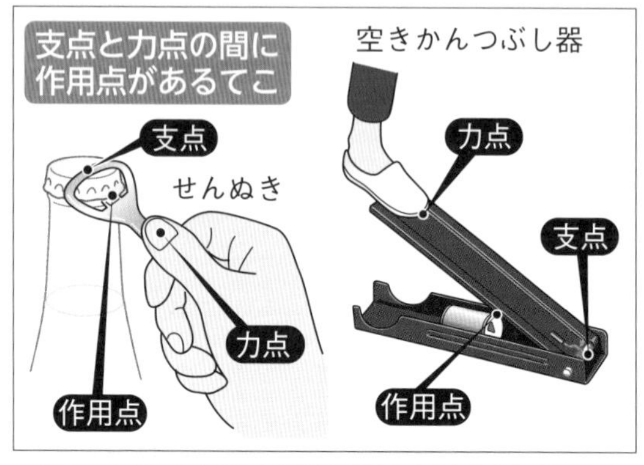

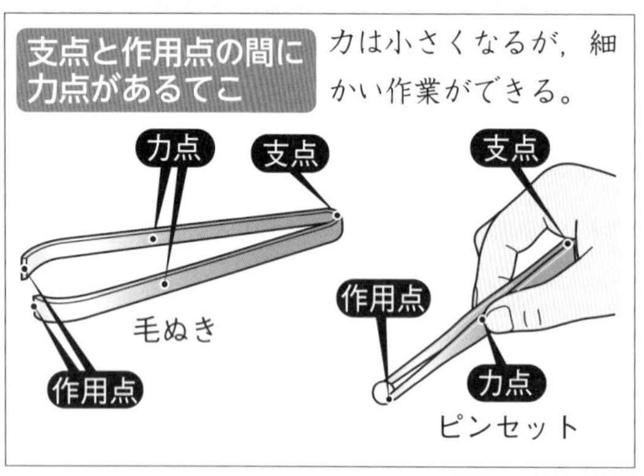

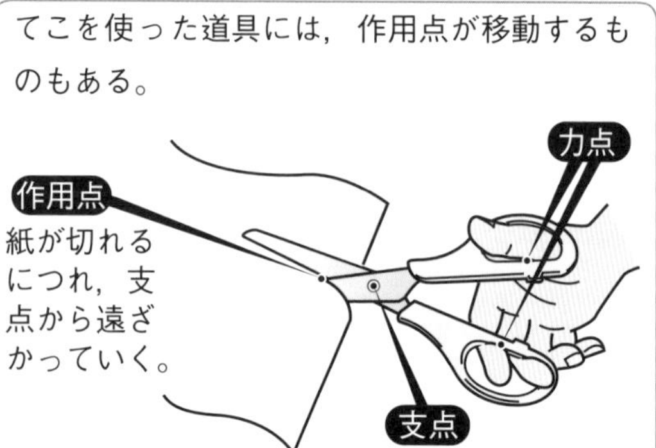

1 **次の文は，わたしたちが使っている道具について書いたものです。(　)にあてはまることばを，　　から選んで書きましょう。**（1つ5点）

(1) わたしたちが使っている道具の中には，ペンチなどのように，小さな力から大きな力を得るために，(　　　　)のはたらきを利用しているものがある。

(2) てこのはたらきを使った道具の中には，はさみのように，(　　　　)が移動するものもある。

てこ　　おもり　　支点(してん)　　力点(りきてん)　　作用点(さようてん)

2 下の図は，てこのはたらきを利用した道具です。支点，力点，作用点はどこですか。それぞれ書きましょう。（1つ5点）

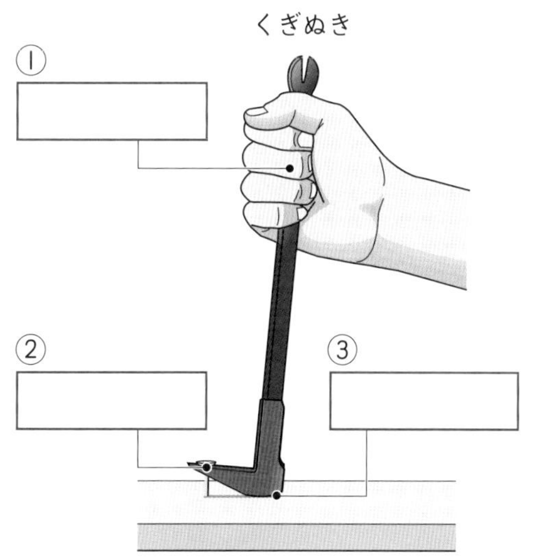

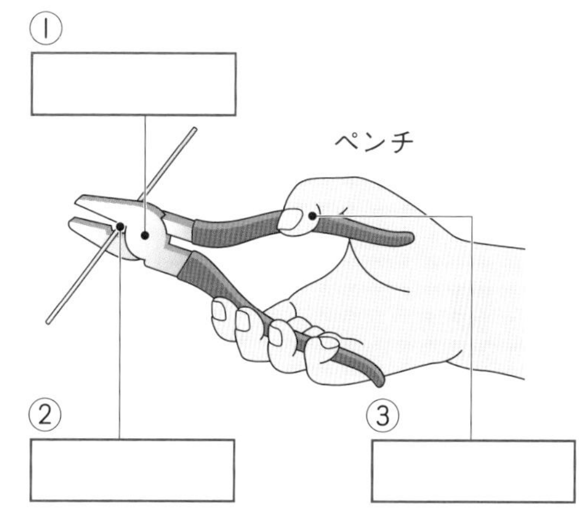

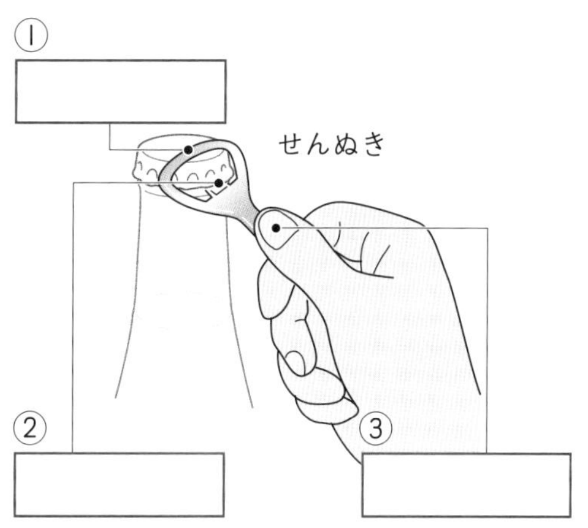

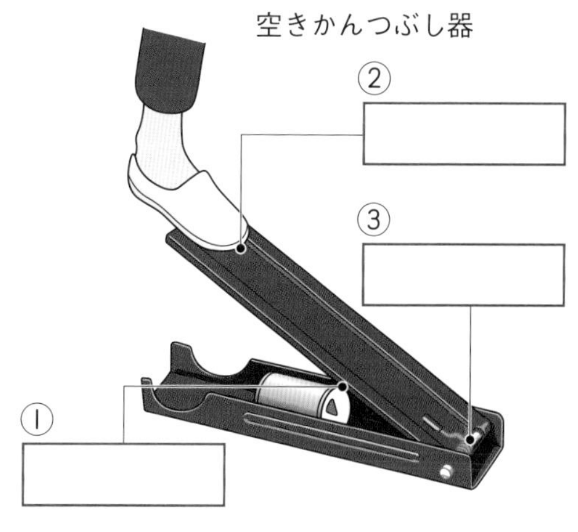

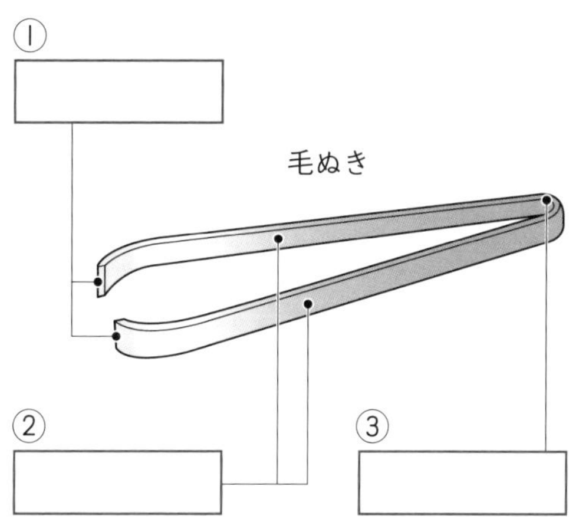

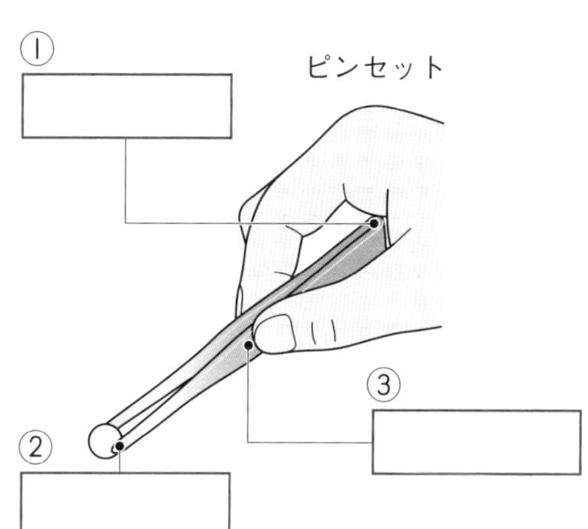

答え➡別冊解答12ページ

50 てこを利用した道具②

得点

/100点

1 下の図は，てこの性質を利用した道具です。次の①～⑥の説明にあてはまるものを，それぞれ㋐～㋖からすべて選びましょう。　（１つ10点）

㋐

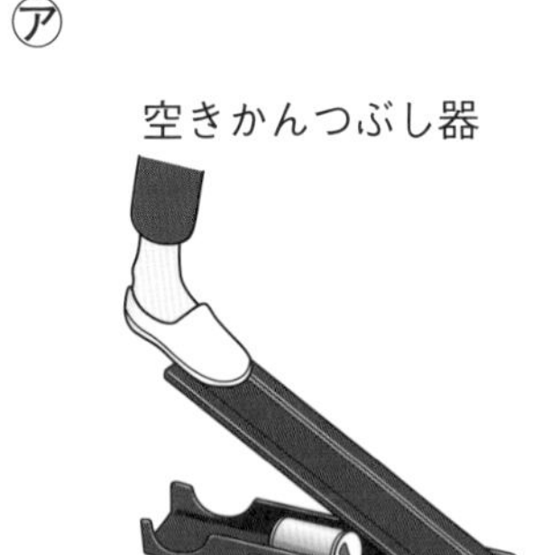

㋑

㋒

㋓

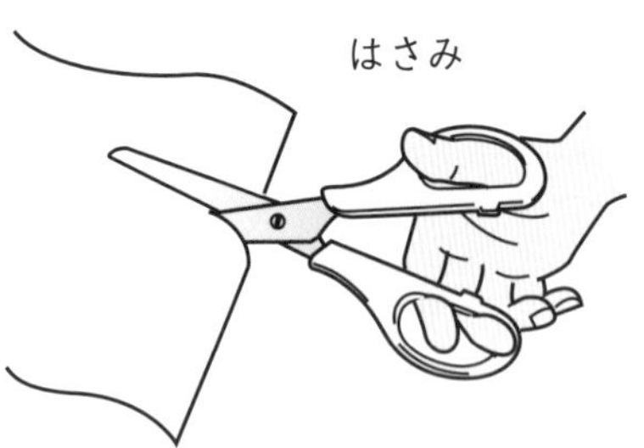

㋔

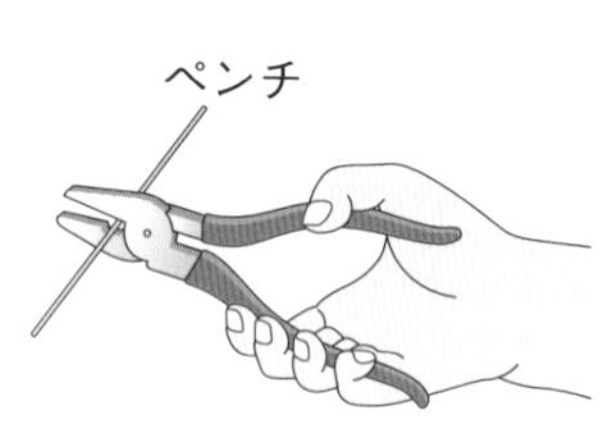

㋕

せんぬき

㋖

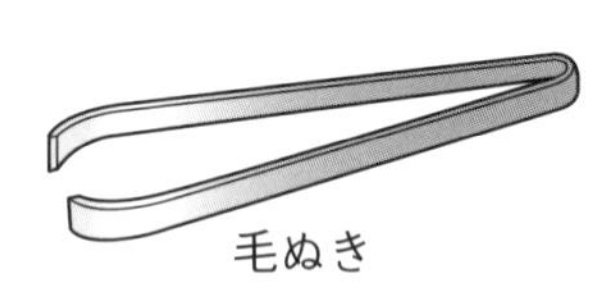

① 支点(してん)の両側に力点(りきてん)と作用点(さようてん)があるもの。　（　　　　）

② 支点と力点の間に作用点があるもの。　（　　　　）

③ 支点と作用点の間に力点があるもの。　（　　　　）

④ 作用点が移動するもの。　（　　　　）

⑤ 小さな力で大きな力を出すことができるもの。　（　　　　）

⑥ 細かい作業ができるもの。　（　　　　）

2 てこを使った道具について，次の問題に答えましょう。

((1)，(2)10点，(3)1つ5点)

(1) てこを利用した道具について，どのようなことがいえますか。次の㋐～㋓から選びましょう。 (　　)

㋐ てこのはたらきは，小さな力で大きな力を出す道具だけに利用されている。

㋑ 細かい作業をする道具にも，てこは利用されている。

㋒ てこのはたらきによって，力の大きさを変えることはできない。

㋓ てこのはたらきを利用した道具は，最近ではほとんど使われなくなっている。

(2) 図1のようなはさみで，かたいものを楽に切るにはどうしたらよいですか。次の㋐～㋓から選びましょう。

(　　)

図1

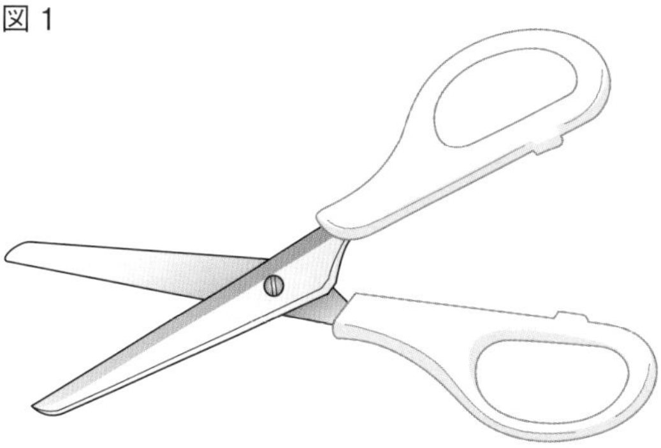

㋐ なるべくはさみの根元近くの刃(は)を使って切る。

㋑ なるべくはさみの刃の中央部を使って切る。

㋒ なるべくはさみの刃の先の方を使って切る。

㋓ どの部分を使っても同じ。

(3) はさみには，図1のようなもののほかに，図2のようなものもあります。

図2

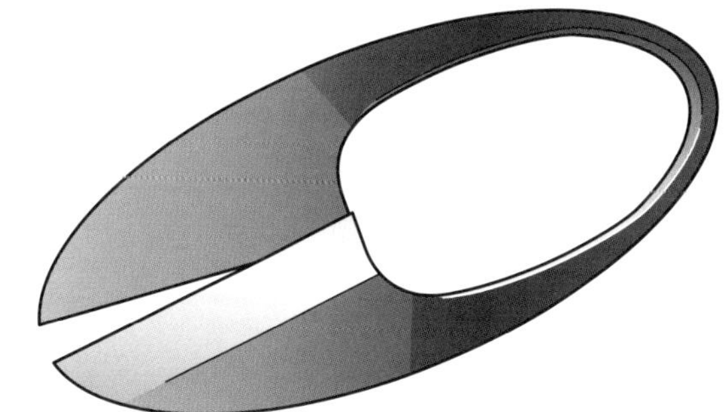

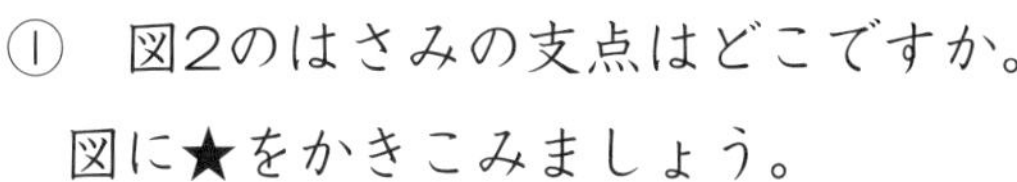

① 図2のはさみの支点はどこですか。図に★をかきこみましょう。

② 図2のはさみの力点はどこですか。図に●をかきこみましょう。

③ 図2のはさみの作用点はどこですか。図に◎をかきこみましょう。

④ 図1のはさみと図2のはさみを比べるとどのようなことがいえますか。次の㋐～㋓から選びましょう。 (　　)

㋐ 図1のはさみのほうが，小さな力で大きな力を出すのに適している。

㋑ 図2のはさみのほうが，小さな力で大きな力を出すのに適している。

㋒ 図1のはさみも図2のはさみも，小さな力で大きな力を出すはたらきは同じ。

㋓ 図1のはさみも図2のはさみも，小さな力で大きな力を出すはたらきはない。

51 単元のまとめ

答え➡別冊解答12ページ

1 右の図のように，てこを使ってものを持ち上げました。これについて，次の問題に答えましょう。（１つ６点）

(1) 図のようにして，ものを持ち上げるしくみを何といいますか。
（　　　　　　　）

(2) 図の①～③は，それぞれ支点（してん），力点（りきてん），作用点（さようてん）のうちのどれですか。
①（　　　　　）②（　　　　　）③（　　　　　）

(3) 図の②と③の点は動かさずに，①の点を⬅の向きに動かすと，手ごたえはどうなりますか。次の㋐～㋒から選びましょう。（　　）
㋐ 大きくなる。　㋑ 小さくなる。　㋒ 変わらない。

(4) 図の①と②の点は動かさずに手ごたえを小さくするには，③の点を図の㋐，㋑のどちらの向きに動かせばよいですか。（　　）

2 ペンチやくぎぬきについて，次の問題に答えましょう。（１つ６点）

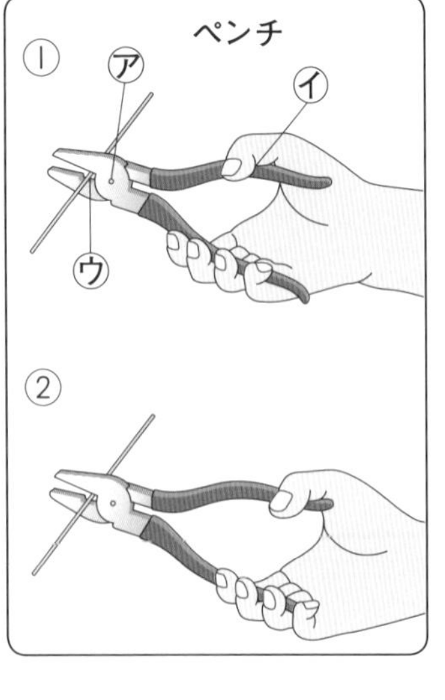

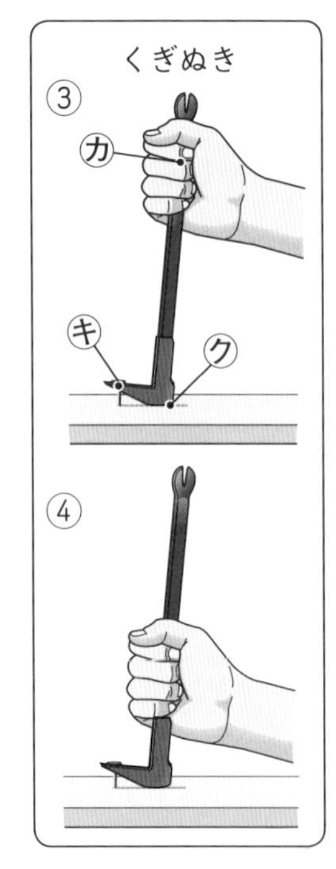

(1) ペンチの作用点はどこですか。図の㋐～㋒から選びましょう。
（　　）

(2) ペンチではり金を切るとき，手ごたえが小さいのは①，②のどちらですか。（　　）

(3) くぎぬきの支点はどこですか。図の㋕～㋗から選びましょう。
（　　）

(4) くぎぬきでくぎをぬくときの手ごたえが小さいのは，③，④のどちらですか。
（　　）

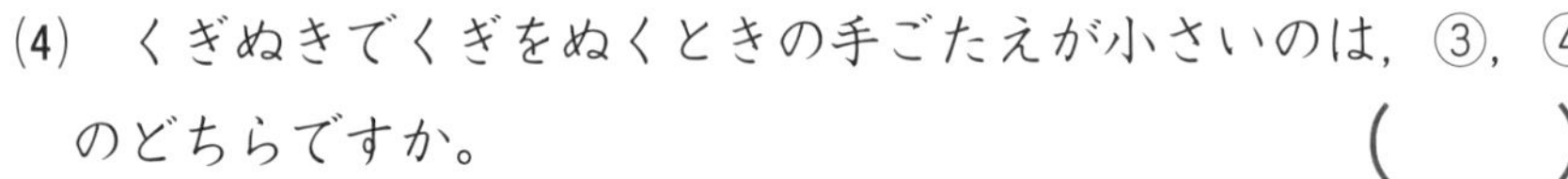

3 実験用てこについて，次の問題に答えましょう。ただし，図のおもりは１つ10gとします。（１つ６点）

(1) 次の㋐～㋒のうち，てこのうでがつり合うものはどれですか。

（　　）

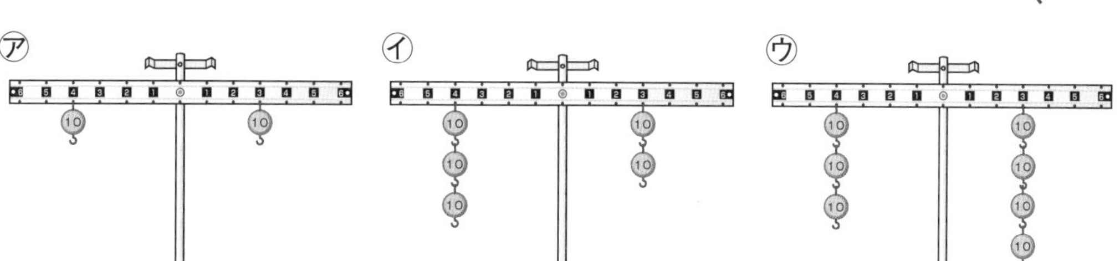

(2) 図１のてこは，右のうでの支点からのきょりが３のところに，何gのおもりをつるすとつり合いますか。

（　　　　）

図１

図２

(3) 図２のてこの左のうでに，40gのおもりをつるしてつり合わせるには，支点からのきょりがいくつのところにつるせばよいですか。

（　　　　）

図３

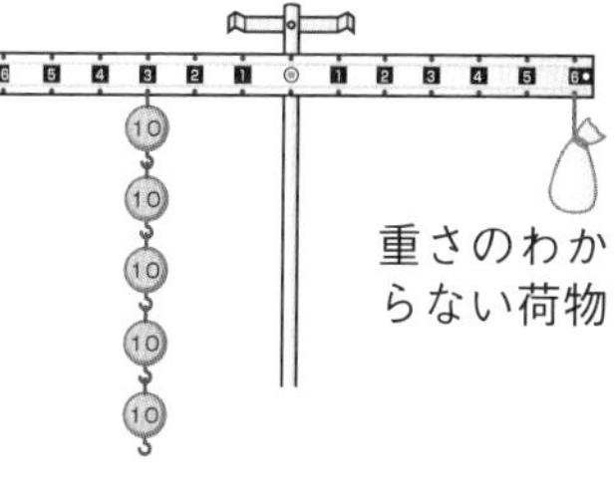

(4) 図３のように，てこに50gのおもりと，重さのわからない荷物をつるすと，てこはつり合いました。この荷物の重さは何gですか。（　　　　）

4 支点，力点，作用点のならび方が，ペンチ，空きかんつぶし器と同じ道具を，㋐～㋓からそれぞれ１つずつ選びましょう。（１つ８点）

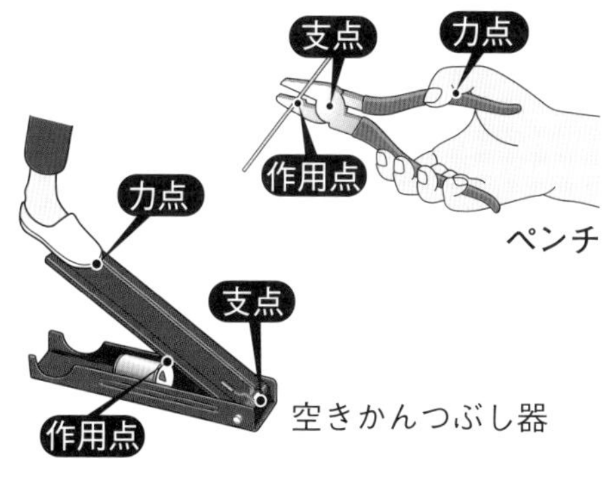

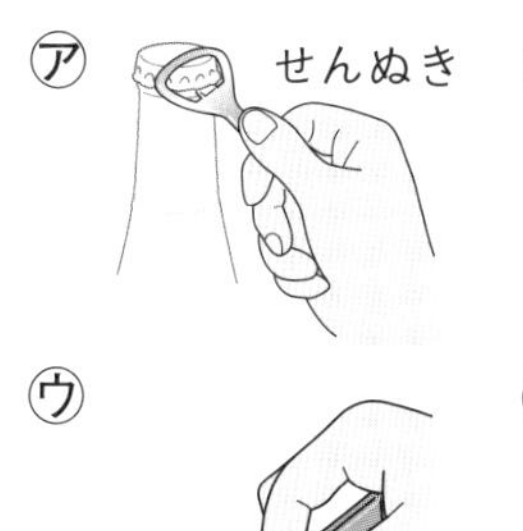

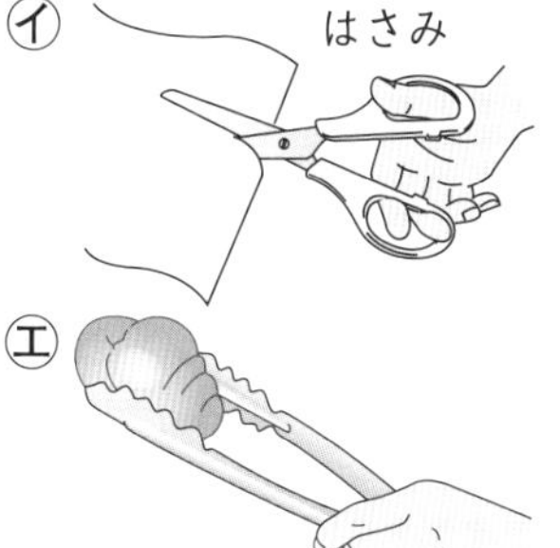

① ペンチと同じ道具（　　）

② 空きかんつぶし器と同じ道具（　　）

ひろげよう 理科　第7章 てこのはたらき

てこに似たしくみ

どちらの人が勝つでしょう？

右の図のように，バットの太いほうと細いほうをそれぞれ持ち，相手と反対方向に回して，力比べをすると太いほうを持った人が勝ちます。

なぜそうなるのかを考えてみましょう。

▲水道のじゃ口

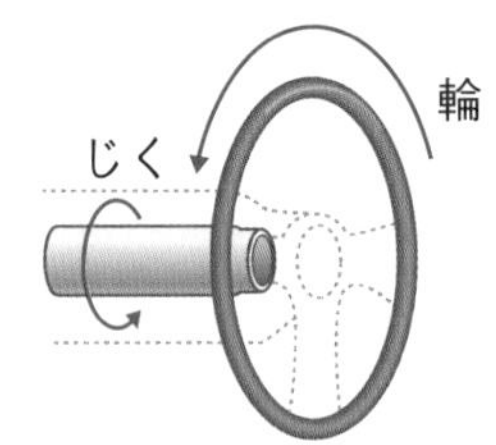

▲自動車のハンドル

水道のじゃ口や自動車のハンドルのように，細いじくはそれだけでは回すことはできませんが，じくに大きな輪をつけると楽に回すことができます。このようなしくみを輪じくといいます。

輪じくは，てことよく似ています。輪じくを回すはたらきを式で表すと，

(細いじくの半径)×(力の大きさ)
＝(大きい輪の半径)×(力の大きさ)

となります。つまり，じくの半径が小さく，輪の半径が大きいほど，小さい力でじくを回すことができるのです。

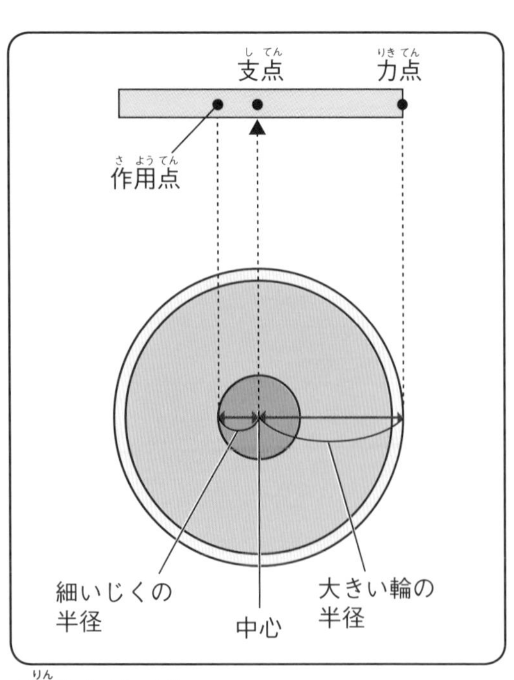

▲輪じくのしくみ

この単元では，てこのはたらき，てこのつり合い，てこを利用した道具について学習しました。ここでは，てこに似たしくみを調べます。

自転車に使われているてこや輪じくのしくみ

自転車には，てこや輪じくのしくみが使われています。

・輪じく……ペダル，ハンドル，サドルの高さを調節するレバーなど。

・てこ………ブレーキ，ベルなど。

ほかの乗り物でも，どんなところにてこや輪じくのしくみが使われているか調べてみましょう。

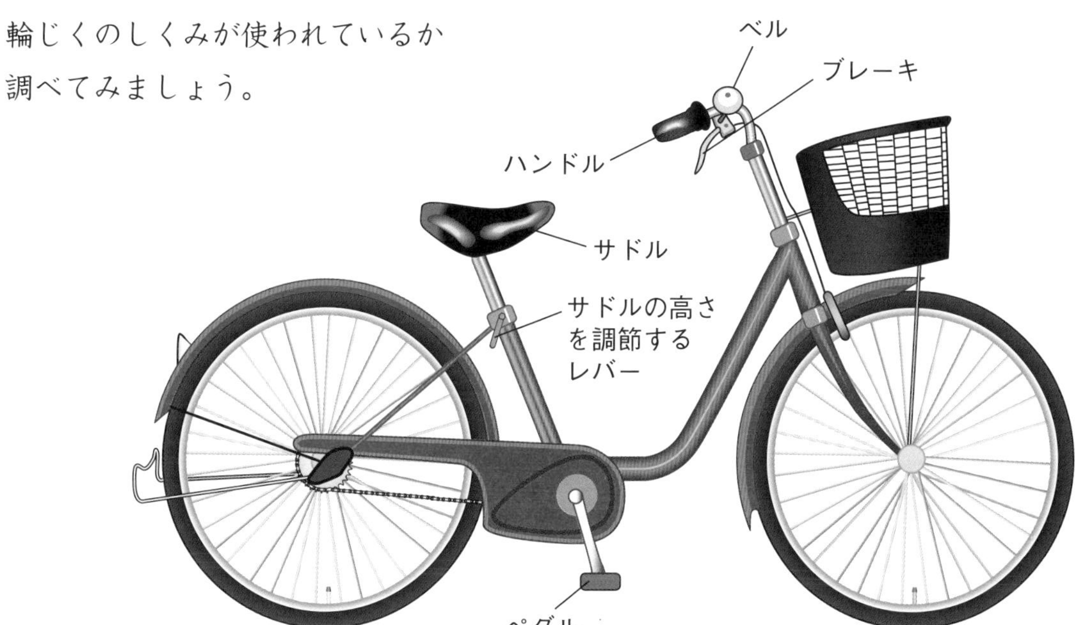

自由研究のヒント

右の図のように，いくつものてこが組み合わさり，全体がつり合っているものをモビールといいます。

つり合う位置をさがしながらつくってみましょう。びみょうな動きがとても楽しいですよ。工夫したことも記録しておきましょう。

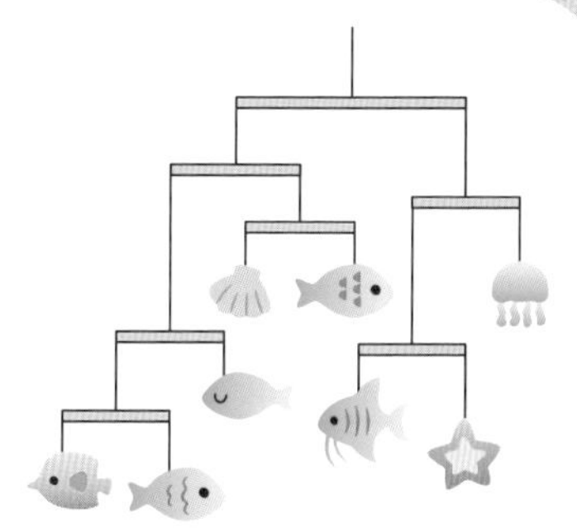

答え➡別冊解答13ページ

52 光電池のはたらき①

得点

/100点

覚えよう

光電池

光電池に光を当てると，電流が流れ発電する。

光電池の電流の大きさ

光電池に当たる光が強くなると，回路に流れる電流が大きくなる。

光電池の電流を大きくする方法

①光が光電池に直角に当たるようにする。

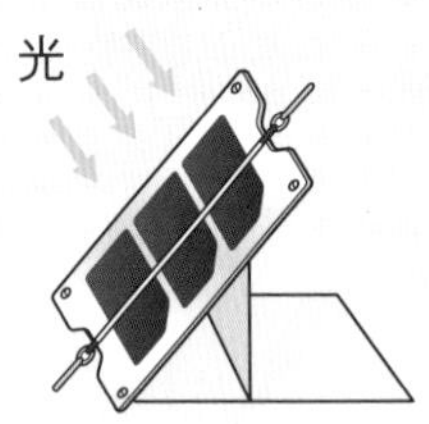

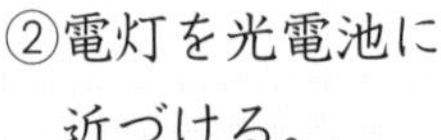

②電灯を光電池に近づける。

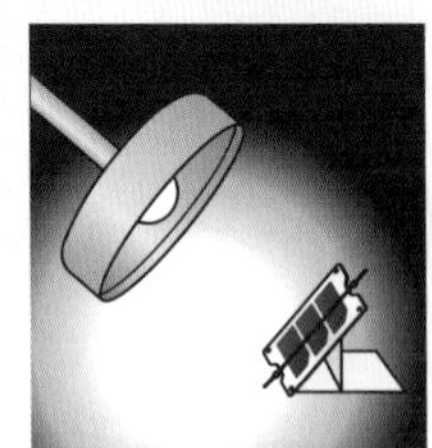

③鏡ではね返した光を重ねて光電池に当てる。

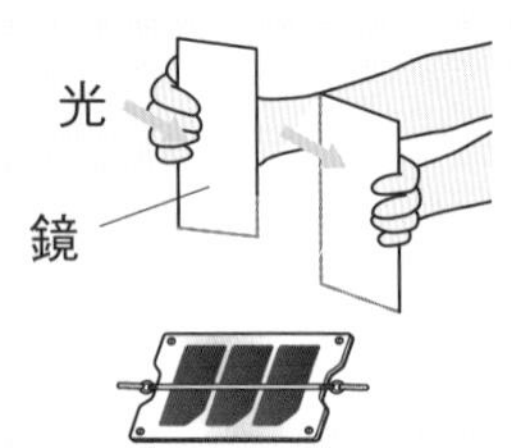

光電池でモーターが回らないとき

①光がさえぎられて，光電池に当たっていないとき。
②日かげなど，光が弱いとき。

1 次の文の(　)にあてはまることばを，　から選んで書きましょう。（1つ10点）

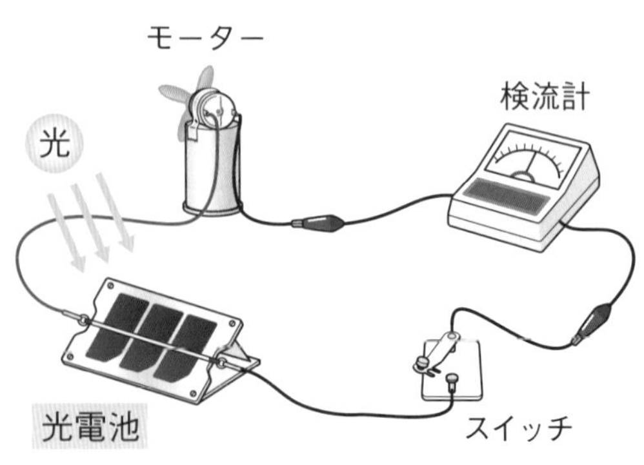

(1) 光を当てると発電するものを（　　　　）という。

(2) 光電池に当たる光が強くなると，回路に流れる電流は（　　　　）なる。

かん電池　　光電池　　大きく　　小さく

2 次の文は，光電池に当たる光を強くする方法について書いたものです。(　)にあてはまることばを，　　から選んで書きましょう。（１つ10点）

(1) 光が光電池に(　　　　)に当たるようにする。

(2) 電灯を光電池に(　　　　　　)。

(3) 鏡ではね返した光を，(　　　　　)光電池に当てる。

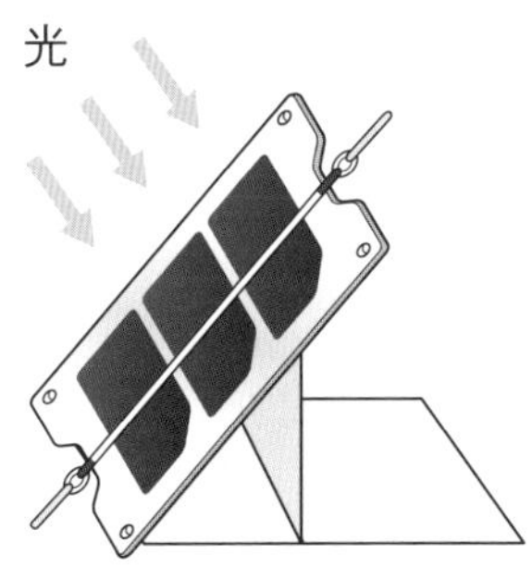

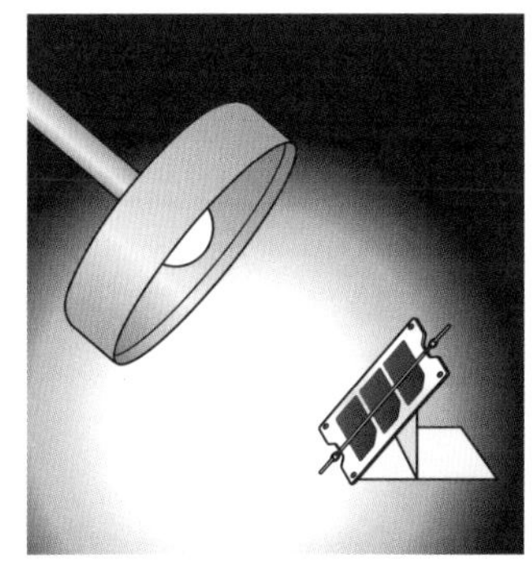

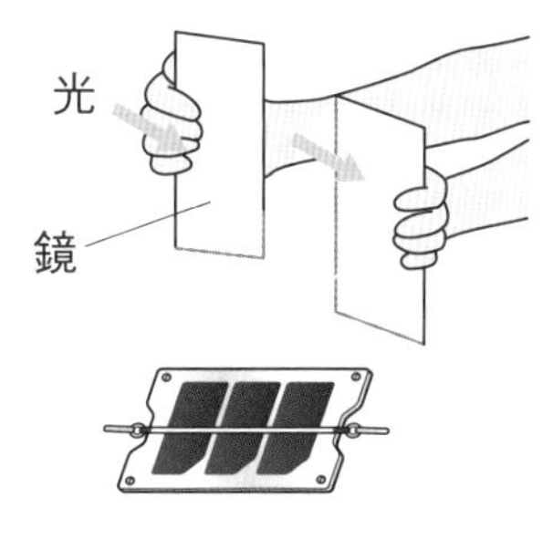

直角　ななめ　遠ざける　近づける　重ねて　重ねず

3 次の文は，光電池への光の当て方について書いたものです。光電池の電流が大きくなるときには「大」を，小さくなるときには「小」を，(　)に書きましょう。（１つ10点）

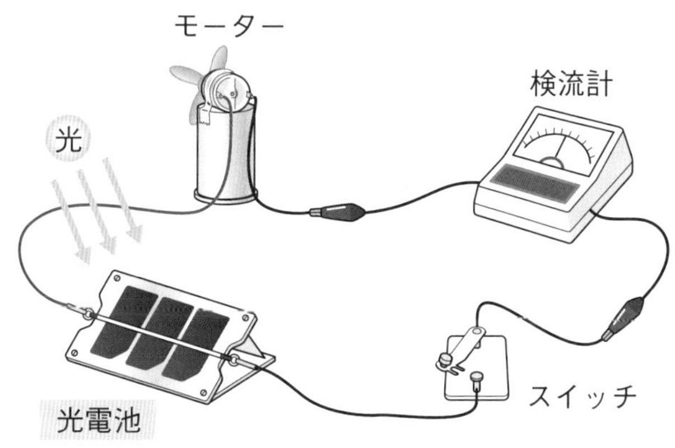

(1) 光が，光電池に直角に当たるようにする。(　　　　　)

(2) 光電池の半分を紙でおおい，光電池に当たる光の量を減らす。(　　　　　)

(3) 光電池を，光が弱い日かげにおく。(　　　　　)

(4) 光電池に，電灯を近づける。(　　　　　)

(5) 鏡ではね返した光を重ねて，光電池に当てる。(　　　　　)

答え➡別冊解答13ページ

53 光電池のはたらき②

得点

/100点

1 下の図のように，光電池と，モーター，検流計，スイッチをつないで回路をつくり，光電池に光を当ててスイッチを入れました。これについて，次の問題に答えましょう。

（1つ15点）

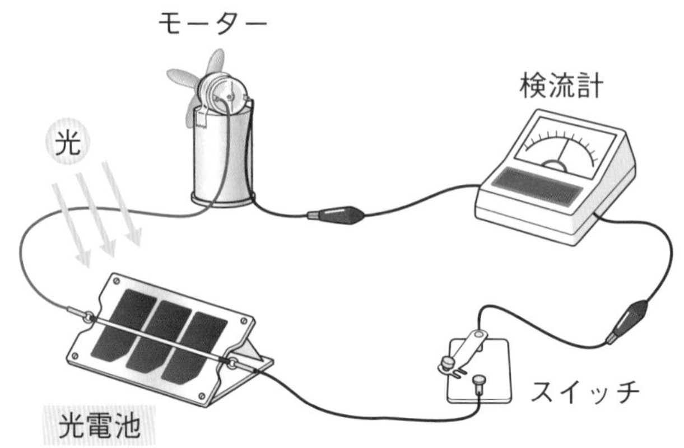

(1) 光電池とは，どのようなものですか。次の文の(　)にあてはまることばを，書きましょう。

〔　光を当てると，(　　　　　　　　　　)。〕

(2) モーターの回る速さを速くするためにはどうすればよいですか。次の㋐～㋒から選びましょう。　(　　　)

㋐　光電池に当たっている光をさえぎる。

㋑　光電池に当たっている光を強くする。

㋒　光電池を日かげにおく。

(3) (2)のようにすると，モーターの回る速さが速くなるのはどうしてですか。次の㋐～㋒から選びましょう。　(　　　)

㋐　回路に流れる電流の大きさが大きくなるから。

㋑　回路に流れる電流の大きさが小さくなるから。

㋒　回路に電流が流れなくなるから。

(4) (2)のようにすると，検流計のはりのふれ方は，はじめに比べてどうなりますか。次の㋐～㋓から選びましょう。　(　　　)

㋐　ふれ方が大きくなる。　㋑　ふれ方が小さくなる。

㋒　ふれる向きが反対になる。　㋓　ふれなくなる。

2

下の㋐～㋕のように，光電池に当てる光の当て方を変えて，回路に流れる電流の大きさを比べました。電流が大きいのはどちらですか。㋐～㋕からそれぞれ選びましょう。

（1つ10点）

(1) 光を，光電池に直角に当てたときと，ななめに当てたとき。

（　　）

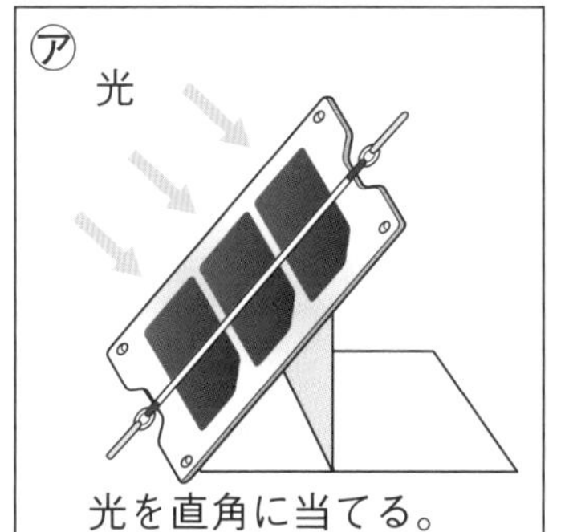

光を直角に当てる。

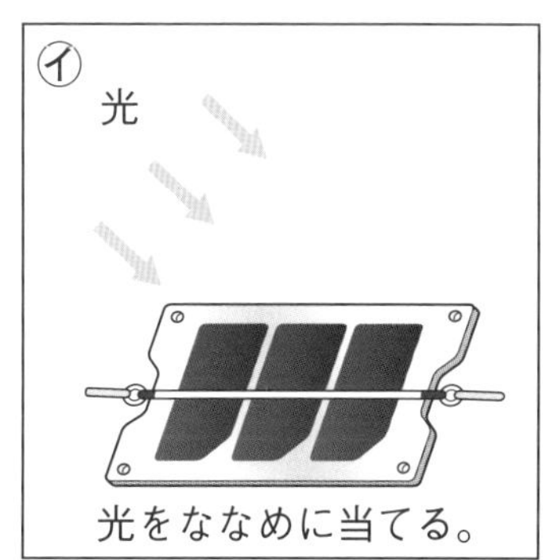

光をななめに当てる。

(2) 光を当てる電灯を，光電池に近づけたときと，光電池から遠ざけたとき。

（　　）

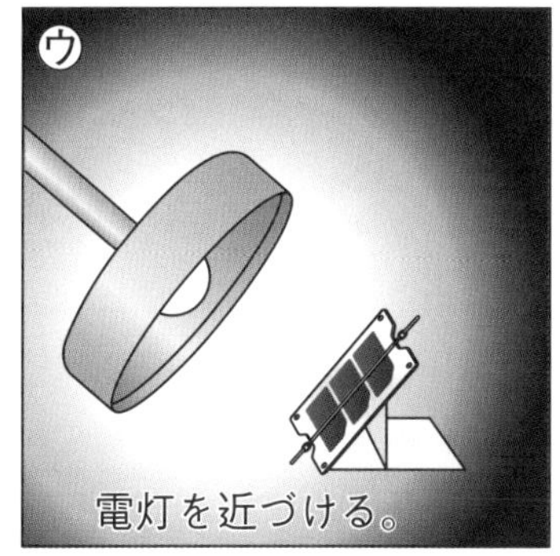

電灯を近づける。

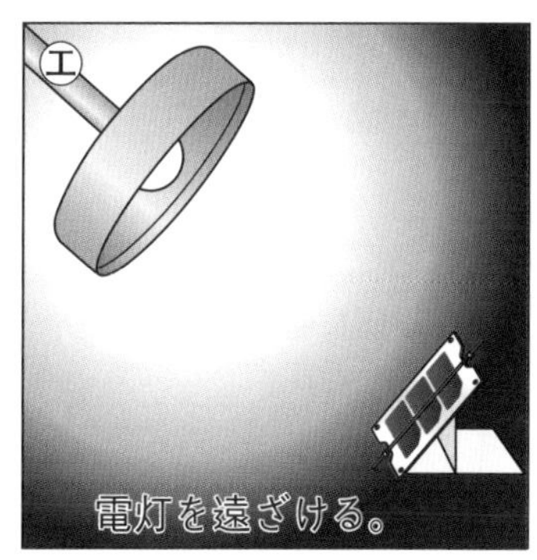

電灯を遠ざける。

(3) 1枚(まい)の鏡ではね返した光を当てたときと，2枚の鏡ではね返した光を重ねて当てたとき。

（　　）

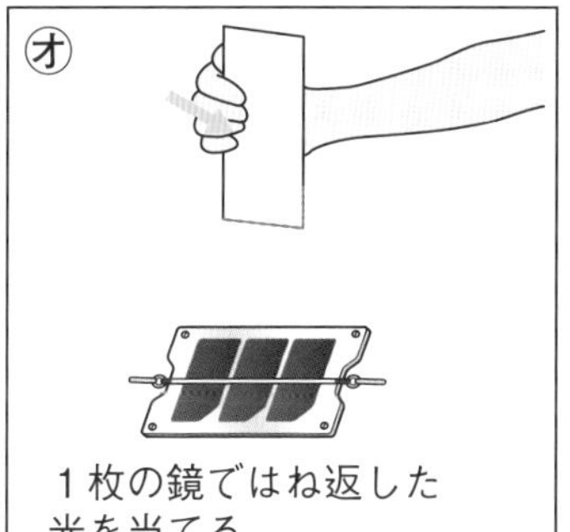

1枚の鏡ではね返した光を当てる。

2枚の鏡ではね返した光を重ねて当てる。

3

光電池につないだモーターで走る，おもちゃの自動車をつくりました。走らせてみると，はじめはよく走りましたが，やがて止まってしまいました。止まってしまったわけを，次の㋐～㋓から選びましょう。

（10点）

（　　）

㋐ 自動車が，光がよく当たっている場所に行ってしまったから。

㋑ 自動車が，日かげに入ってしまったから。

㋒ 光電池にためられていた電気がなくなってしまったから。

㋓ 光電池に，光が直角に当たるようになってしまったから。

答え➡別冊解答13ページ

54 電気をつくる，ためる①

得点

/100点

覚えよう

電気をつくる

発電機を使うと，**電気をつくる**ことができる。

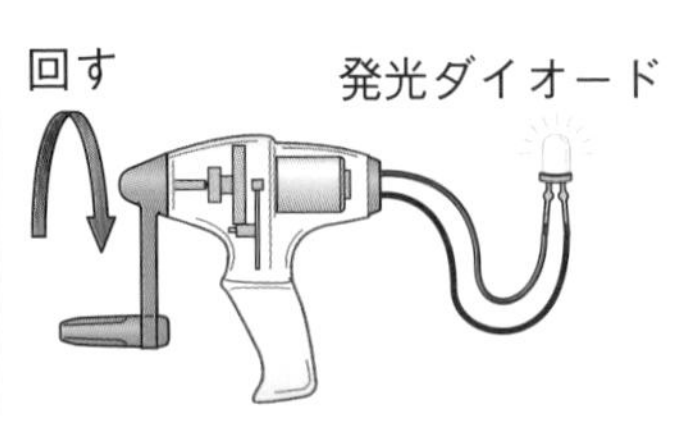

手回し発電機

手回し発電機を回すと，発光ダイオードが光る。
→電気がつくられた。

電気をためる

コンデンサーなどを使うと，**電気をためる**ことができる。

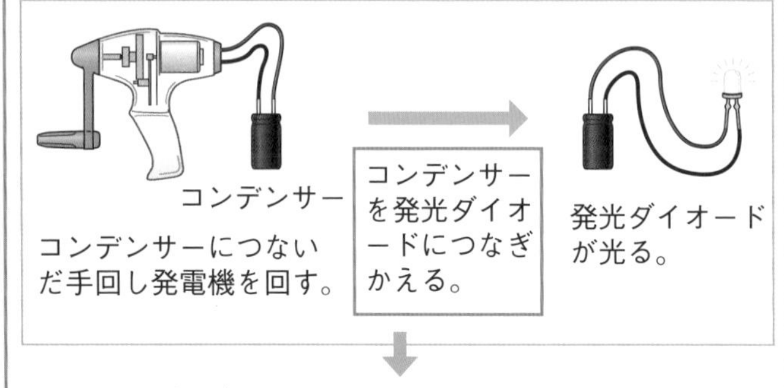

手回し発電機でつくられ，コンデンサーにためられていた電気で，発光ダイオードが光った。

コンデンサーにつないだ手回し発電機を回す回数を増やすと，つくられる電気の量が増えて，そのコンデンサーにつないだ発光ダイオードが光っている時間が長くなる。

1 **次の文の(　)にあてはまることばを，［　］から選んで書きましょう。**　（１つ10点）

発電機を使うと，電気を
①(　　　　　)ことができる。
コンデンサーなどを使うと，電気を
②(　　　　　)ことができる。
手回し発電機を回す回数を増やすと，
つくられる電気の量は③(　　　　　)。

コンデンサー

つくる　　ためる　　増える　　減る

2 右の図は，発光ダイオードをつないだ手回し発電機を回したときのようすです。(　)にあてはまることばを，　　から選んで書きましょう。　(14点)

つくられた　　ためられた
使われた

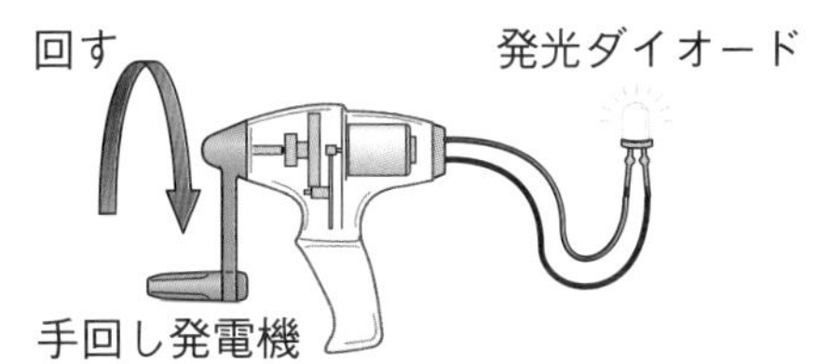

手回し発電機を回すと，発光ダイオードが光るのは，手回し発電機で電気が(　　　　　　)から。

3 右の図のように，コンデンサーに発光ダイオードをつないだところ，発光ダイオードが光りました。次の文の(　)にあてはまることばを，　　から選んで書きましょう。　(1つ14点)

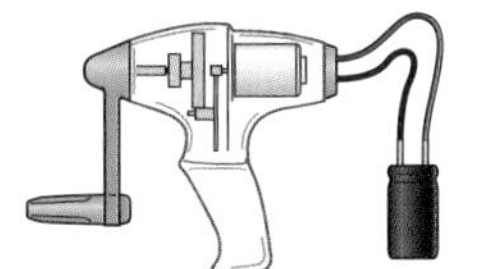

コンデンサーにつないだ手回し発電機を回す。

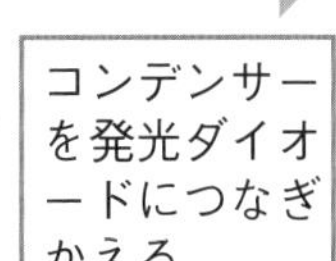

コンデンサーを発光ダイオードにつなぎかえる。

発光ダイオードが光る。

(1) コンデンサーに(　　　　　　　　)電気で，発光ダイオードが光った。

(2) コンデンサーにつないだ①(　　　　　　　　)を回す回数を増やすと，そのコンデンサーにつないだ発光ダイオードが光っている時間は②(　　　　)なる。

つくられた　　ためられていた　　使われていた　　長く　　短く
コンデンサー　　手回し発電機　　発光ダイオード

4 電気について正しいものを，次の㋐～㋕からすべて選びましょう。

(全部できて14点)

(　　　　)

㋐ 電気は，つくり出すことができる。
㋑ 電気は，つくり出すことはできない。
㋒ 電気は，ためることはできない。
㋓ 電気は，ためることができる。
㋔ ためた電気で，発光ダイオードを光らせることができる。
㋕ ためた電気で，発光ダイオードを光らせることはできない。

答え➡別冊解答13ページ

55 電気をつくる，ためる②

得点

/100点

1 **発光ダイオードやコンデンサーをつないだ手回し発電機を回したり，コンデンサーに発光ダイオードをつないだりする実験をしました。これについて，次の問題に答えましょう。**（1つ10点）

(1) 図1のように，発光ダイオードをつないだ手回し発電機を回したときのようすについて，次の文の(　)にあてはまることばを，書きましょう。

図1

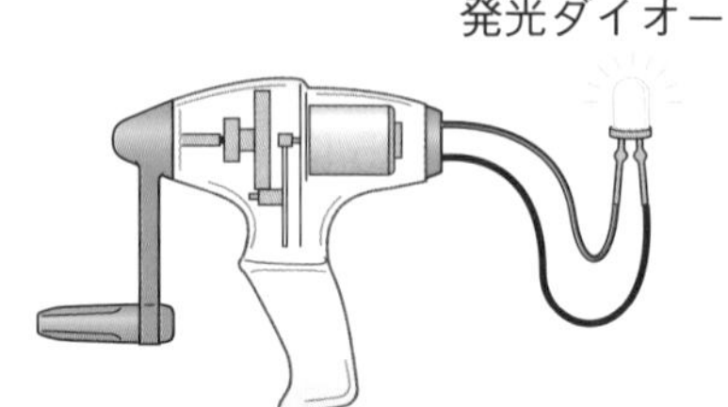

〔 手回し発電機を回すと，発光ダイオードが光る。これは，手回し発電機で，電気が（　　　　　　）からである。〕

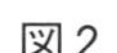

(2) 図2のように，コンデンサーにつないだ手回し発電機を回した後，図3のように，コンデンサーに発光ダイオードをつなぐと，発光ダイオードは光りますか，光りませんか。

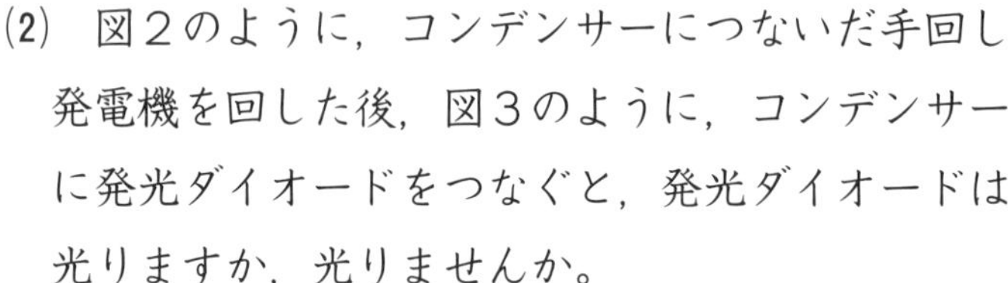

（　　　　　　）

図2

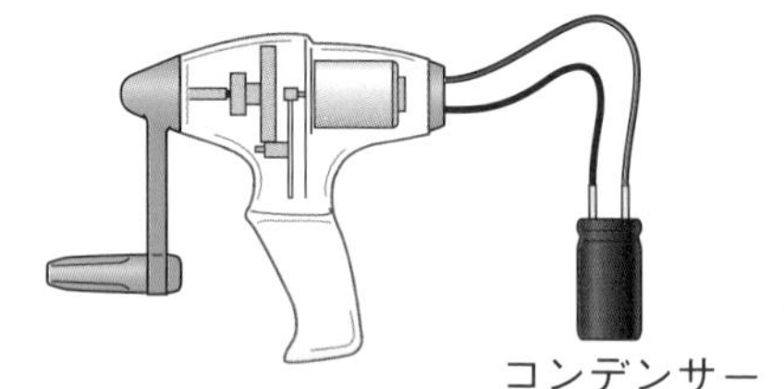

(3) 発光ダイオードが，(2)で答えたようになるのはどうしてですか。その理由について正しいものを，次の㋐～㋓から選びましょう。（　　）

㋐　コンデンサーで電気がつくられたから。

㋑　発光ダイオードで電気がつくられたから。

㋒　コンデンサーに電気がためられていたから。

㋓　発光ダイオードに電気がためられたから。

図3

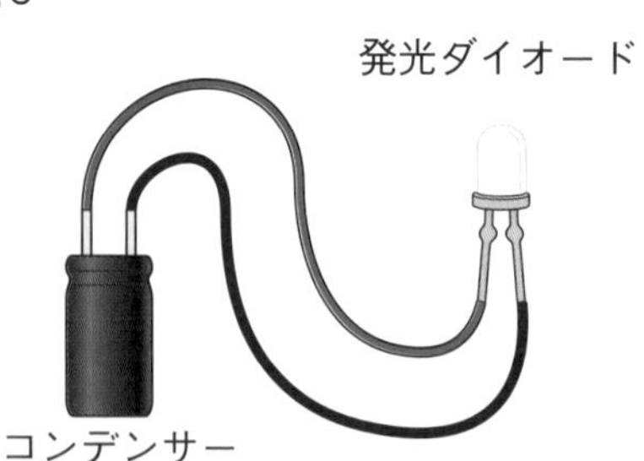

(4) 電気について正しいものを，次の㋐～㋓から選びましょう。（　　）

㋐　電気は，つくったり，ためておいたりすることはできない。

㋑　電気は，つくることはできるが，ためておくことはできない。

㋒　電気は，つくることはできないが，ためておくことはできる。

㋓　電気は，つくったり，ためておいたりすることができる。

2 **右の図のように，モーターで走る自動車に，光電池，コンデンサー，手回し発電機をつなぎました。これについて，次の問題に答えましょう。** （1つ10点）

A

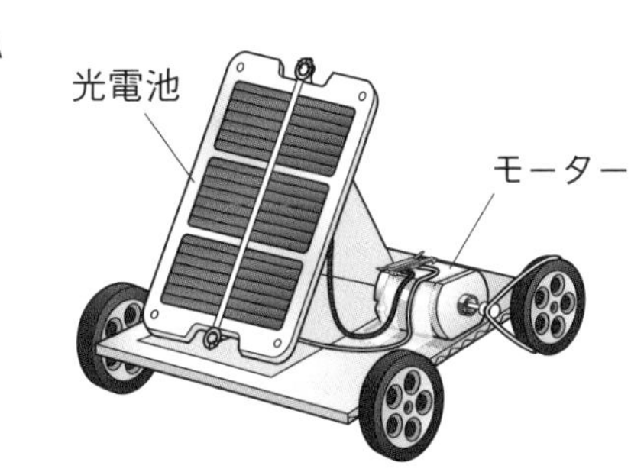

(1) 3つの自動車のうち，ためた電気で走るものはどれですか。図のA～Cから選びましょう。

B

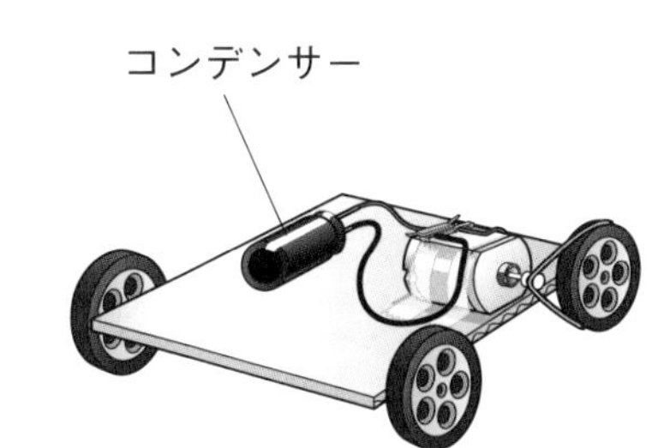

(2) Bの自動車を走らせるためには，ある準備が必要です。どのような準備ですか。次の㋐～㋓から選びましょう。

㋐ コンデンサーに手回し発電機をつなぎ，しばらく回す。

㋑ コンデンサーに豆電球をつなぎ，しばらくそのままにしておく。

㋒ モーターに手回し発電機をつなぎ，しばらく回す。

㋓ モーターに豆電球をつなぎ，しばらくそのままにしておく。

C

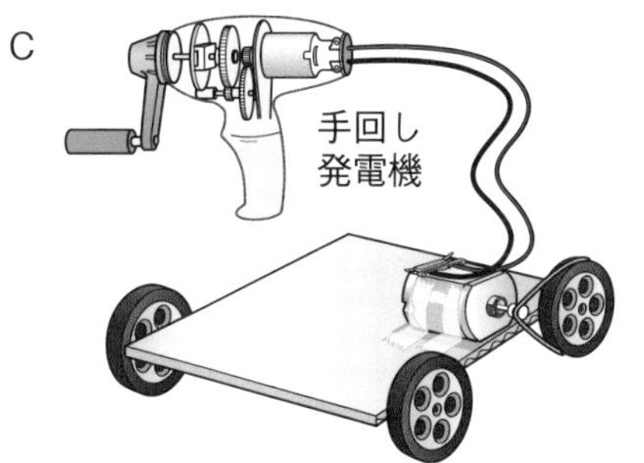

(3) 自動車の走る速さを速くするにはどうすればよいですか。それぞれ簡単に書きなさい。速さを速くすることができないときは，「×」を書きましょう。

A 光電池をつないだ自動車

（　　　　　　　　　　　　）

B コンデンサーをつないだ自動車

（　　　　　　　　　　　　）

C 手回し発電機をつないだ自動車

（　　　　　　　　　　　　）

(4) 3つの自動車のうち，回路をつなぎ変えたりせずに，走る向きを変えることができるのはどれですか。A～Cから選びましょう。 （　　）

答え➡別冊解答14ページ

56 電気の利用①

得点

/100点

覚えよう

電流による発熱

電気は熱に変えて利用できる。

コイルに電流を流すと，導線が熱くなるのは，電流に導線を発熱させるはたらきがあるからである。

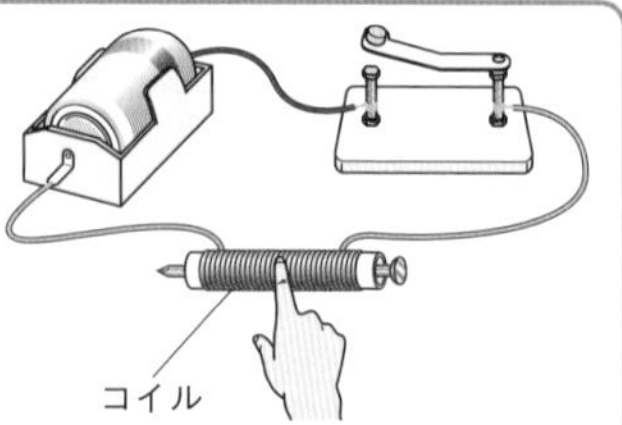

電気を使う

電気は，光・熱・音・運動などに変えて使うことができる。

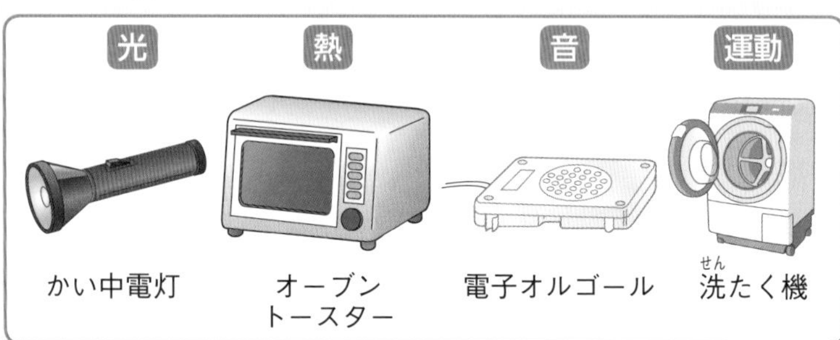

かい中電灯　オーブントースター　電子オルゴール　洗(せん)たく機

電気を使う効率

電気器具によって，電気を使う効率がちがうことがある。

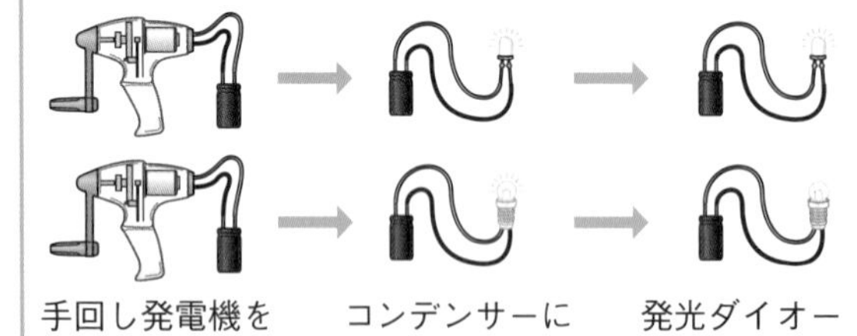

手回し発電機を同じ回数回して，コンデンサーに電気をためる。

コンデンサーに発光ダイオードと豆電球をつなぐ。

発光ダイオードのほうが，長く光り続ける。

豆電球よりも発光ダイオードのほうが，電気を使う効率がよい。

コンピュータと電気

電気をむだなく効率よく使うために，多くの電気製品にコンピュータが使われている。コンピュータの動作についての指示のことをプログラムといい，指示をつくることをプログラミングという。

プログラミングされた電気器具の例

人の動きを感じて明かりがつく。

人の動きがなくなると明かりが消える。

1 次の文の(　)にあてはまることばを，　　から選んで書きましょう。

（1つ10点）

コイルに電流を流すと，導線が①(　　　　)なる。これは，電流に導線を②(　　　　　)はたらきがあるからである。

熱く　　冷たく　　発熱させる　　冷やす

2

右の図のように，同じ量の電気をためたコンデンサーに，発光ダイオードと豆電球をそれぞれつなぎました。これについて，次の問題に答えましょう。

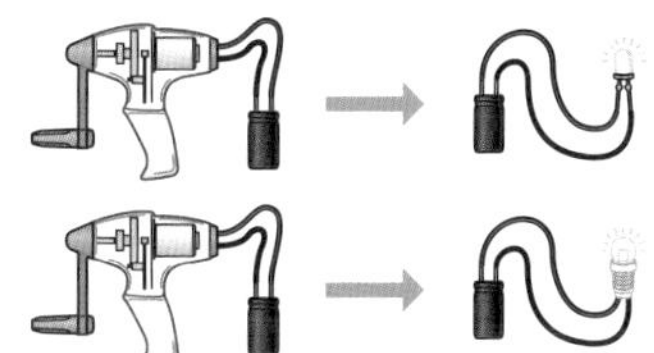

（1つ10点）

(1) 光っている時間が長いのは，発光ダイオードと豆電球のどちらですか。

（　　　　　）

(2) 豆電球の明かりをつけてしばらくたった後，豆電球をさわるとあたたかくなっていました。これは，電気が光のほかに何に変わったからですか。

（　　　　　）

(3) 発光ダイオードと豆電球の明かりを同じ時間つけていたとき，どちらのほうが使う電気の量が多いですか。

（　　　　　）

(4) 発光ダイオードと豆電球では，どちらのほうが電気を使う効率がよいですか。

（　　　　　）

3

下の図の①～④の電気器具は，それぞれ，電気を何に変えて利用するものですか。から選んで書きましょう。

（1つ10点）

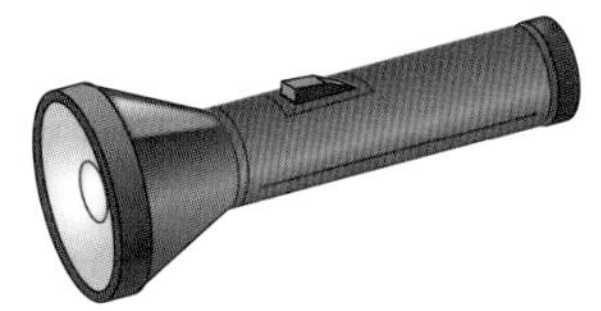

①かい中電灯（　　　　）

②オーブントースター（　　　　）

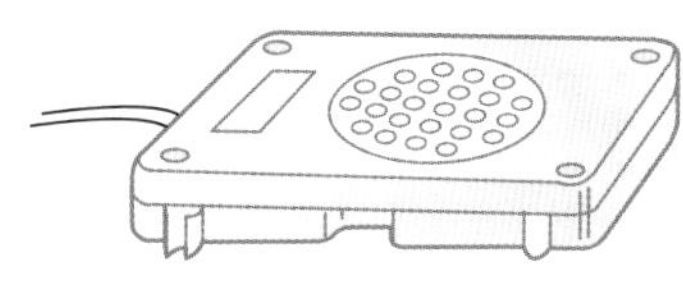

③電子オルゴール（　　　　）

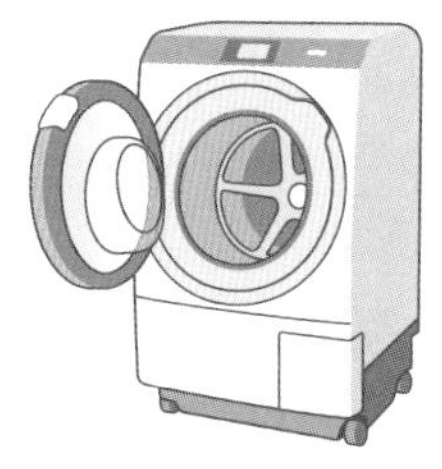

④洗(せん)たく機（　　　　）

熱　音　光　運動

答え➡別冊解答14ページ

57 電気の利用②

得点

/100点

1 電気の利用について正しいものを，次の㋐〜㋒から選びましょう。

（1つ8点）

（　　）

㋐　電気は，光・熱には変わるが，音・運動には変わらない。

㋑　電気は，光・熱・音には変わるが，運動には変わらない。

㋒　電気は，光・熱・音・運動に変わる。

2 下の図のように，身の回りの電気製品で，人がいるときに明かりがつき，人がいなくなると明かりが消える照明器具があります。これについて，次の問題に答えましょう。

（1つ8点）

人がいると明かりがつく。

人がいなくなると明かりが消える。

(1)　上の図のような照明器具を使うことは，どのようなことに役立ちますか。次の文の（　）にあてはまることばを，［　］から選んで書きましょう。

〔　電気を①（　　　　）なく，②（　　　　）よく使うことができる。　〕

効率　　条件　　動作　　むだ

(2)　上の図のような電気製品のコンピュータのしくみについて，次の文の（　）にあてはまることばを，［　］から選んで書きましょう。

〔　コンピュータの動作の手順や指示のことを①（　　　　　　）といい，指示をつくることを②（　　　　　　）という。　〕

プログラミング　　プログラム　　コンピュータ　　センサー

3 下の㋐～㋗は，いろいろな電気器具を表しています。電気を光，熱，音，運動に変えて使うものを，それぞれ2つずつ選んで㋐～㋗の記号を書きましょう。（1つ10点）

①光（　　　　）②熱（　　　　）

③音（　　　　）④運動（　　　　）

㋐ 電気ストーブ　㋑ ラジオ　㋒ 電気スタンド　㋓ 電子オルゴール

㋔ 送風機　㋕ アイロン　㋖ 洗（せん）たく機　㋗ かい中電とう

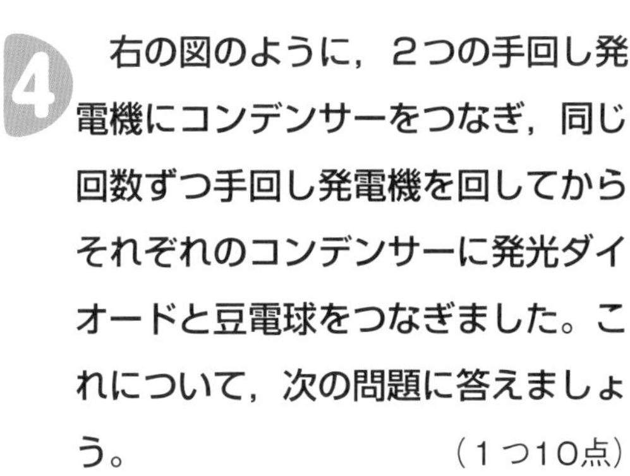

4 右の図のように，2つの手回し発電機にコンデンサーをつなぎ，同じ回数ずつ手回し発電機を回してから，それぞれのコンデンサーに発光ダイオードと豆電球をつなぎました。これについて，次の問題に答えましょう。（1つ10点）

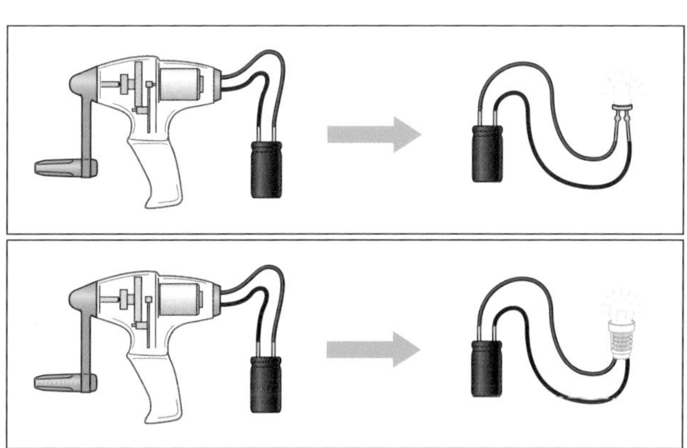

手回し発電機を同じ回数回して，コンデンサーに電気をためる。

コンデンサーに発光ダイオードと豆電球をつなぐ。

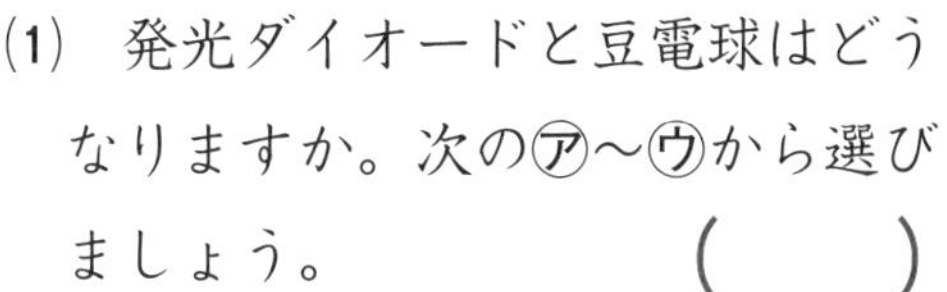

(1) 発光ダイオードと豆電球はどうなりますか。次の㋐～㋒から選びましょう。（　　）

㋐ 発光ダイオードも豆電球も，同じ時間，光り続ける。

㋑ 発光ダイオードのほうが，長い時間光り続ける。

㋒ 豆電球のほうが，長い時間光り続ける。

(2) 次の文は，この実験からわかることを説明したものです。（　）にあてはまることばを書きましょう。

〔 発光ダイオードは，豆電球よりも電気を（　　　　）使うことができる。〕

答え➡別冊解答14ページ

58 単元のまとめ

1 図1のように，コンデンサーにつないだ手回し発電機を回した後，図2のように豆電球をつないだところ，豆電球が光りましたが，しばらくすると消えてしまいました。次に，もう一度コンデンサーを手回し発電機につなぎ，はじめのときと同じ回数だけ手回し発電機を回した後，図3のように発光ダイオードにつないだところ，発光ダイオードも光り，しばらくすると消えました。これについて，次の問題に答えましょう。　（1つ10点）

図1

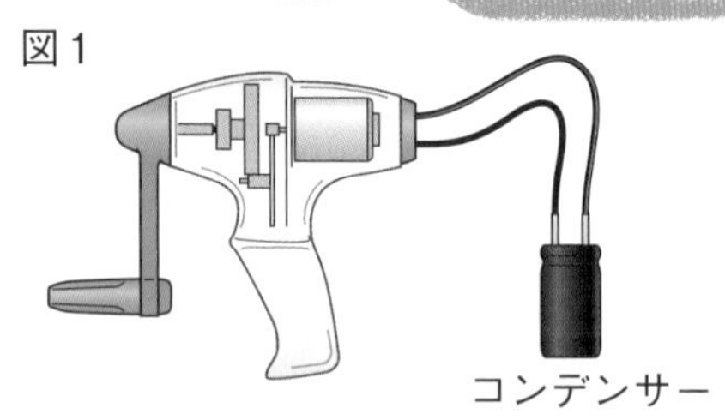

図2

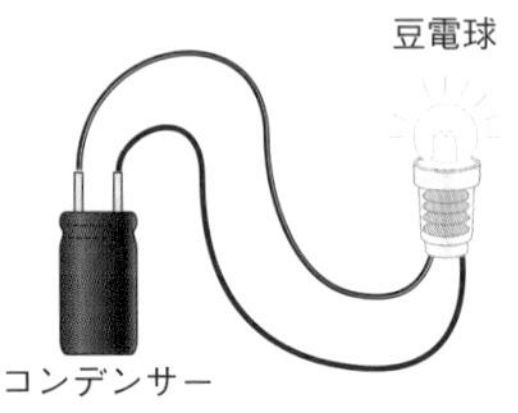

図3

(1) 光っている豆電球にさわると，温度はどうなっていますか。次の㋐～㋒から選びましょう。　(　　)

㋐ 光る前よりも熱くなっている。

㋑ 光る前よりも冷たくなっている。

㋒ 光る前とあまり変わらない。

(2) 光っている発光ダイオードにさわると，温度はどうなっていますか。(1)の㋐～㋒から選びましょう。　(　　)

(3) 豆電球と発光ダイオードの光っている時間について正しいものを，次の㋐～㋒から選びましょう。　(　　)

㋐ 豆電球のほうが長い時間光っている。

㋑ 発光ダイオードのほうが長い時間光っている。

㋒ どちらもほぼ同じ時間光っている。

(4) (3)のようになるのは，豆電球や発光ダイオードの性質と関係しています。その性質として正しいものを，次の㋐～㋓から選びましょう。　(　　)

㋐ 豆電球では，電気の一部が発熱に使われてしまうから。

㋑ 発光ダイオードでは，電気の一部が発熱に使われてしまうから。

㋒ 豆電球では，電気の一部がためられてしまうから。

㋓ 発光ダイオードでは，電気の一部がためられてしまうから。

2 光電池(こうでんち)を使って回路をつくり，モーターを回しました。これについて，次の問題に答えましょう。（1つ10点）

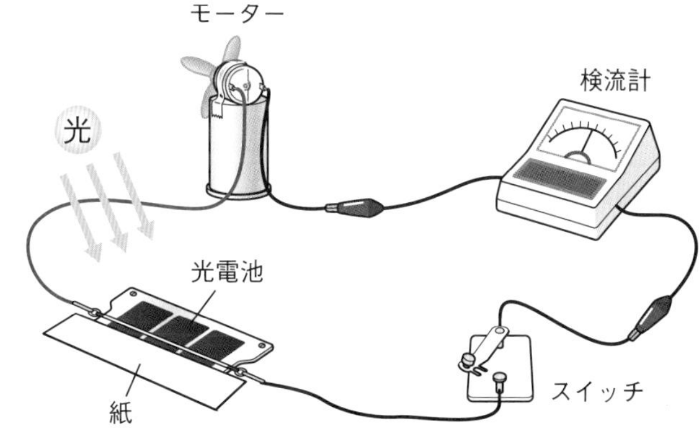

(1) 光電池に光がななめに当たっていたので，直角に当たるようにしました。モーターが回る速さは速くなりますか，おそくなりますか。
（　　　　　）

(2) 図のように光電池の半分を紙でおおい，光が当たらないようにしました。モーターが回る速さは速くなりますか，おそくなりますか。（　　　　　）

(3) 鏡ではね返した光を重ねて，光電池に当てました。モーターが回る速さは速くなりますか，おそくなりますか。（　　　　　）

3 最近になって，信号機がこれまでとは別のものにとりかえられることが多くなっています。これについて，次の問題に答えましょう。（1つ15点）

(1) 信号機は，どのようなものからどのようなものへ，とりかえられていますか。次の㋐～㋓から選びましょう。（　　）

㋐ 電球を使ったものから，発光ダイオードを使ったものにとりかえられている。

㋑ 発光ダイオードを使ったものから，電球を使ったものにとりかえられている。

㋒ 電球を使ったものから，電磁石(でんじしゃく)を使ったものにとりかえられている。

㋓ 発光ダイオードを使ったものから，電磁石を使ったものにとりかえられている。

(2) 信号機がとりかえられるのはどうしてですか。次の㋐～㋓から選びましょう。

（　　）

㋐ 使う電気が少なくてすむようにするため。

㋑ たくさんの電気を使うようにするため。

㋒ 光るのと同時に，熱も出すようにするため。

㋓ いろいろな色を出すようにするため。

発光ダイオードの利用

利用が限られていた発光ダイオード

最近，生活のさまざまなところで，発光ダイオード（LED）が使われるようになってきました。今までは豆電球が使われていたかい中電灯や，けい光灯が使われていた電気スタンドなどにも，使われるようになってきました。

これらの電気製品は，白い光が出て，光を当てたものが自然な色に見えるようになっていますが，この白い光を発光ダイオードで出すことは，とても難(むずか)しいことでした。

発光ダイオード自体は，1960年代ごろからありましたが，いろいろな色を自由に出すことはできず，赤や黄緑色に限られていました。そのため，発光ダイオードの使い道も限られてしまい，かい中電灯や電気スタンドなどには利用することができませんでした。

しかし，発光ダイオードは少ない電気で光らせることができるので，地球の限られた資源を有効に使うためにも，ぜひ利用しやすくしたいと考えた世界中の研究者たちが，もっとちがう色の発光ダイオードができないかと，研究に取り組んでいました。

そんな中，日本人の中村修二(なかむらしゅうじ)さんという人が，20世紀中の開発は不可能だと言われていた青い光を出す発光ダイオードの開発に成功したのです。1993年のことです。

その後，青色発光ダイオードの技術を応用して，1995年には緑色の光を出す発光ダイオードも開発されました。これによって，発光ダイオードは私たちの生活のさまざまな場面で利用することが可能になったのです。

そして，それらの研究・開発により，中村修二さんは赤﨑勇(あかさきいさむ)さん，天野浩(あまのひろし)さんとともに，2014年にノーベル物理学賞を受賞されました。

この単元では，光電池のはたらき，電気をつくる，ためる，電気の利用について学習しました。ここでは発光ダイオードについて調べていきます。

光の三原色

ところで，どうして青色や緑色の発光ダイオードの開発が，それほど重要だったのでしょうか。

みなさんは絵の具を使って絵をかくとき，色を混ぜ合わせて，別の色をつくることがありますね。たとえば，赤と白の絵の具を混ぜてピンクをつくるといったことです。

光にも同じような性質があります。たとえば，青い光が当たっているところに赤い光を重ねるとむらさき色になります。

いろいろな色の光のうち，赤，青，緑の光を使うと，ほとんどの色を表現することができます。これを「光の三原色」といいます。テレビの画面の拡大写真を見てみると，この3種類の光る点の組み合わせによって映し出されていることがわかります。

では，この3つの色をすべて重ねると何色になるのでしょう。いろいろな絵の具を混ぜ合わせると黒っぽい色になりますが，光の場合は「黒い光」になるのでしょうか。

実は，赤，青，緑の３つの光を重ねると，光の色は白くなります。逆にいえば，白い色を光で表現するためには，赤，青，緑の3色がどうしても必要なのです。世界中の研究者たちが，青色や緑色の発光ダイオードの開発に取り組んだのも，光の三原色を利用するためには，どうしてもこの2色が必要だったからなのです。

自由研究のヒント

- 光では，どのような組み合わせで色を表現できるか，調べてみましょう。
- 発光ダイオードが光を出すしくみと，電球が光を出すしくみとでは，何がちがうのかを調べてみましょう。
- 発光ダイオードでさまざまな光を出すことができるようになり，私たちの生活はどのように便利になったのかを調べてみましょう。

答え➡別冊解答14ページ

59 生き物と食べ物①

得点　/100点

覚えよう

生き物と養分

植物は，日光が当たった**葉ででんぷんをつくり**，育つための養分としている。
しかし，人や動物は，自分で養分をつくることができないので，**植物や，ほかの動物を食べて**養分を得ている。

ウシは植物を食べて養分を得ている。

植物は，日光に当たると葉ででんぷんをつくり，養分にしている。

動物の食べ物

動物には，植物を食べるもの（草食の動物）と，ほかの動物を食べるもの（肉食の動物）とがいる。また，かれた植物（ほし草やくさりかけた落ち葉など）を食べるものもいる。

食べ物による生き物のつながり

生き物は，**食べる・食べられる**という１本のくさりのような関係でつながっている。このひとつながりの関係を**食物連さ**（しょくもつれん）という。また，人や動物の食べ物のもとをたどると，日光が当たると養分ができる**植物にいきつく**。

［ほかの動物を食べる生き物］
・ライオン，モグラ，タカ，サメ，カエル，カマキリ，クモなど

［植物を食べる生き物］
・ウシ，ウマ，ウサギ，ショウリョウバッタなど

［かれた植物を食べる生き物］
・ウシ，ウマ（ほし草など）
・ダンゴムシ，ヤスデ，ミミズ，カブトムシの幼虫（ようちゅう）など（くさりかけた落ち葉など）

肉食の動物（ライオン，タカなど）
↑ 食べる／食べられる　　↑ 食べる
肉食の動物（ヘビ，カエルなど）
↑ 食べる／食べられる　　食べられる
草食の動物（ウサギ，バッタなど）
↑ 食べる／食べられる
植物

1 右の文は，植物やウシが育つための養分のとりかたについて書いたものです。（　）にあてはまることばを，□から選んで書きましょう。（１つ10点）

植物　　ほかの動物
水　　でんぷん

ウシは，①（　　　　　　）を食べて養分を得ている。
植物は，葉で②（　　　　　　）をつくり，養分にしている。

2 次の文は，生き物と養分について書いたものです。(　)にあてはまることばを，　から選んで書きましょう。

（1つ8点）

(1) 植物は，(　　　　　　)，育つための養分としている。

(2) 動物は，自分で(　　　　　　)ので，植物や，ほかの動物を食べて養分を得ている。

葉ででんぷんをつくり　葉から水をとり入れ　養分をつくることができない

3 右の図は，食べ物による生き物のつながりを表したものです。これについて，次の問題に答えましょう。

（1つ8点）

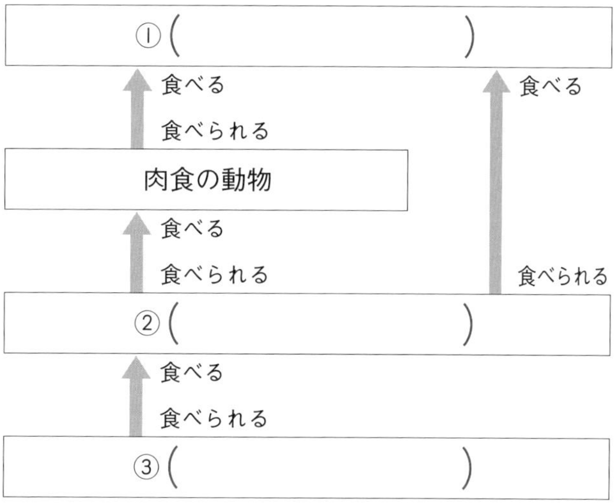

(1) 図の(　)にあてはまることばを，　から選んで書きましょう。

肉食の動物
植物
草食の動物

①(　　　　　　)
↑食べる　食べられる
肉食の動物
↑食べる　食べられる
②(　　　　　　)
↑食べる　食べられる
③(　　　　　　)

（②から①へ：食べる　食べられる）

(2) 動物には，草食の動物と，肉食の動物とがいます。それぞれにあてはまる動物を，次の㋐～㋔からすべて選びましょう。

草食の動物(　　　　　　)
肉食の動物(　　　　　　)

㋐ ライオン　㋑ ウサギ　㋒ サメ
㋓ カマキリ　㋔ ショウリョウバッタ

(3) 上の図から，動物の食べ物のもとをたどると，何にいきつくことがわかりますか。

(　　　　　　)

(4) (3)は自分で養分をつくることができますか。

(　　　　　　)

(5) (3)を出発点とした図のようなひとつながりの関係を何といいますか。

(　　　　　　)

答え➡別冊解答14ページ

60 生き物と食べ物②

1 下の図は，食べ物による生き物のつながりを表したものです。これについて，次の問題に答えましょう。　（１つ７点）

①（　　　　　　　）
↑ 食べる
食べられる
モグラ
↑ 食べる
食べられる
②（　　　　　　　）
↑ 食べる
食べられる
③（　　　　　　　）

(1) 図の①～③の（　）にあてはまるものの例を，次の［　］から選んで書きましょう。

ミミズ　　タカ　　くさった落ち葉

(2) モグラが食べ物から得ている養分のもとをたどると，何にいきつきますか。次の㋐～㋒から選びましょう。　（　　）

㋐　モグラが自分でつくり出した養分

㋑　ほかの動物がつくり出した養分

㋒　植物が日光を受けてつくり出した養分

(3) 生き物のつながりについて正しく説明したものを，次の㋕～㋗から選びましょう。　（　　）

㋕　生き物は，食べる・食べられるという関係で，全体がつながっている。

㋖　生き物の食べる・食べられるという関係は，肉食の動物どうしの間だけにある。

㋗　生き物の食べる・食べられるという関係に，植物は入っていない。

(4) (3)の「食べる・食べられる」というひとつながりの関係を何といいますか。

（　　　　　　　　）

2 次の文について，正しいものには○を，まちがっているものには×を書きましょう。

（1つ7点）

①（　　）かれた植物も，ダンゴムシ，ヤスデ，ミミズなどの地面や地中にすむ小さな生き物の食べ物になる。

②（　　）植物は，成長に必要な養分を自分でつくり出している。

③（　　）動物は，養分を自分でつくり出しているので，植物を食べなくても生きていける。

④（　　）ほかの動物を食べる動物がいる。

3 カレーライスの材料のもとを調べたところ，下の図のようになっていました。これについて，次の問題に答えましょう。

（1つ6点）

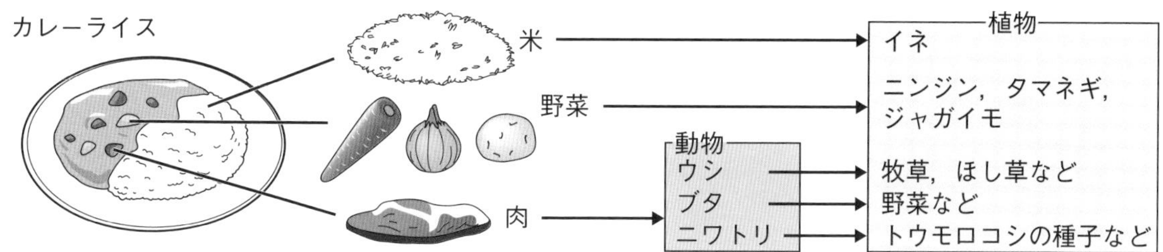

(1) 次の文の（　）にあてはまることばを，□から選んで書きましょう。

肉のウシ，ブタ，ニワトリは①（　　　　）であるが，ウシは②（　　　　）やほし草などを食べ，ブタは野菜などを食べ，ニワトリは③（　　　　）の種子などを食べている。

牧草　　落ち葉　　動物　　小さな生き物　　トウモロコシ

(2) 人は，何を食べ物としていますか。次の㋐～㋒から選びましょう。（　　）

㋐ 植物だけを食べ物としている。

㋑ 動物だけを食べ物としている。

㋒ 植物と動物の両方を食べ物としている。

(3) 人が食べ物からとり入れる養分のもとをたどると，何がつくった養分であるといえますか。（　　　　）

答え➡別冊解答15ページ

61 水中の小さな生き物①

覚えよう

メダカの食べ物

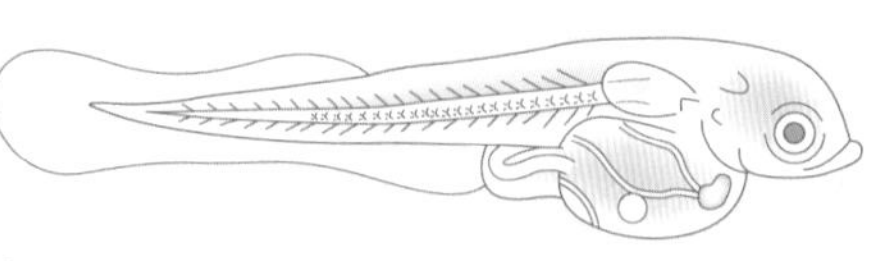

メダカは，たまごから出てきたばかりのころは，**はらのふくらみの中にある養分**で育ち，ふくらみがなくなると，**水中の小さな生き物**を食べるようになる。

水中の小さな生き物

池や川などの水の中には，メダカの食べ物になるような小さな生き物がいる。水中でも，小さな生き物を出発点とする食物連さ(しょくもつれん)でつながり合っている。

ミジンコ（約15倍）

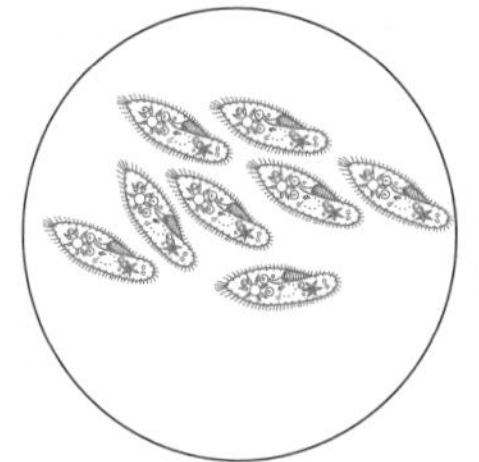
ゾウリムシ（約30倍）

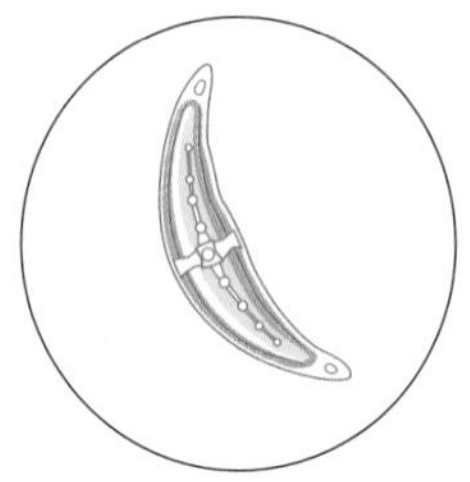
ミカヅキモ（約100倍）

アオミドロ（約50倍）

水中の小さな生き物の大きさ

メダカや水中の小さな生き物の大きさを比べると，いろいろな大きさの生き物がいることがわかる。（ミジンコが１㎜ほどの大きさ）

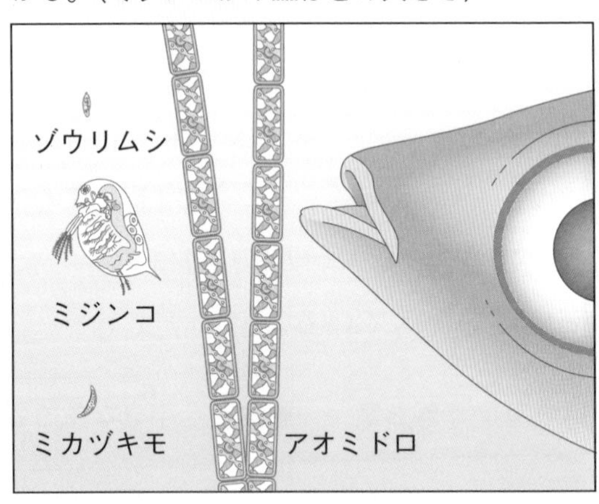

1 **次の文は，メダカの食べ物について書いたものです。（　）にあてはまることばを，　　から選んで書きましょう。** （１つ15点）

メダカは，たまごから出てきたばかりのころは，①（　　　　　　）の中にある養分で育ち，ふくらみがなくなると，②（　　　　　　）を食べるようになる。

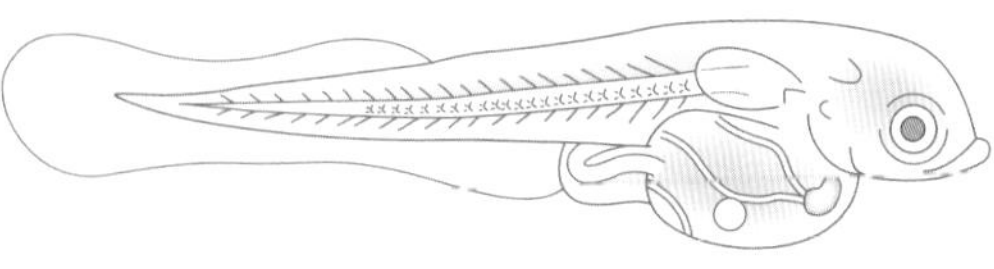
たまごから出てきたばかりのメダカ

水　　水中の小さな生き物
空気　　はらのふくらみ

2 右の図は，池や川などの水の中にいる，小さな生き物です。それぞれの名前を書きましょう。

（１つ10点）

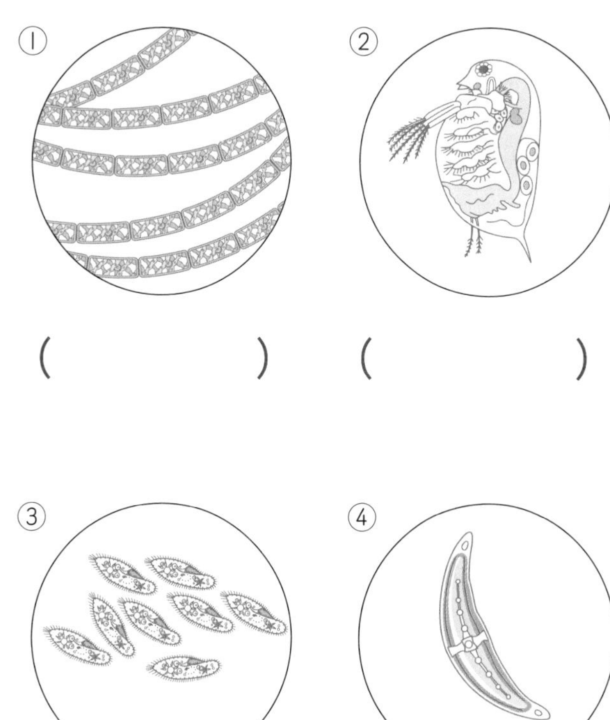

①（　　　　　）　②（　　　　　）

③（　　　　　）　④（　　　　　）

3 次の文は，水中の小さな生き物の大きさについて書いたものです。（　）にあてはまることばを，　　から選んで書きましょう。

（１つ10点）

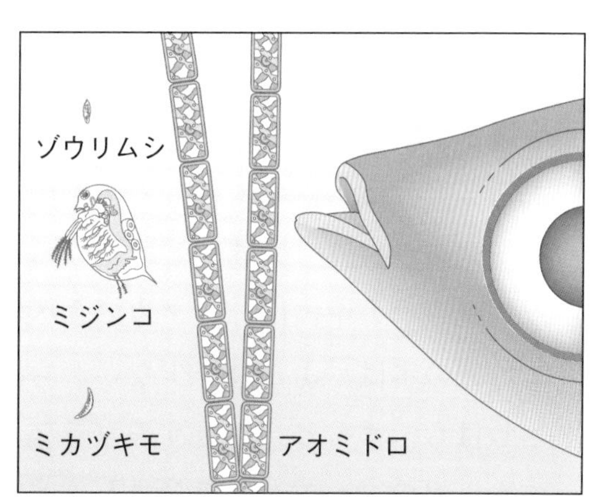

池や川の水の中には，さまざまな小さな生き物がいる。その生き物の大きさは①（　　　　　）で，たとえばミジンコの大きさはおよそ②（　　　　　）ほどである。また，水中の小さな生き物は，メダカなどの③（　　　　　）になっている。

植物　　食べ物　　ほぼ同じ　　いろいろ　　1cm　　1mm　　0.1mm

答え➡別冊解答15ページ

62 水中の小さな生き物②

1 **自然の池や川にいるメダカについて，次の問題に答えましょう。**

（1つ10点）

(1)　メダカはどのようにして生きていますか。次の㋐～㋓から選びましょう。

（　　）

㋐　何も食べないで生きている。

㋑　水を栄養にして生きている。

㋒　人があたえるえさを食べて生きている。

㋓　水中の小さな生き物を食べて生きている。

(2)　池や川の水の中でも，生き物は「食べる・食べられる」の関係でつながっています。このつながりを何といいますか。（　　　　）

2 **池からくんできた水を入れた水そうでメダカを飼ったところ，あまりえさをあたえなくても，メダカは生きていました。これについて，次の問題に答えましょう。**　（1つ10点）

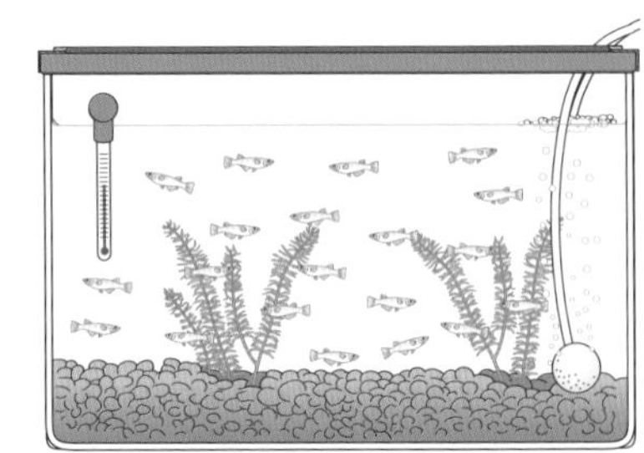

(1)　あまりえさをあたえなくても，メダカが生きていたのはどうしてですか。次の㋐～㋓から選びましょう。（　　）

㋐　メダカは，何も食べなくても生きていけるから。

㋑　池の水には，栄養がとけているから。

㋒　池の水の中には，メダカの食べ物となる小さな生き物がいるから。

㋓　池の水は，よごれが少ないから。

(2)　しばらくすると，水そうのガラスに緑色のものがつきはじめました。これは何ですか。次の㋐～㋓から選びましょう。（　　）

㋐　池の水の中にいた，アオミドロなどがふえたもの。

㋑　メダカの食べ残したえさがかたまったもの。

㋒　メダカのふんがかたまったもの。

㋓　メダカのうろこなどがはがれたもの。

(3)　くみおきした水道の水だけで，メダカを飼います。人がえさをあたえなくても，メダカは生きていくことができますか，できませんか。（　　　　）

3 右の図は，メダカと，メダカのたまご，たまごから出てきたばかりで，まだ，はらにふくらみがあるメダカのようすを表したものです。これについて，次の問題に答えましょう。（１つ10点）

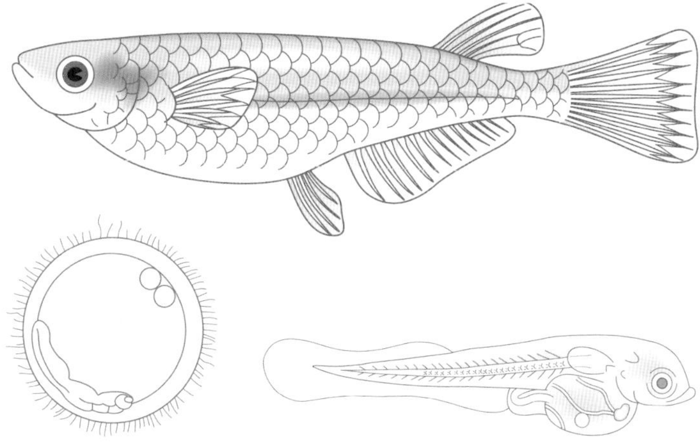

(1) たまごから出てきたばかりで，はらにふくらみがあるころのメダカは，どのようにして育ちますか。次の㋐～㋒から選びましょう。

（　　）

㋐ 水を栄養にして育つ。

㋑ はらのふくらみの中の養分で育つ。

㋒ 水中の小さな生き物を食べて育つ。

(2) しばらくして，はらのふくらみがなくなると，メダカはどのようにして育ちますか。次の㋐～㋒から選びましょう。（　　）

㋐ 水を栄養にして育つ。

㋑ 何も食べないで育つ。

㋒ 水中の小さな生き物を食べて育つ。

4 右の図は，水中の小さな生き物をけんび鏡で観察したものです。３種類の生き物の大きさは，どれも同じくらいにかかれていますが，観察したときのけんび鏡の倍率はちがっています。これについて，次の問題に答えましょう。

（１つ15点）

ミジンコ
（約15倍で観察したもの。）

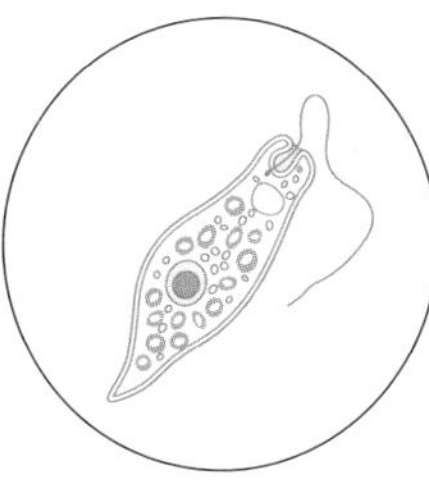

ミドリムシ
（約300倍で観察したもの。）

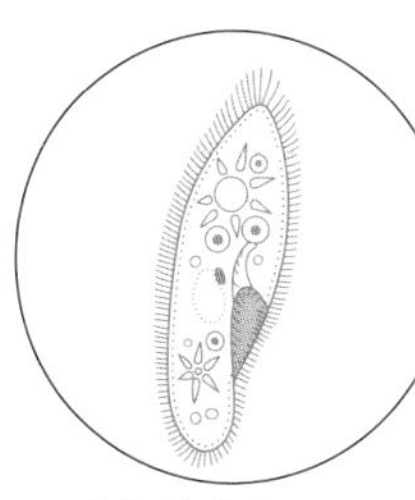

ゾウリムシ
（約120倍で観察したもの。）

(1) ３種類の生き物のうち，実際の大きさがもっとも大きいのはどれですか。

（　　　　　　）

(2) ３種類の生き物のうち，実際の大きさがもっとも小さいのはどれですか。

（　　　　　　）

答え➡別冊解答15ページ

63 生き物と空気や水①

覚えよう

生き物と空気

空気中の酸素は，**植物がつくり出している。**植物は日光が当たると**二酸化炭素**をとり入れ，**酸素**を出す。

植物も一日中呼吸しているが，日光が当たると，とり入れる酸素より出す酸素のほうが多くなる。

空気の成分

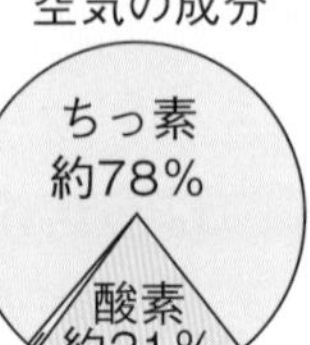

そのほかの気体約１％
（二酸化炭素は0.04％）

人がはいた空気

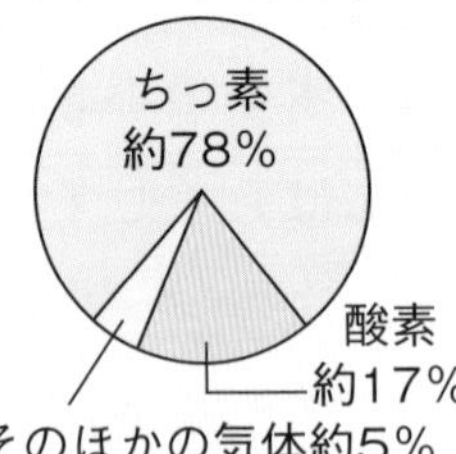

そのほかの気体約5%
（二酸化炭素は4%）

生き物と水

人や動物，植物は，**水をとり入れないと生きていけない。**

ふくまれる水の割合

	水	その他
人	約60～70%	その他
リンゴ	約85%	その他

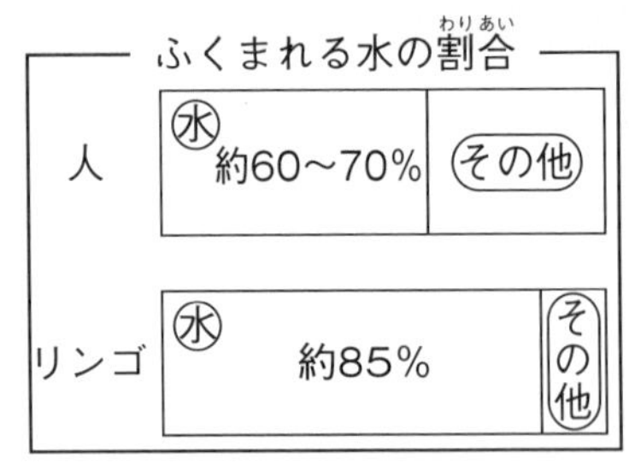

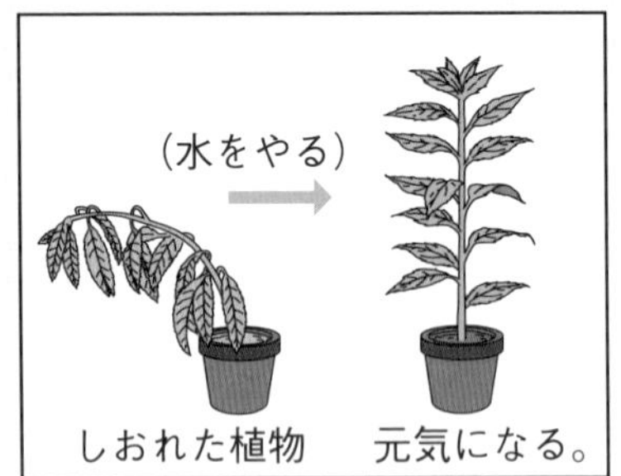

生きていくために必要なもの

人や動物は，空気，食べ物，水がないと生きていけない。

1 右の図は，人や動物が呼吸するときと，ものが燃えるときに，とり入れる気体と出す気体を表したものです。①～④の矢印は，酸素と二酸化炭素のどちらを表しているか書きましょう。（１つ６点）

①（　　　　）　②（　　　　）
③（　　　　）　④（　　　　）

2 次の文は，植物と空気の関係について書いたものです。(　)にあてはまることばを，　から選んで書きましょう。同じことばを，くり返し使ってもかまいません。(1つ7点)

(1) 植物は，呼吸で①(　　　　　)をとり入れ，②(　　　　　)を出す。

(2) 植物に日光が当たると，①(　　　　　)をとり入れ，②(　　　　　)を出す。

酸素　ちっ素　二酸化炭素

3 右の円グラフは，空気の成分と人がはいた空気の成分を表したものです。これについて，次の問題に答えましょう。(1つ8点)

(1) ㋐，㋑にあてはまる気体を，　から選んで書きましょう。

㋐(　　　　　)
㋑(　　　　　)

二酸化炭素　酸素　ちっ素　水蒸気(すいじょうき)

A(エー)
㋐ 約78%
約17%
そのほかの気体
㋑

B(ビー)
㋐ 約78%
約21%
そのほかの気体
㋑

(2) 人がはいた空気を表しているのは，A，Bのグラフのどちらですか。(　　)

4 右の図は，植物と水との関係を表しています。これについて，次の問題に答えましょう。(1つ8点)

(1) ㋐，㋑は，水をあたえた植物と，水をあたえなかった植物を表しています。水をあたえなかった植物は，㋐，㋑のどちらですか。(　　)

㋐　㋑

(2) 次の文の(　)にあてはまることばを，　から選んで書きましょう。

植物にふくろをかぶせておくと，ふくろの内側が水てきで白くくもることから，植物は，①(　　　)から②(　　　)が出ていくことがわかる。

葉　根　水　酸素　二酸化炭素

答え➡別冊解答15ページ

64 生き物と空気や水②

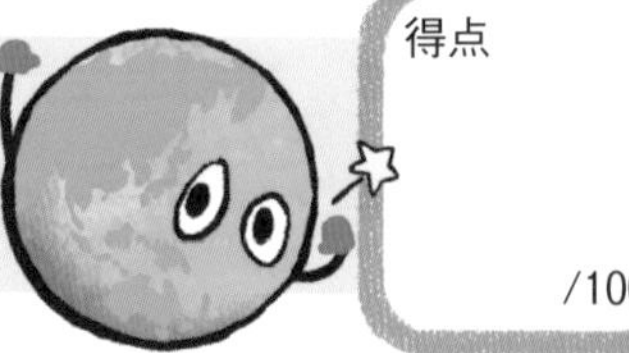

1 **下の図は，人や動物，植物などと，空気にふくまれる２種類の成分とのかかわりを表したものです。これについて，次の問題に答えましょう。** （１つ６点）

(1) ➡と⇢の矢印は，空気にふくまれている酸素と二酸化炭素の出入りを表しています。それぞれどちらを表していますか。

①➡（　　　　　）
②⇢（　　　　　）

(2) 生き物が，空気中の酸素をとり入れ二酸化炭素を出すはたらきを，何といいますか。（　　　　）

(3) ものが燃えるときは，空気中のある気体が使われ，二酸化炭素ができます。このとき使われる気体は何ですか。（　　　　）

(4) 空気中の酸素は，どのようにして自然界でつくり出されていますか。次の㋐～㋒から選びましょう。（　　）

㋐ 動物が，呼吸（こきゅう）によってつくり出している。
㋑ ものが，燃えることによってつくり出されている。
㋒ 植物が，日光に当たっているときにつくり出している。

2 **下の表は，人が吸（す）う空気とはいた空気の成分のうち，ちっ素と，ほかの２つの気体についてまとめたものです。これについて，次の問題に答えましょう。** （１つ６点）

(1) 表の中の①，②の（　）にあてはまる気体の名前を書きましょう。

(2) 呼吸によって量が変化しない気体は何ですか。（　　　　）

(3) 次の文の（　）に，あてはまることばを書きましょう。

呼吸することは，空気中の①（　　　　）をとり入れ，②（　　　　）を出すことといえる。

	吸う空気	はいた空気
ちっ素	約78%	約78%
①（　　　　）	約21%	約17%
②（　　　　）	約0.04%	約4%
その他	約1%	約1%

3 生き物と水のかかわりについて，次の問題に答えましょう。

（1つ7点）

(1) 右のグラフは，人のからだとリンゴにふくまれている水の割合（わりあい）を表したものです。水の割合は，㋐，㋑のどちらですか。　（　　）

人	㋐ 約60～70%	㋑
リンゴ	㋐ 約85%	㋑

(2) 右の図は，はち植えの植物のようすです。水が足りないのは，A（エー），B（ビー）のどちらですか。（　　）

(3) 水が足りない状態が続くと，植物はやがてどうなりますか。次の㋐～㋒から選びましょう。

（　　）

A　B

㋐　生き生きとしてくる。

㋑　かれてしまう。

㋒　よく成長するようになる。

(4) 人や動物，植物と水のかかわりについて正しいものを，次の㋐～㋒から選びましょう。　（　　）

㋐　人や動物は，水をとり入れないと生きていけないが，植物は水がなくても生きていける。

㋑　人や動物は，水をとり入れなくても生きていけるが，植物は水がないと生きていけない。

㋒　人や動物，植物は，水をとり入れないと生きていけない。

4 人や植物がからだの中にとり入れた水は，その後どうなりますか。次の㋐～㋖から，それぞれ選びましょう。

（1つ6点）

人（　　）　植物（　　）

㋐　そのまま，おもに水蒸気（すいじょうき）として外に出される。

㋑　そのまま，おもににょうとして外に出される。

㋒　そのまま，からだの中にたくわえられる。

㋓　養分などを運ぶのに使われた後，おもに水蒸気として外に出される。

㋔　不要物を運ぶために使われ，その後はからだの中にたくわえられる。

㋕　養分や不要物を運ぶために使われ，その後はからだの中にたくわえられる。

㋖　養分や不要物を運ぶために使われ，その後はおもににょうとして外に出される。

答え➡ 別冊解答15ページ

65 わたしたちの生活とかんきょう①

得点

/100点

覚えよう

人の生活とかんきょうへのえいきょう

植物へのえいきょう

住宅を建てたり，紙などに使うために，木を大量に切る。
➡森林が減少する。

水へのえいきょう

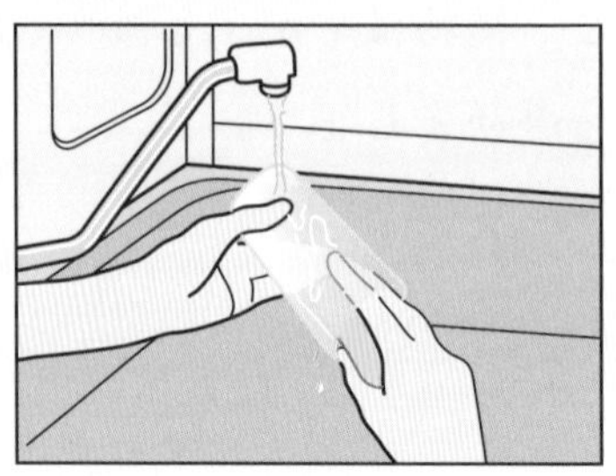

家庭や工場で使った水が川に流され，川や海の水がよごれる。
➡生き物が生きていけなくなる。

空気へのえいきょう

石油や石炭が燃料として燃やされると，空気中の二酸化炭素が増える。➡気温が上がる。

かんきょうを守る工夫

自然かんきょうを守るためにいろいろな工夫がされている。

植物とのかかわり

山に木を植えて，森林を育てる。

再生紙を利用すると，森林を守ることになる。

水とのかかわり

下水処理場で水をきれいにしてから，川に流す。

空気とのかかわり

二酸化炭素を出さない燃料電池自動車が開発され，実用化が進められている。

1 下の図は，人の生活とかんきょうとのかかわりを表したものです。水，植物，空気のどれとのかかわりですか。(　)にあてはまることばを書きましょう。（1つ8点）

①(　　　　)　②(　　　　)　③(　　　　)

2 下の図は，わたしたちの生活が，かんきょうにあたえるえいきょうを表したものです。(1)～(3)の図について書いた文の(　)にあてはまることばを，　　から選んで書きましょう。

（１つ８点）

(1)

(2)

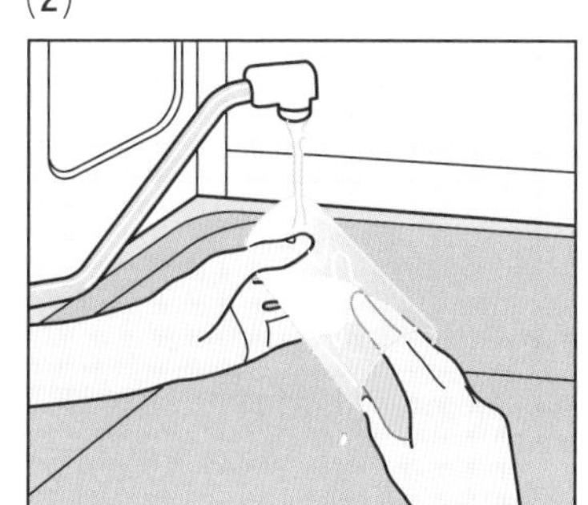

(3)

(1)　森林を(　　　　　)して，住宅を建てるために木を切る。

(2)　①(　　　　)や工場で使った水が川に流され，川や海の水が②(　　　　　)。

(3)　①(　　　　)や石炭が燃料として燃やされると，空気中の②(　　　　　)が増える。

植林　　開発　　石油　　二酸化炭素　　酸素　　家庭　　よごれる　　きれいになる

3 下の図は，かんきょうを守るために，人びとが工夫していることを表したものです。(1)～(4)の図について書いた文の(　)にあてはまることばを，　　から選んで書きましょう。

（１つ９点）

(1)

(2)

(3)

(4)

(1)　山に木を植えて，(　　　　　)を育てる。

(2)　(　　　　　　　　)を利用すると，森林を守ることになる。

(3)　家庭や工場で使った水は，(　　　　　　　)で水をきれいにしてから川に流す。

(4)　(　　　　　　　　)を出さない燃料電池自動車が開発され，実用化が進められている。

二酸化炭素　　酸素　　再生紙　　下水処理場（しょりじょう）　　森林　　石油や石炭

答え➡別冊解答15ページ

66 わたしたちの生活とかんきょう②

得点　　/100点

1 わたしたちの生活が，自然かんきょうにあたえるえいきょうについて，次の問題に答えましょう。（1つ4点）

(1) 次のように，わたしたちが自然かんきょうを利用すると，植物，水，空気のどれに，それぞれえいきょうをあたえますか。

① 森林を開発して，住宅をたくさんつくる。（　　）

② 家庭で洗（せん）ざいを使って食器を洗（あら）ったり，洗たくをしたりする。（　　）

③ 料理などで使った油を流しに流す。（　　）

④ 石油や石炭を燃やして，火力発電を行う。（　　）

⑤ 石油からつくるガソリンで，自動車を走らせる。（　　）

⑥ 木を使った家具などの製品をつくる。（　　）

(2) 森林の木を大量に切ると，人のくらしにどんなえいきょうがありますか。次の㋐～㋒から選びましょう。（　　）

㋐ 木はどんどん成長してもとにもどるので，人にはほとんどえいきょうはない。

㋑ 人が生活する場所が増えるので，よいえいきょうしかない。

㋒ 人と植物はかかわりあっているので，よくないえいきょうもある。

(3) 家庭の台所などから出る水を，そのまま川に流すと，かんきょうにどんなえいきょうをあたえますか。次の㋐～㋒から選びましょう。（　　）

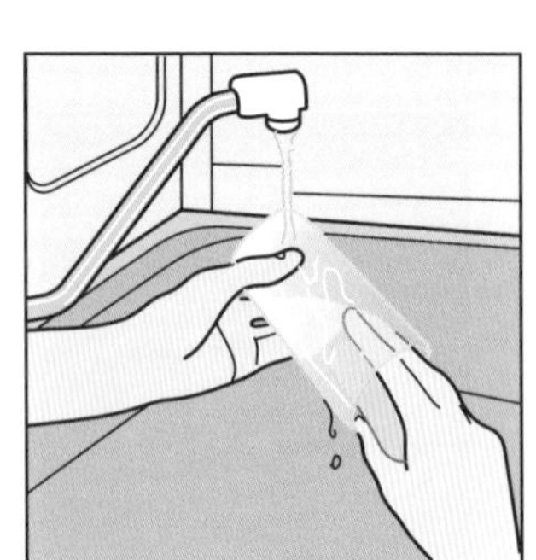

㋐ 洗ざいの成分がふくまれているので，川の水がきれいになる。

㋑ 家庭で使われた水はそれほどよごれていないので，かんきょうへのえいきょうはない。

㋒ 川や海の水がよごれ，そこにすむ生き物が生きていけなくなったりする。

(4) 空気中の二酸化炭素が増えると，地球全体の気温がどうなると考えられていますか。次の㋐～㋒から選びましょう。（　　）

㋐ 地球全体の気温が上がる。　　㋑ 地球全体の気温が下がる。

㋒ 地球全体の気温は変わらない。

2 下の①～⑦の図の中から，豊かな自然かんきょうを守るために，人びとが工夫していることを４つ選びましょう。

（１つ６点）

（　　）（　　）（　　）（　　）

①

下水処理場で水をきれいにしてから，川に流す。

②

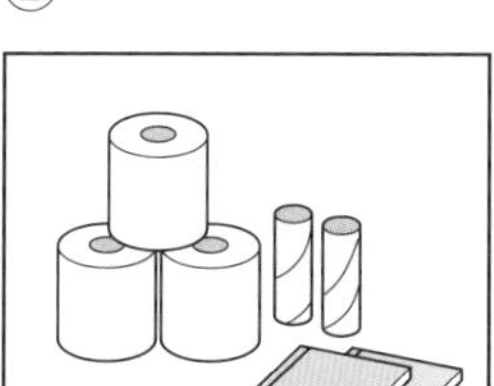

再生紙を利用する。

③

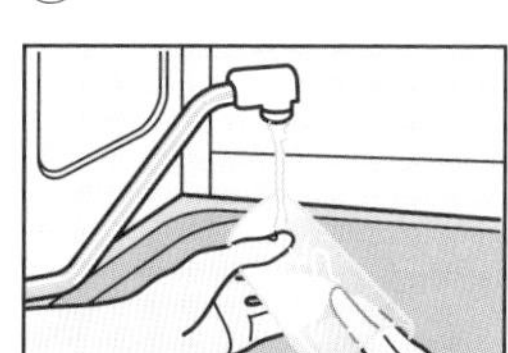

家庭や工場で使った水が川に流される。

④

森林を開発して，住宅を建てるために木を切る。

⑤

二酸化炭素を出さない燃料電池自動車が開発され，実用化が進められている。

⑥

山に木を植えて，森林を育てる。

⑦

石油や石炭が燃料として燃やされると，空気中の二酸化炭素が増える。

3 人の生活と自然かんきょうについて，次の問題に答えましょう。

（１つ10点）

(1) かんきょうを守るために，わたしたちが身近でできることはどれですか。次の㋐～㋓から２つ選びましょう。（　　）（　　）

㋐ 食器などを洗うときは，洗ざいを多く使ってきれいに洗う。

㋑ 人のいない部屋の電灯や，見ていないテレビなどはこまめに消す。

㋒ 夏，エアコンで部屋の温度を下げるときは，なるべく低い温度に設定する。

㋓ 川や川原のごみをそうじする活動に参加する。

(2) 紙は，木を原料としたパルプからつくられます。どんな紙を使うと，森林を守ることにつながりますか。（　　　　）

(3) 自動車は便利ですが，大量のはい気ガスを出します。いま開発され実用化が進められているはい気ガスを出さない自動車を書きましょう。

（　　　　　　）

答え➡別冊解答16ページ

67 単元のまとめ

得点

/100点

1 **下の図は，空気中にふくまれている酸素と二酸化炭素の，自然界での出入りを表したものです。これについて，次の問題に答えましょう。**　（1つ6点）

(1)　図の中の矢印にある記号㋐～㋕は，酸素か二酸化炭素の出入りを表しています。酸素，二酸化炭素を表しているものを，それぞれ記号ですべて書きましょう。

①　酸素　（　　　　　　）

②　二酸化炭素（　　　　　　）

(2)　植物が日光に当たってでんぷんをつくるとき，空気中からとり入れている気体は何ですか。（　　　　　　）

(3)　植物が日光に当たってでんぷんをつくるとき，空気中に出す気体は何ですか。

（　　　　　　）

2 **人や動物の食べ物について，次の問題に答えましょう。**

（1つ6点）

(1)　次の文の（　）にあてはまることばを書きましょう。

人の食べ物には，ウシやブタ，ニワトリなどの①（　　　　）と，米や野菜類のような植物とがあります。

動物も，食べ物のもとをたどると②（　　　　）にいきつきます。それは，③（　　　　）を食べる動物，また，その動物を食べる動物がいるからです。

(2)　食べる・食べられるの関係による生物どうしのつながりを何といいますか。

（　　　　　　）

3 **生き物と水のかかわりについて，次の問題に答えましょう。** （1つ5点）

(1) 右の図のように，はち植えの植物がしおれています。元気になるようにするには，どうすればよいですか。 （　　　　　　　）

(2) 人のからだに約60～70％の割合(わりあい)でふくまれているものは，何ですか。 （　　　　）

4 **わたしたちの生活が，自然かんきょうにあたえるえいきょうについて，次の問題に答えましょう。** （1つ6点）

(1) 乗用車やトラックなどの自動車の増加が，地球温暖化(おんだんか)（地球全体の気温が上がる）の原因の一つになるといわれています。その理由について，はい気ガスを中心に書きましょう。

（　　　　　　　　　　　　　　　　　　　　）

(2) 森林を開発したり大量に木を切ったりして地球全体の森林が減ると，空気中の二酸化炭素の割合はどうなると考えられますか。

（　　　　　　　）

5 **次の文について，わたしたちが自然かんきょうを守るためにしていることには○を，そうでないものには×を書きましょう。** （1つ5点）

①（　　） 家庭で使った水や工場で使われた水は，下水処理場(しょりじょう)できれいにしてから川に流す。

②（　　） 電気はクリーンなエネルギーなので，石油や石炭を燃料として燃やす火力発電所を各地につくる。

③（　　） 紙の原料は，ほとんどが海外から輸入した木材なので，紙でつくられたものをどんどん使ってよい。

④（　　） 木をばっさいした後の土地には，植林をして木を育てる。

⑤（　　） 石油や石炭などの燃料を必要としない風力発電や太陽光発電を増やす。

⑥（　　） 川原や海岸をそうじする活動に積極的に参加する。

生き物どうしのつながり

食物連さって何？

わたしたちの食べ物のもとをたどると，すべて植物にたどりつき，自然の中でも，生き物どうしが食べる・食べられるという関係でつながっていて，このような関係を食物連さということを学習しましたね。

たとえば，イネなどの植物を食べるバッタはカエルに食べられ，カエルはタカやヘビに食べられ，ヘビはタカに食べられるのです。こうした食物連さも，もとをたどると出発点は植物になるのです。

食物連さでは，かならず食べるものより食べられるもののほうが数が多くなっています。それを図で表すと下のようなピラミッドができます。

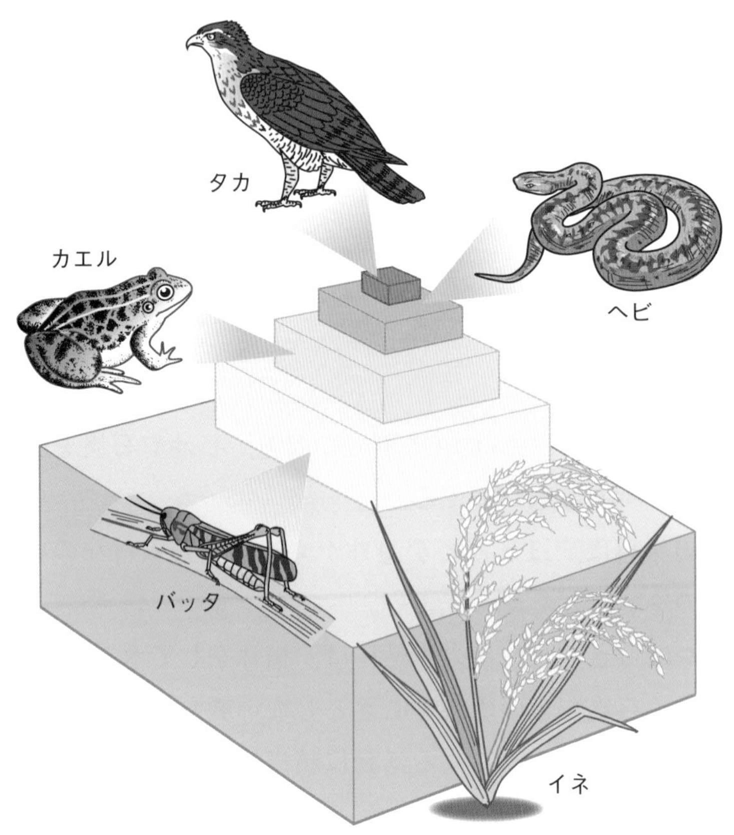

この単元では，生き物と食べ物や自然とのつながり，わたしたちの生活とかんきょうについて学びました。ここでは生き物どうしのつながりを調べていきます。

屋久島のシカとシダ植物

鹿児島県の南にある屋久島は，雨が多く，スギの原生林（自然のままの林）と日光があまり当たらなくても生きていけるシダ植物がしげっていました。ところが最近，そのシダ植物がどんどん減ってきてしまっているのです。

原因はいろいろ考えられていますが，木材用にスギの木を切りとってしまったために草原ができ，その草を食べるシカが増えたからではないかという人もいます。

草があるうちはよいのですが，切りとった木の後に若木が育つようになると日光が若木によってさえぎられ，草は育たなくなってしまいます。草原が減ってくるとシカのえさが足りなくなるので，シカたちは原生林に入って，それまで食べなかったシダ植物まで食べるようになったのではないかというわけです。もしシダ植物がぜつめつしてしまったら，スギの原生林にも，大きなえいきょうが出てしまうことでしょう。

▲屋久島の原生林

自由研究のヒント

落ち葉などでつくったたいひを使うとじょうぶな作物が育ちます。土や落ち葉と家庭から出される生ごみを使ってたいひをつくってみましょう。生ごみは水をよく切り，土や落ち葉を重ねて入れると，２～３か月でたいひができます。つくったたいひで野菜を育てましょう。

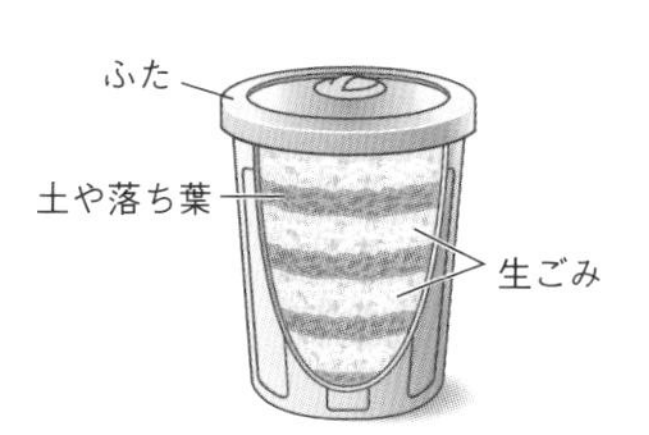

答え➡別冊解答16ページ

68 6年生のまとめ①

1 **右の図のように，石灰(せっかい)水(すい)を入れたびんの中に火のついたろうそくを入れてふたをすると，ろうそくの火は消えました。ろうそくをとり出してよくふると，石灰水は白くにごりました。これについて，次の問題に答えましょう。**（１つ６点）

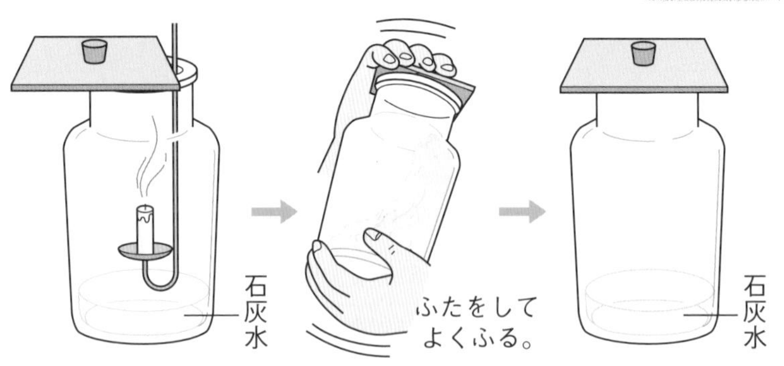

(1) ろうそくの火が消えたのはどうしてですか。次の㋐～㋓から選びましょう。

㋐ びんの中のちっ素がなくなったから。（　　）

㋑ びんの中の酸素が少なくなったから。

㋒ びんの中の二酸化炭素がなくなったから。

㋓ びんの中の二酸化炭素が増えたから。

(2) 石灰水が白くにごったことから，どのようなことがわかりますか。次の㋐～㋓から選びましょう。（　　）

㋐ ろうそくが燃えて，酸素ができたこと。

㋑ ろうそくが燃えて，ちっ素が使われたこと。

㋒ ろうそくが燃えて，二酸化炭素ができたこと。

㋓ ろうそくが燃えて，二酸化炭素が使われたこと。

2 **右の図のように，植物の葉の一部をアルミニウムはくで包みました。次の日，日光に数時間当ててから葉をとり，エタノールで葉の緑色をぬいてから，葉をヨウ素液につけました。これについて，次の問題に答えましょう。**（１つ６点）

ゼムクリップ
アルミニウムはく
㋐
㋑

(1) ヨウ素液を使うと，何があるかを調べることができますか。（　　　　　）

(2) (1)のものがあると，ヨウ素液をつけたときに何色になりますか。（　　　　　）

(3) 右の図で，(2)の色になるのは㋐，㋑のどちらですか。（　　）

3

右の図は，しま模様に見えるがけのようすを表したものです。これについて，次の問題に答えましょう。　（１つ７点）

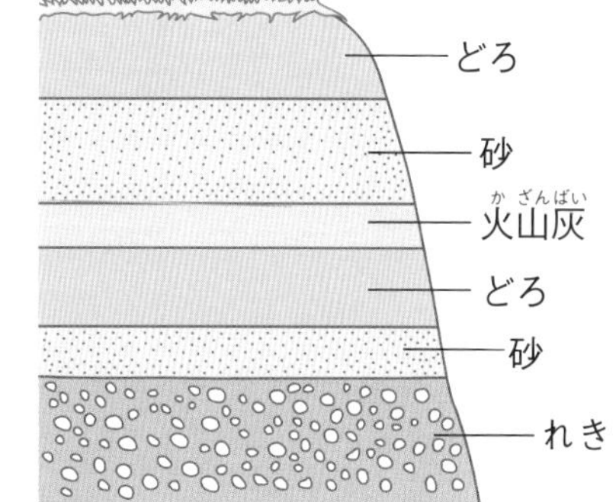

(1) 図のしま模様のように，色やつぶの大きさのちがうれき，砂，どろなどが層になって重なっているものを何といいますか。

（　　　　　）

(2) 図の層のうち，火山のはたらきでできたのは何の層ですか。（　　　　　）

(3) どろ，砂，れきなどが層になるのは，何のはたらきによるものですか。次の㋐～㋒から選びましょう。（　　）

㋐ 風のはたらき　　㋑ 流れる水のはたらき　　㋒ 火山のはたらき

(4) どろの層からは，右の図のように，木の葉が石のようになったものが見つかりました。これを何といいますか。

（　　　　　）

4

下の表は，水よう液をリトマス紙につけたときの色の変化を表したものです。これについて，次の問題に答えましょう。　（１つ６点）

水よう液の性質	①	②	③
リトマス紙の色の変化	水よう液をつけたガラス棒 青色：青色→赤色 赤色：変化なし	青色：変化なし 赤色：変化なし	青色：変化なし 赤色：赤色→青色

(1) ①～③には，それぞれ酸性，中性，アルカリ性のうち，どの性質があてはまりますか。　①（　　　）　②（　　　）　③（　　　）

(2) ①～③の性質の水よう液を，次の㋐～㋕からそれぞれすべて選びましょう。

㋐ 水酸化ナトリウムの水よう液　　㋑ 食塩水　　①（　　　）
㋒ 炭酸水　　㋓ 石灰水　　②（　　　）
㋔ さとう水　　㋕ 塩酸　　③（　　　）

(3) (2)の㋐～㋕の水よう液のうち，気体がとけている水よう液を２つ選びましょう。

（　　　　　）

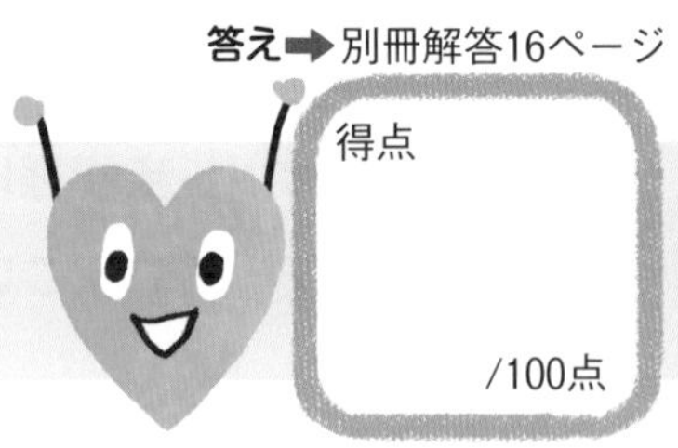

答え➡別冊解答16ページ

得点

/100点

69 6年生のまとめ②

1 人の呼吸について，次の問題に答えましょう。

（1つ8点）

(1) 右の図は，人が吸う空気と，はいた空気にふくまれている酸素と二酸化炭素の体積の割合を，気体検知管で調べたようすを表したものです。はいた空気は㋐，㋑のどちらですか。（　　）

	酸素	二酸化炭素
㋐	21%	0.04%
㋑	17%	4%

(2) 右の図は，人が呼吸を行うからだの部分を表したものです。

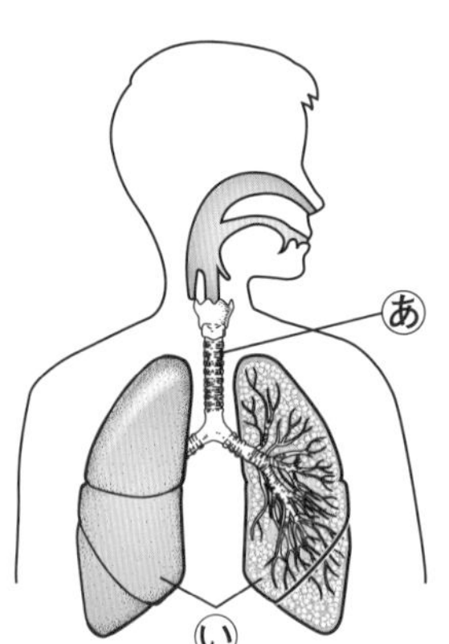

① あ，いの部分の名前を書きましょう。

あ（　　　　　　）　い（　　　　　　）

② いで行われることを，次の㋐〜㋒から選びましょう。

（　　）

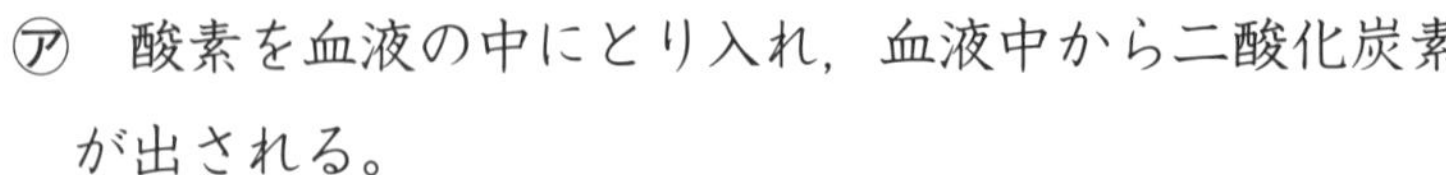

㋐ 酸素を血液の中にとり入れ，血液中から二酸化炭素が出される。

㋑ 二酸化炭素を血液の中にとり入れ，血液中から酸素が出される。

㋒ 空気中の水蒸気を血液の中にとり入れ，血液中から空気を出す。

③ ②のはたらきは，魚ではどこで行われますか。（　　　　　　）

2 右の図は，人や動物，植物などと，空気にふくまれている気体とのかかわりを表したものです。これについて，次の問題に答えましょう。（1つ9点）

(1) 図の㋐と㋑の矢印は，空気にふくまれている酸素と二酸化炭素を表しています。酸素を表しているのは㋐，㋑のどちらですか。

（　　）

(2) 空気中の酸素は，何がつくり出していますか。

（　　　　　　）

3 右の図のように，コンデンサーを手回し発電機につなぎ，発電機をしばらく回した後，コンデンサーを発光ダイオードにつなぎかえたところ，発光ダイオードが光りました。これについて，次の問題に答えましょう。

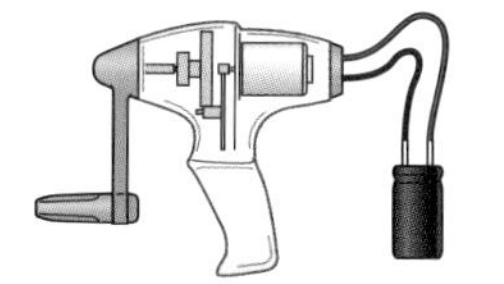

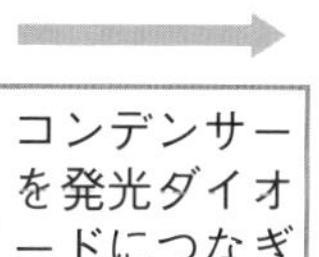

（1つ8点）

(1) この実験から，コンデンサーにはどのようなはたらきがあることがわかりますか。次の㋐～㋓から選びましょう。（　　）

㋐ 電気をつくるはたらき。

㋑ 電気をためるはたらき。

㋒ 電気を光にかえるはたらき。

㋓ 光をためておくはたらき。

(2) 発光ダイオードのかわりに豆電球を使い，同じ実験をしました。光っている時間が長いのは，発光ダイオードと豆電球のどちらですか。ただし，手回し発電機を回した回数は同じです。（　　）

(3) (2)のことから，発光ダイオードと豆電球で，電気を使う効率がよいのはどちらだといえますか。（　　）

4 右の図のように，でんぷんのりを入れた液の入った試験管を２本用意し，かたほうだけ，だ液を加えました。これらの試験管を約40℃の湯にしばらくつけてから，ヨウ素液を加えると，ⓐだけが青むらさき色になりました。これについて，次の問題に答えましょう。（１つ９点）

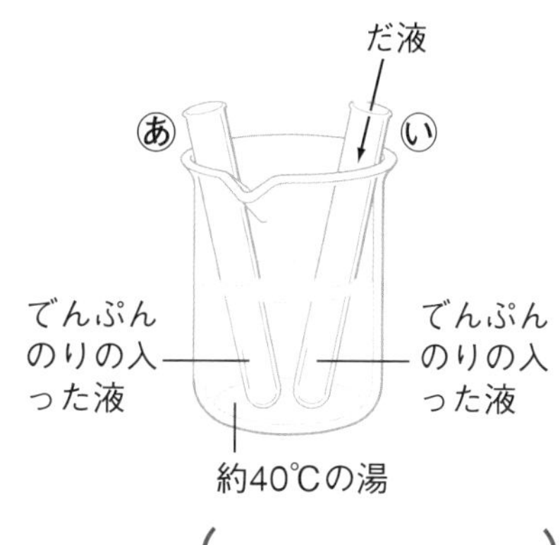

(1) ⓐが青むらさき色になったことから，ⓐには何があるとわかりますか。（　　）

(2) ⓘが青むらさき色にならなかったのはどうしてですか。次の㋐～㋒から選びましょう。（　　）

㋐ だ液には，でんぷんを別のものに変えるはたらきがあるから。

㋑ だ液には，でんぷんを増やすはたらきがあるから。

㋒ だ液には，でんぷんを守るはたらきがあるから。

くもんの理科集中学習　小学6年生 理科にぐーんと強くなる

2020年 2月　第1版第1刷発行
2023年 6月　第1版第8刷発行

●印刷・製本　共同印刷株式会社
●カバーデザイン　辻中浩一+小池万友美(ウフ)
●カバーイラスト　亀山鶴子
●本文イラスト　楠美マユラ，藤立育弘
●本文デザイン　ワイワイデザイン・スタジオ
●編集協力　株式会社カルチャー・プロ

●発行人　志村直人
●発行所　株式会社くもん出版
〒141-8488 東京都品川区東五反田2-10-2
東五反田スクエア11F
電話　編集直通　03(6836)0317
営業直通　03(6836)0305
代表　03(6836)0301

ISBN 978-4-7743-2892-8

ＣＤ 57216

くもん出版ホームページアドレス　https://www.kumonshuppan.com/

※本書は『理科集中学習 小学6年生』を改題し，新しい内容を加えて編集しました。